재료역학

Materials Mechanics

이지웅 · 황종대 · 조강수 지음

재료역학

인 쇄 : 2021년 12월 20일 초판 1쇄
발 행 : 2021년 12월 30일 초판 1쇄

저 자 : 이지웅 · 황종대 · 조강수

발행인 : 송 준
발행처 : 도서출판 홍릉
주 소 : 01093 서울시 강북구 인수봉로 50길 10
등 록 : 1976년 10월 21일 제5-66호

전 화 : 02-999-2274~5
팩 스 : 02-905-6729
e-mail : hongpub@hongpub.co.kr
http://www.hongpub.co.kr
ISBN : 979-11-5600-947-4(93550)

정 가 : 22,000원

재료역학

Materials Mechanics

이지웅 · 황종대 · 조강수 지음

도서출판 홍릉

저자소개

이지웅 영남이공대학교 스마트융합 기계계열 기계공학과 교수

창원대학교 기계공학 (공학석사)
한국폴리텍 7대학 창원 캠퍼스 금형공학과 공학학사
한국폴리텍 7대학 창원 캠퍼스 컴퓨터응용금형학과 전문학사
전) 한국전기연구원
전) 동환산업 주식회사

황종대 한국폴리텍대학 부산캠퍼스 기계시스템과 교수

창원대학교 기계계공학과 학사
창원대학교 기계공학과 석사
창원대학교 기계공학과 공학박사
전) 5축CAM 지역혁신센터 프로그램실장
전) 제주관광대학교 메카트로닉스과 교수
현) 한국기계가공학회 국제협력 이사

조강수 한국폴리텍대학 동부산캠퍼스 융합기계과 교수

창원대학교 대학원 기계공학(공학석사)
국립부산기계공업고등학교 기계과 졸업
전) 쌍용자동차주식회사
전) 우수AMS주식회사

검토위원

이갑수 밀양 갑수학 원장

부산대학교 교육대학원 수학교육전공
경력) 과학고, 영재고, 자사고, 수능강의 15년

머리말

기계공학을 전공하고자 하는 공학도이면 누구나 필수적으로 접하는 과목이 바로 재료역학이다. 저자가 다년간 대학에서 재료학역을 강의하면서 느낀 바는 고체 부분에서 가장 기본적이고도 필수적인 재료역학은 그 필요성을 실감하고 처음엔 의욕적으로 시작하게 되나. 조금만 깊이 들어가면 어려움을 호소하는 공학도들이 의외로 많다는 점이다.
본인은 이 점을 감안해서 여러 해 동안 배우고, 강의에서 얻은 경험을 토대로 하여 가르친 노트를 중심으로 아주 상세히 다루었으므로 기초수학이 부족한 학생도 혼자서 공부하기에 적합한 책이라 확신한다.

이 책은 총 9장으로 구성되었으며, 제1장에서는 정역학의 기초인 Vector와 Scalar에 대해 상세히 다루었으며, 제2장에서는 재료의 기계적 성질과 재료역학의 전반적인 기초사항을 다루었으며, 제3장에서는 보의 종류, 하중의 종류 및 전단력과 굽힘모멘트를 상세히 소개하였고, 제4장에서는 보의 응력을 설명하고 전개하였다. 제5장에서는 보의 처짐에 대한 탄성곡선을 미분방정식에 대입하여 상세히 유도하면서 처짐각과 처짐량을 구했다. 제6장에서는 부정정보에 대해서 중첩법에 의한 방법을 설명하였고, 제7장에서는 보의 비틀림 그리고 제8장에서는 조합응력에 대해서 9장에서는 기둥에 대하여 설명하였다.

이 책은 기계계열 공학도라면 필독서라고 생각하며, 기초역학에 유일한 참고서가 될것으로 믿어 의심치 않는다. 이 책을 접하는 많은 분들은 더욱 좋은책이 되도록 고견을 주시고 격려해 주시길 바라며, 끝으로 이 책을 출판하는데 노력해주신 여러분께 진심으로 감사드립니다.

2021년 12월

이지웅 교수 씀

차례

제 1 장 정역학의 기초

제 2 장 응력과 변형률

제 3 장 보 (Beam)

제 4 장 보속의 응력

제 5 장 보의 처짐 (Deflection of beams)

제 6 장 부정정보 (Statically indeterminate beam)

제 7 장 비틀림

제 8 장 조합응력

제 9 장 기둥 (Colum)

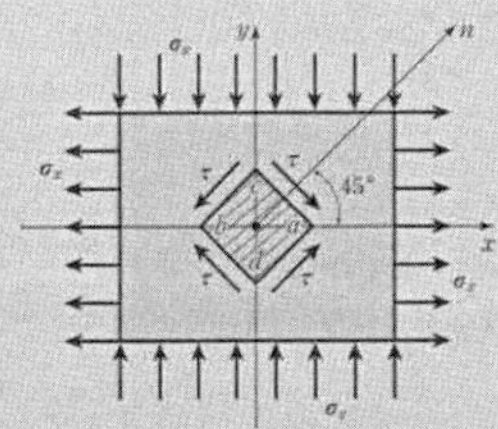

제 1 장

정역학의 기초

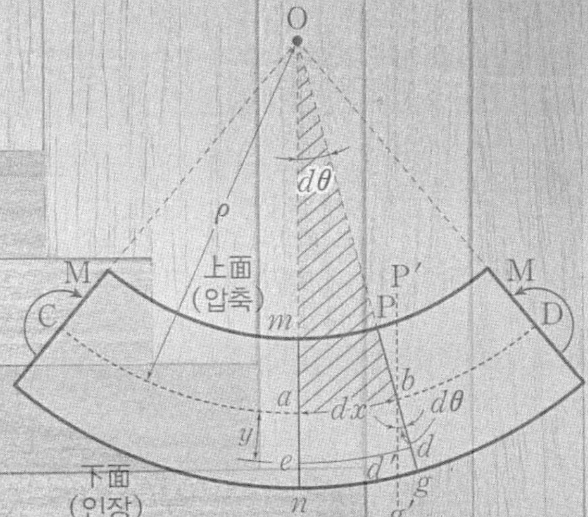

재료역학

실재의 재료를 사용하여 기계나 구조물을 설계, 제작하기 위하여 어떤 점에 주의하고, 무엇을 검토 해야겠느냐 하는 문제를 다루는 학문

재료역학의 목적

부품재에 작용하는 여러 외력하에서 과도한 변형을 일으키거나, 파괴되지 않고 요구되는 기능을 발휘할 수 있도록 재료 선택과 동시에 필요하고도 충분한 최소 치수를 정량적으로 결정하는 것(주어진 외력작용에 대하여 충분한 강성과 강도를 갖게 하는 것)

- 강성(Rigidity) : 변형에 대한 저항
- 강도(Strength) : 파괴에 대한 저항

1-1 벡터와 스칼라

벡터량과 스칼라량

* **스칼라 (Scalar)** : 크기 (물리적인 양)
  무게, 시간, 길이, 온도, 체적, 질량, 에너지
* **벡터 (Vector)** : 크기, 방향 (도례적으로 화살표로 표시)
  속도, 힘, 가속도, 변위, 모멘트, 운동량
* **표시법**
  ① 벡터 : $\mathbf{P}$, $\boldsymbol{\alpha}$, (고딕체) $\vec{A}$, (화살표) $\underline{A}$ (타이프라이터방법)
  ② 스칼라 : P, α. A
* **힘 (Force)** : 한 물체가 다른 물체에 가하는 작용
  - 작용점 (point of application)
  - 크기 (magnitude)
  - 방향 (direction)

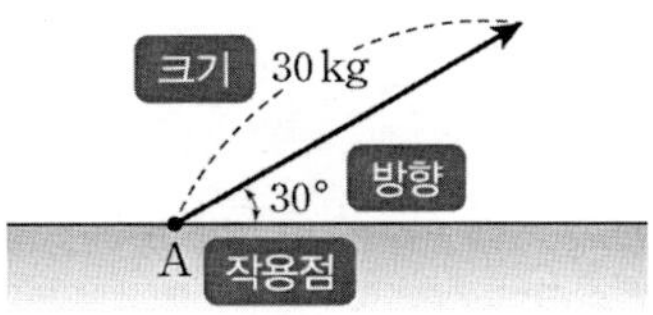

* **질점(質點)** : 물체의 모든 질량이 한점에 집중되어 그 비중이 무한대인 공상적인 점
  (물체에 작용하는 모든힘들이 이 질점 한점에 작용하는 것으로 취급 : 크기, 방향으로 완전히 표현됨)

> **TIP**
> 어떤 질점 A에 작용하는 두 힘 P와 Q는 그 질점에 같은 효과를 주는 힘 R로 대치할 수 있다.
> ① R을 힘 P와 Q의 합력(Resultamt force) :
> 평행사변형 법칙
> $P + Q = R$
> ② 산수적(算數的)인 사칙에 따르지 않고, 실험적 방법으로 증명
>
> 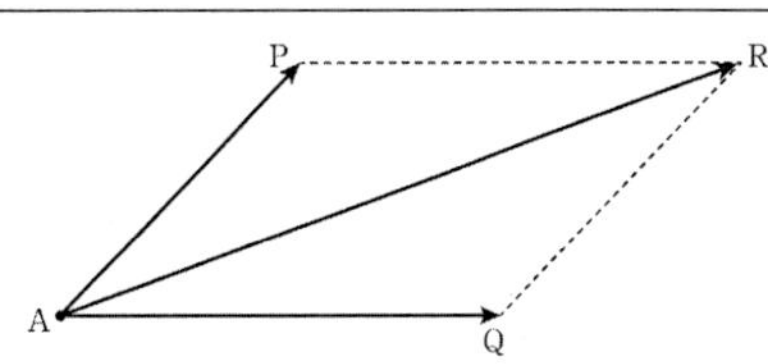
>

가 Vector의 종류

1) **구속벡터 (고정벡터)** : bound V-, fixed V-

힘의 작용점인 질점을 명확히 해야 정확한 효과를 결정하는 벡터

2) **자유벡터 (Free Vector)** : 어느 방향으로 작용해도 고정점은 같다 (같은효과)

예 짝힘

3) **이동벡터 (Sliding Vector)** : 작용선을 따라 이동 할 수 있는 벡터 (강체에 작용하는 힘과 같은 물리적인 양)

4) **등벡터 (Egual Vector)** : 크기, 방향이 서로 같은 벡터

(작용점에 관계없이 같은 효과를 갖는 벡터)

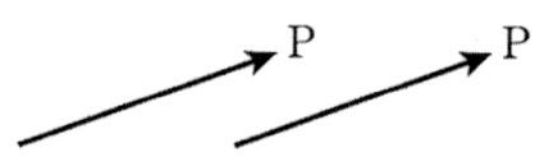

5) **부벡터 (Negative Vector)** : 크기가 같고 방향이 반대인 벡터

예 P 의 부벡터 ; (− P)로 표시. P + (− P) = 0

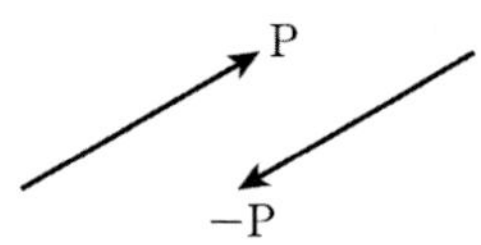

나 Vector의 합 (평행사변형 법칙, 다각형법칙, 3각형 법칙)

1) **평행사변형 법칙**

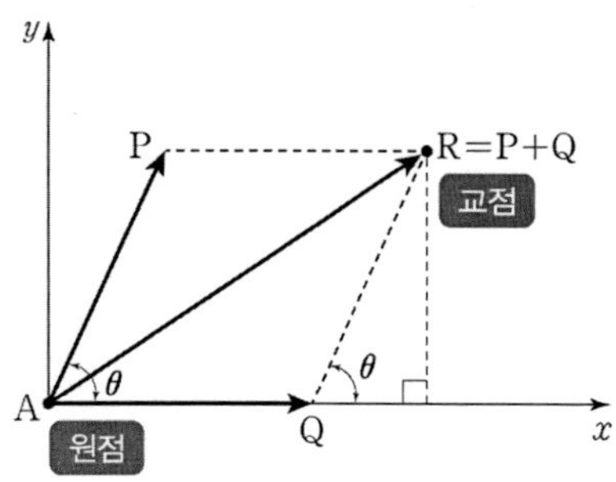

P 와 Q 를 택하는 순서무관 : 교환가능

P + Q = Q + P = R

산수직사측 따르지 않음.

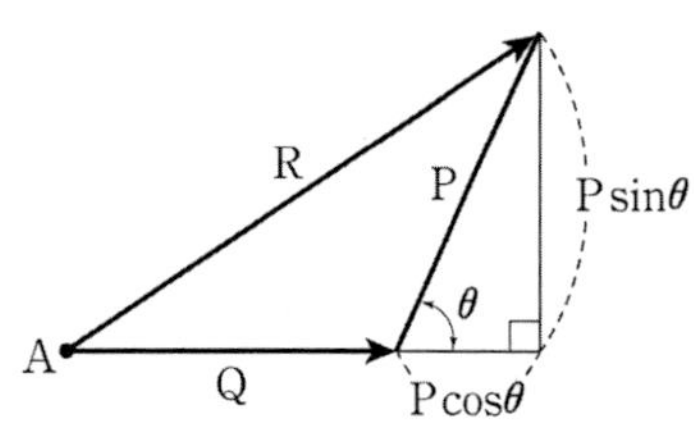

$$R^2 = (Q + P\cos\theta)^2 + (P\sin\theta)^2$$
$$= (Q^2 + 2P \cdot Q\cos\theta + P^2\cos^2\theta) + P^2\sin^2\theta$$
$$= Q^2 + 2P \cdot Q\cos\theta + P^2(\cos^2\theta + \sin^2\theta)$$
$$\therefore R = \sqrt{Q^2 + P^2 + 2PQ\cos\theta}$$

2) 삼각형법칙 (triangle law)

평행사변형의 반쪽그림과 같다; 첫 Vertor 끝에 다음 Vector 원점을 연결하고 첫 Vector의 원점과 다음 Vector의 끝을 연결하면 두 Vector의 합이다.

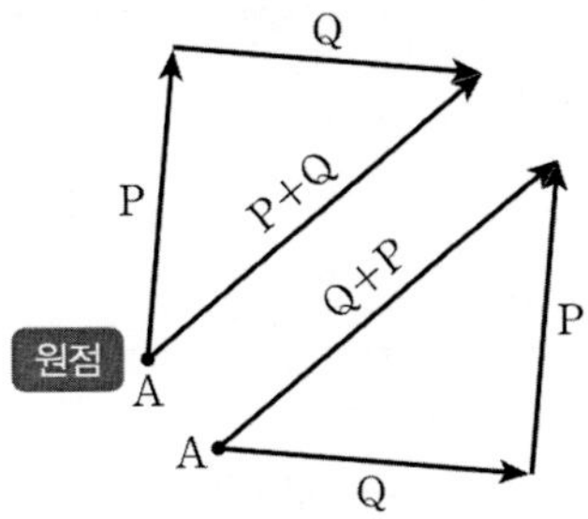

[교환성이 확실]

3) 다각형법칙

셋 또는 그 이상의 Vector 합에 사용; 주어진 Vector들의 끝과 원점을 연속해서 배치하고 처음의 원점을 마지막 끝과 연결시켜 Vector의 합을 구하는 방법

$$P + Q + S = (P + Q) + S = P + (Q + S)$$
$$= S + (P + Q) = S + (Q + P)$$

∴ 결합법칙, 교환법칙 성립

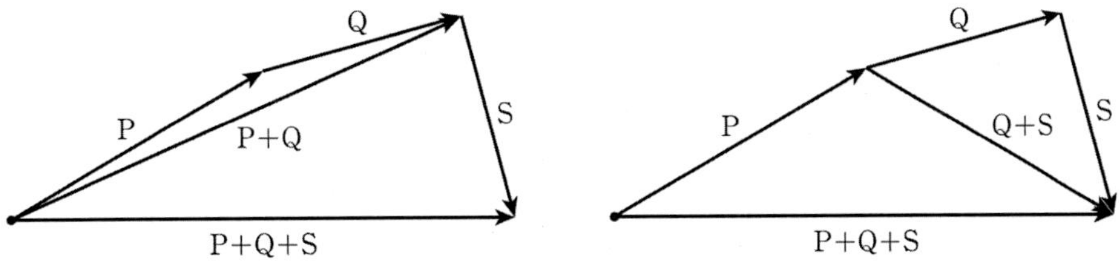

[결합법칙 성립]

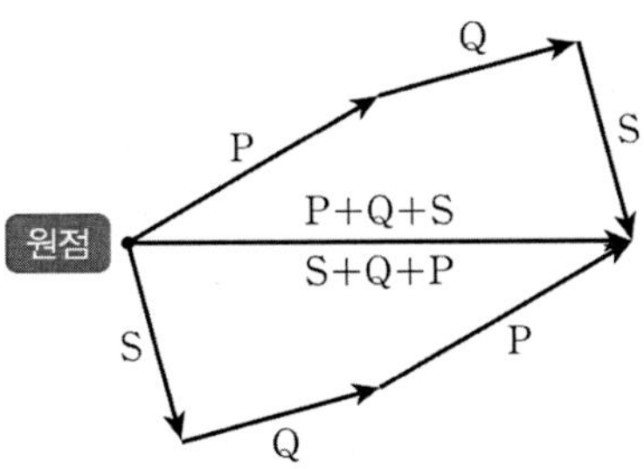

[교환법칙 성립]

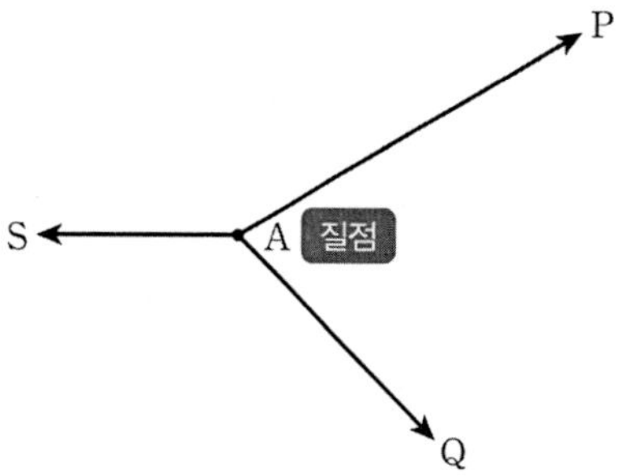

[자유물체도]

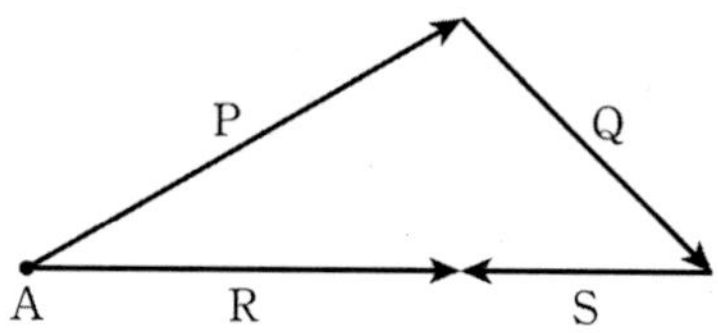

[힘의 다각형]

> TIP
> Vector R : A점에 작용하는 힘들의 합력
> (주어진 힘들과 질점에 같은 효과를 주는 하나의 힘)

다 벡터의 빼기 : negative(負)의 합으로 정의

$$P - Q = P + (-Q)$$

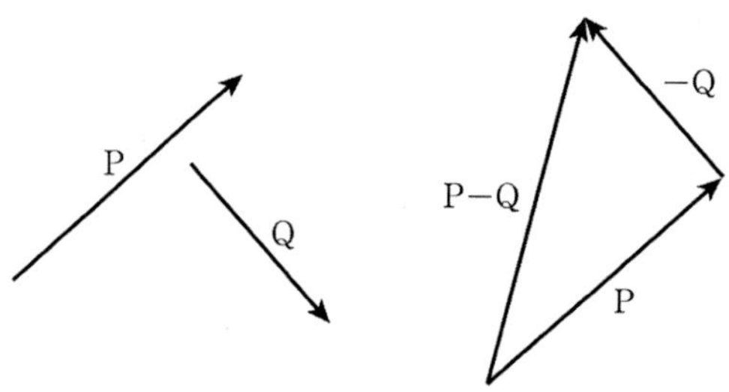

라 힘의 작용 (평행사변형, 3각형법)

어떤 질점에 작용하는 하나의 힘을 그 질점에 영향을 주는 둘 또는 그 이상의 힘으로 분해된다.
(분력 : Component)

1) 분해방법

가) 힘 F의 두 성분력의 작용선을 알고 있을 때 (평행사변형 법칙 사용)

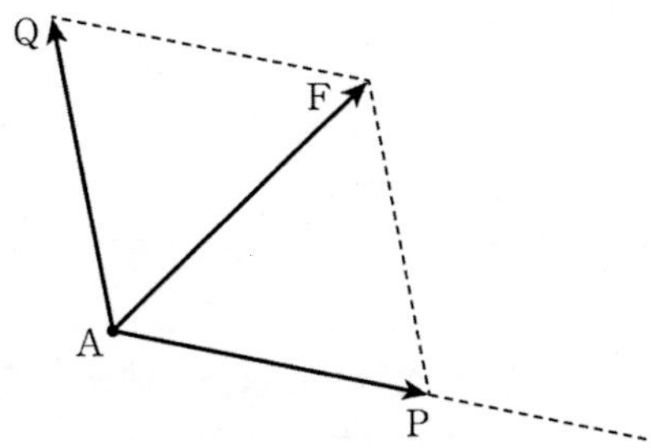

나) 힘 F의 두 성분 중 하나를 알고 있을 때 (삼각형 법칙 사용)

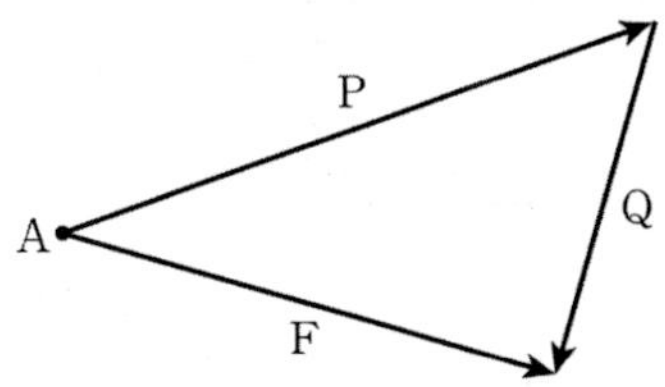

마 이차원(평형)에서 힘의 직각성분과 단위 Vector

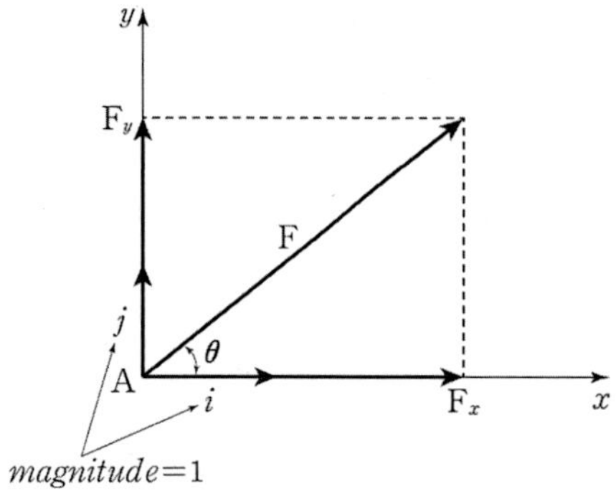

F의 $\begin{pmatrix} x\text{성분 } Fx = F\cos\theta = Fx \cdot i \\ y\text{성분 } Fy = F\sin\theta = Fy \cdot j \end{pmatrix}$

* **단위 Vector** : 크기가 1이고 방향이 각각 x, y 축의 정(+)방향으로 향하는 Vector

TIP

힘 F 의 직각 방향 Fx, Fy : 각각의 선위 Vector i와 j에 scalar양을 곱하여 구함

$\begin{cases} Fx = Fx \cdot i \\ Fy = Fy \cdot j \end{cases}$ $\quad \boxed{\therefore F = Fx \cdot i + Fy \cdot j}$

피타고라스정리에서 $F = Fx^2 + Fy^2$이므로

$\tan\theta = \dfrac{Fy}{Fx}$ $\quad \boxed{\therefore F = \sqrt{Fx^2 + Fy^2}}$

예제

그림과 같이 800N**힘이** Bolt**에 작용한다. 그 힘의** (**수평분력** / **수직분력**)?

◎ 중간고사

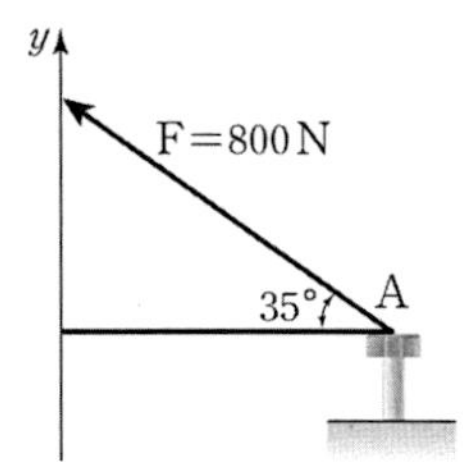

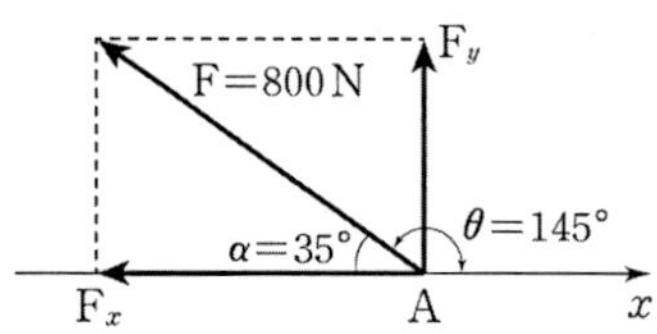

$Fx = -F\cos\alpha = -(800\text{N})\cos 35°$
$\quad = -655\text{N}$

$Fy = -F\sin\alpha = +(800\text{N})\sin 35°$
$\quad = +459\text{N}$

$Fx = -(655\text{N})i$

$Fy = +(459\text{N})j$

$\therefore F = -(655\text{N})i + (459N)j$

바 3차원(공간력계)에서 직교좌표와 단위벡터

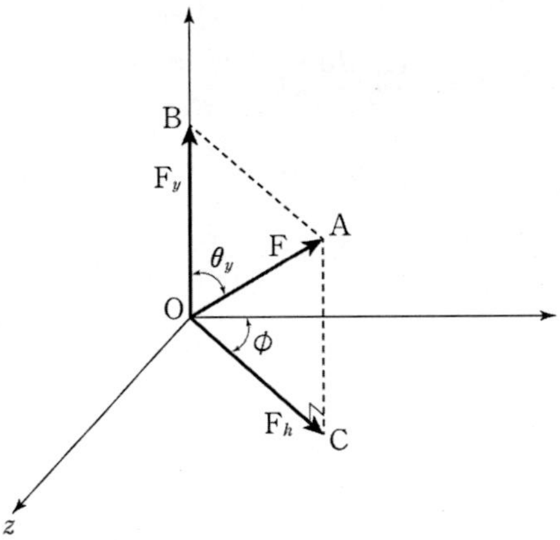

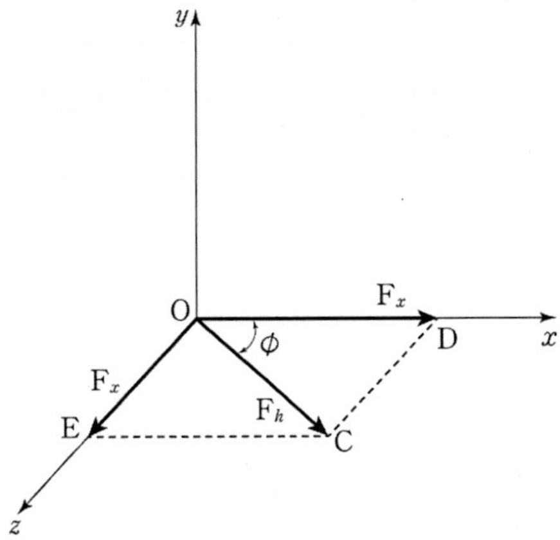

$\left(\begin{array}{l}\text{F 방향과 } x,\ y\text{ 평면과 이루는 각 : } \phi \\ \text{F가 } y\text{축과 이루는 각 : } \theta y\text{표시}\end{array}\right.$ $\left(\begin{array}{l}\mathrm{F}y = \mathrm{F}\cos\theta y \\ \mathrm{F}h = \mathrm{F}\sin\theta y\end{array}\right.$

$\left(\begin{array}{l}\mathrm{F}x = \mathrm{F}h\cos\theta = \mathrm{F}\sin\theta y\cdot\cos\phi \\ Fz = \mathrm{F}h\sin\phi = \mathrm{F}\sin\theta y\cdot\sin\phi\end{array}\right)$

△OAB와 OCD에 피타고라스정리 적용하면

$\left(\begin{array}{ll}\mathrm{F}^2 = (\mathrm{OA})^2 = (\mathrm{OB})^2 + (\mathrm{BA})^2 = \mathrm{F}y^2 + Fh^2 & \cdots ① \\ \mathrm{F}^2h = (\mathrm{OC})^2 = (\mathrm{OD})^2 + (\mathrm{DC})^2 = \mathrm{F}z^2 + Fz^2 & \cdots ②\end{array}\right.$

②식을 ①식에 대입 $\mathrm{F}^2 = \mathrm{F}x^2 + Fy^2 + Fz^2$

$\therefore\ \mathrm{F} = \sqrt{\mathrm{F}x^2 + Fy^2 + \mathrm{F}z^2}$

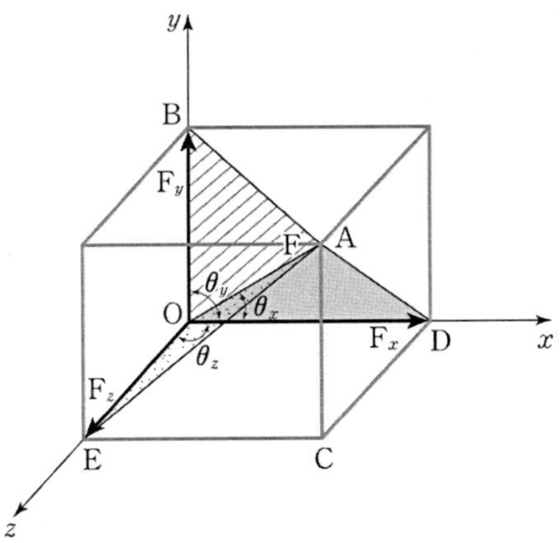

$\left(\begin{array}{l}\mathrm{F}x = \mathrm{F}\cos\theta x \\ Fy = \mathrm{F}\cos\theta y \\ Fz = \mathrm{F}\cos\theta z\end{array}\right)$ $x,\ y,\ z$측에 단위벡터 i, j, k 사용하면

$\mathrm{F} = Fx\mathrm{i} + \mathrm{F}y\mathrm{j} + \mathrm{F}zk$

$\quad = \mathrm{F}\cos\theta x\mathrm{i} + \mathrm{F}\cos\theta y\mathrm{j} + \mathrm{F}\cos\theta zk$

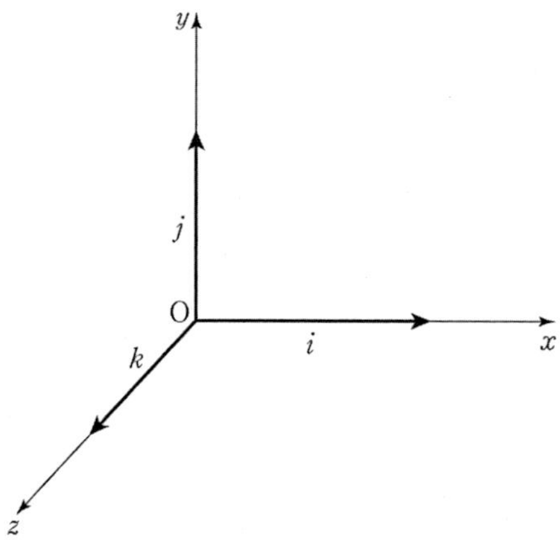

$F = F(\cos\theta x\, i + \cos\theta y\, j + \cos\theta z k)$

$\lambda = \cos\theta x \cdot i + \cos\theta y \cdot j + \cos\theta z \cdot k$

단위벡터 : 크기가 1이고 방향이 F와 같은 벡터
(F의 작용선을 따르는 단위 Vector)

$$\begin{cases} \lambda x = \cos\theta x \\ \lambda y = \cos\theta y \\ \lambda z = \cos\theta z \end{cases} \qquad \begin{aligned} &\lambda x^2 + \lambda y^2 + \lambda z^2 = 1 \\ &\therefore \cos^2\theta x + \cos^2\theta y + \cos^2\theta z = 1 \end{aligned}$$

예제 1

500N의 힘이 x, y, z축과 각각 60°, 45°, 120°의 각을 형성한다. 힘의 성분 Fx, Fy, Fz를 구하라.

풀이 $Fx = F\cos\theta x$, $Fy = F\cos\theta y$, $Fz = F\cos\theta z$ 대입

예제 2

힘 F가 있다. 이것의 성분 $Fx = 20N$, $Fy = 30N$, $Fz = 60N$이다. F의 크기와 좌표축과 이루는 θx, θy, θz을 구하여라.

풀이 $F = \sqrt{Fx^2 + Fy^2 + Fz^2} = \sqrt{20^2 + (-30^2) + 60^2} = \sqrt{4900} = 70n$

1) $\cos\theta x = \dfrac{Fx}{F} = \dfrac{20}{70}$ $\quad \therefore \theta x = 73.4°$

$\cos\theta y = \dfrac{Fy}{F} = \dfrac{-30}{70}$ $\quad \therefore \theta x = 115.4°$

$\cos\theta z = \dfrac{Fz}{F} = \dfrac{60}{70}$ $\quad \therefore \theta z = 31.0°$

> **참고**
>
> **전달의 법칙**
>
> 강체에 작용하는 힘을 크기, 방향, 작용점이 다른힘으로 바꾸어도 같은 작용선상에서는 같은 효과이다.
>
> 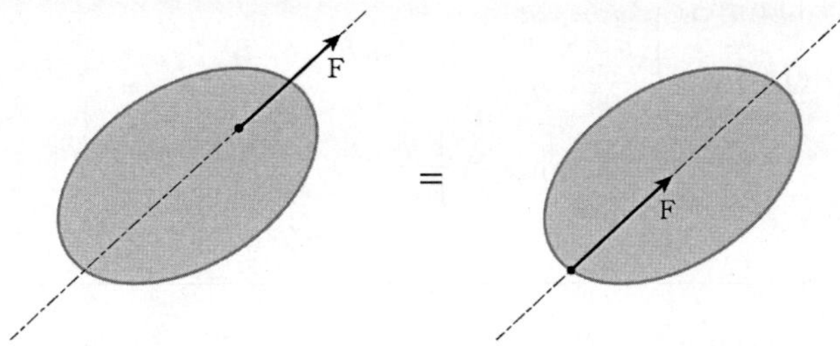
>

사 셋 또는 그 이상 힘의 분해(방법)

1) 각 힘을 x, y 성분으로 분해
2) 각 성분을 더해서 R의 x, y 성분 구함.
3) 평행사변형 법칙으로 합력 R을 구함.

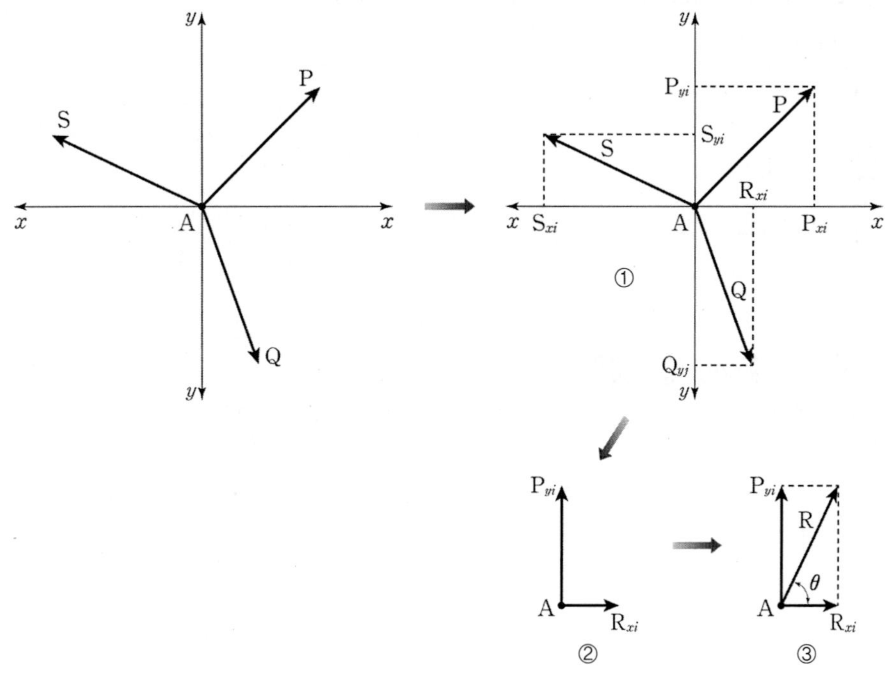

$$R = P + Q + S \quad R = Rxi + Ryj$$

$$\begin{pmatrix} P = Pxi + Pyj \\ Q = Qxi + Qyj \\ S = Sxi + Syj \end{pmatrix}$$

$$R = Rx\,i + Ry\,j = Px\,i + Py\,j + Qx\,i + Qy\,j + Sx\,i + Sy\,j$$
$$= (Px + Qy + Sx)i + (Py + Qy + Sx)j$$

$$\begin{pmatrix} Rx = Px + Qx + Sx \\ Ry = Py + Qy + Sy \end{pmatrix} \quad \therefore\ R = Rxi + Ryj$$

$$\therefore\ \tan\alpha = \frac{Ry}{Rx}$$

> TIP
> 두 힘의 합성 경우 : 삼각형법 사용 편리

아 질점의 평형 (R=0)

절점에 아무런 영향을 주지않고 운동이 없는 상태 (R = 0)

1) 두 힘의 크기가 같고 같은 작용선 상에서 방향이 서로 반대일 때

2) 세 힘 이상이 한점에 작용할 때 : 힘의 다각형이 폐다각형일 때

$$R = \sum F = 0 \quad \left\langle \begin{array}{l} \sum Fx = 0 \\ \sum Fy = 0 \end{array} \right. \quad \text{(필요충분조건)}$$

$$\downarrow$$

$$\sum(Fxi + Fxj) = 0$$

$$(\underset{\substack{\parallel \\ 0}}{\sum Fx})i + (\underset{\substack{\parallel \\ 0}}{\sum Fy})j = 0$$

> TIP
> **자유물체도 (free body diagram)**
> 대표적인 질점을 선택하여 평형상태되게 모든 힘들을 나타내는 그림

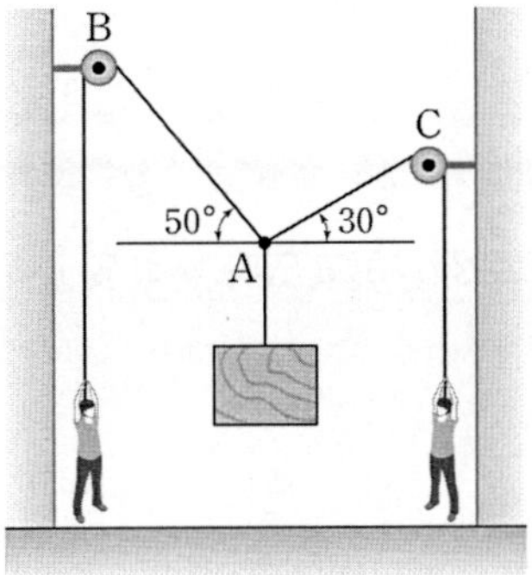

space diagram
(공간도)

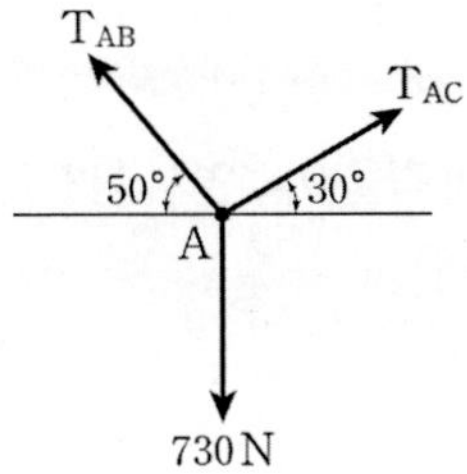

free body diagram
(자유물체도)

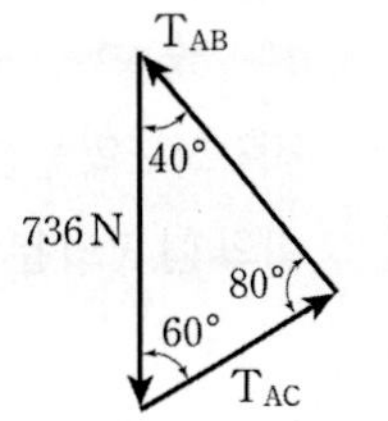

force triangle : 동벡터너용
(힘의 삼각형)

↓

세 힘이 한점에 작용할 때 평형상태는 닫혀진 삼각형을 그린다. (힘의 삼각형)

↓

TIP

공간도 → 자유물체도

1) 고립하고자 하는 부분 고립화시킴
2) 고립 후 단순화 시킴
3) 모든 힘들을 표시한다.

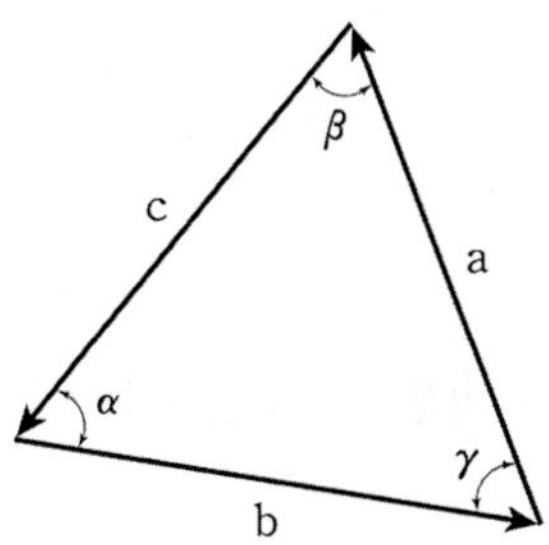

sin법칙(정현법칙) : 라미의 정리 이용함

$$\frac{a}{\sin\alpha} = \frac{b}{\sin\beta} = \frac{c}{\sin\Upsilon}$$

연습문제

01 직각좌표의 원점에 x축과 30°의 각을 이루면서 힘 F가 100kg으로 작용하고 있다. x축 및 y축 방향의 힘 F의 분력을 구하여라.

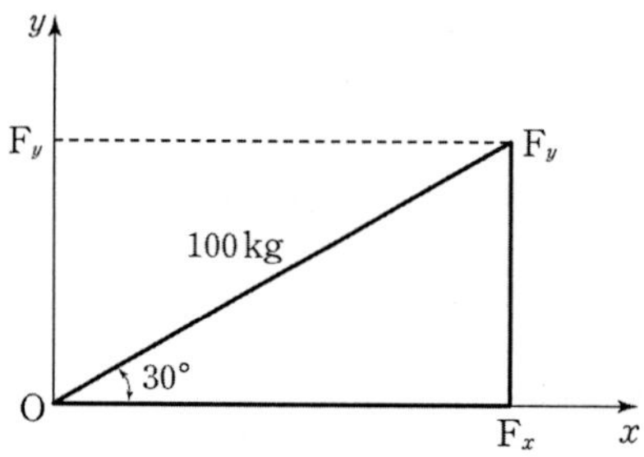

|풀이| x, y축 방향의 분력을 각각 Fx, Fy라 하면

$$\text{분력}\left\langle \begin{array}{l} Fx = F\cos\theta \\ Fy = F\sin\theta \end{array} \right\rangle$$

$$\therefore \begin{cases} Fx = 100 \times \cos 30° = 86.6\text{kg} \\ Fy = 100 \times \sin 30° = 50\text{kg} \end{cases}$$

02 그림과 같이 네 힘이 Bolt A에 작용한다. Bolt에 작용하는 힘 들의 합력을 구하라.

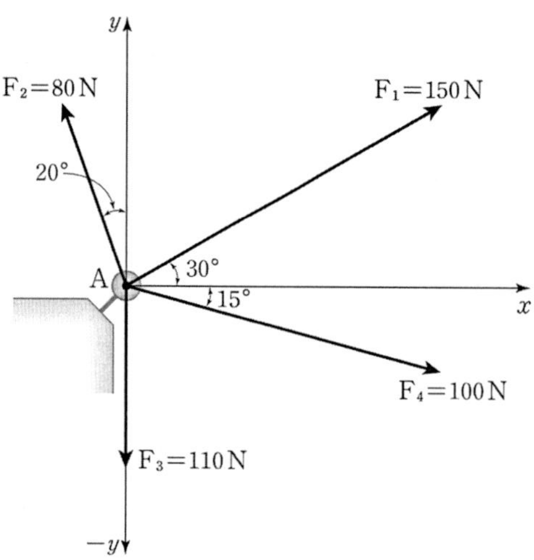

| 풀이 | 각 힘들을 x, y 성분으로 분해하여 힘의 성분을 표시하는 스칼라량(+), (−) 표시
각 성분 더하여 R 의 x, y 성분구함.
x, y성분으로 합력 R 을 구함 (평행사변형 법칙) $R = Rxi + Ryj$

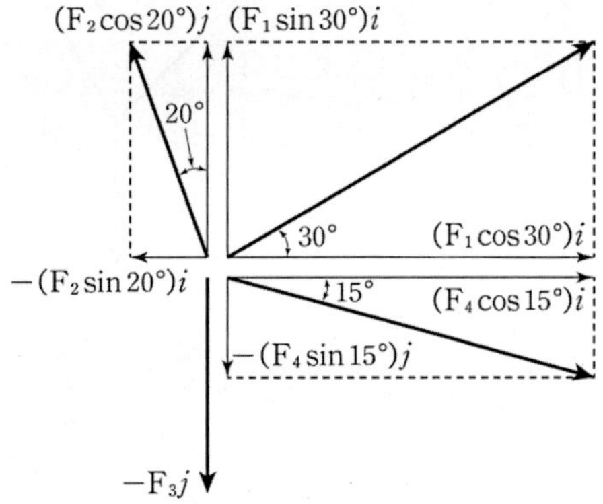

힘	크기(N)	x성분(N)	y성분(N)
F_1	150N	+129.9	+75.0
F_2	80N	−27.4	+75.2
F_3	110N	0	−10.0
F_4	100N	+96.6	−25.9
		$Rx = +199.1$	$Ry = +14.3$

네 힘의 R $R = Rxi + Ryj = (199.1N)i + (14.3N)j$

$R = \sqrt{199.1^2 + 14.3^2} = 199.6(N)$

$Ry = (14.3N)j$

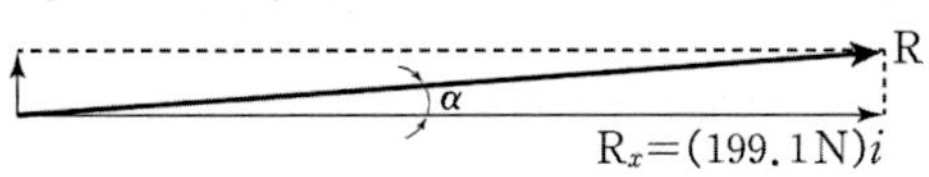

$\tan\alpha = \frac{Ry}{Rx} = \frac{14.3N}{199.1N}$

$\therefore \alpha = 4.1°$

$R = \frac{14.3N}{\sin\alpha} = \frac{14.3N}{\sin 4.1°} = 199.6N$

그림 ($\sin\alpha = R \cdot (14.3N)$)에서

$\therefore$ IR $= 199.6N$ 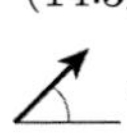 4.1°

03 수평면과 60°, 45°의 각을 이룬 쇠줄로 50kg의 물체를 달아맸다. 이때 줄에 작용하는 힘을 구하여라.

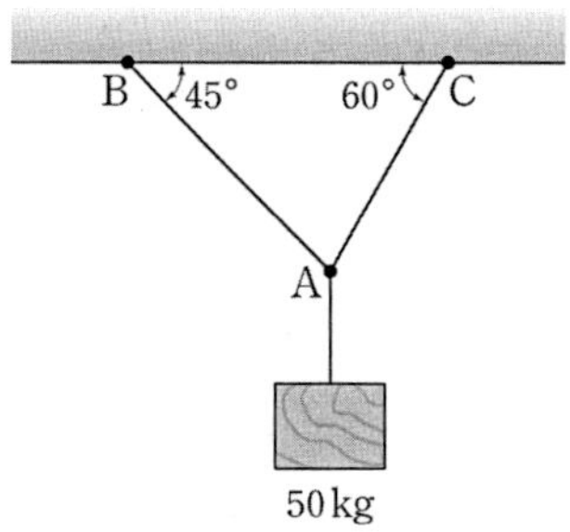

[공간도]

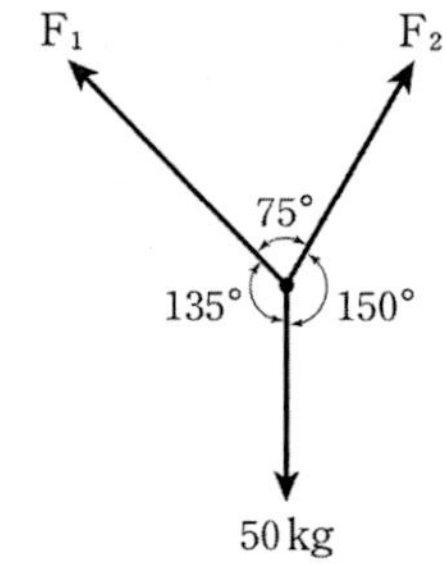

$$\frac{F_1}{\sin 150°} = \frac{F_2}{\sin 135°} = \frac{50\,kg}{\sin 75°}$$ (라미의 정리)

[자유 물체도]

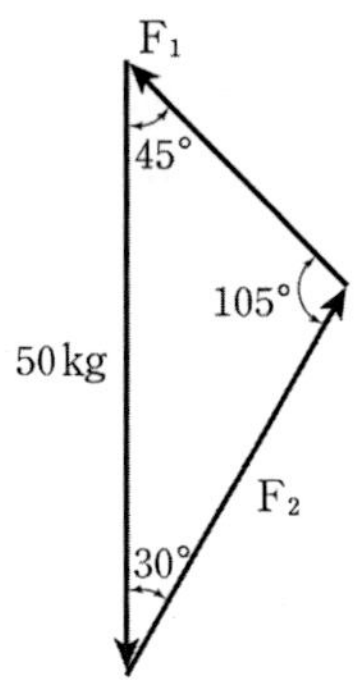

(힘의 3각형)

3힘이 한점에 작용할 때:

평형상태는 닫혀진 힘의 삼각형을 이룸

| 풀이 | $$\frac{F_1}{\sin 30°} = \frac{50}{\sin 105°} = \frac{F_2}{\sin 45°}$$ (sin법칙 : 정현법칙)

$$\therefore\ F_1 = \frac{50 \sin 30°}{\sin 105°} = \frac{25}{0.9659} = 25.88\,(kg)$$

$$\therefore\ F_2 = \frac{50 \sin 45°}{\sin 105°} = \frac{35.355}{0.9659} = 36.60\,(kg)$$

평가문제

01 Vector란 무엇인가?

|풀이| 크기, 방향을 가지며 도해적으로 화살표로 표시(속도, 힘, 가속도, 변이, 모멘트, 운동량)

02 벡터의 표시법 : $\mathbf{P}$, α, $\overrightarrow{A}$, $\underline{A}$

|풀이| 고딕체, 화살표 타이프라이터방법

03 힘의 3요소

|풀이| 작용점, 크기, 방향

04 Vector의 종류를 아는데로 말하시오. (중간고사)

|풀이| 구속 Vector, 자유 Vector, 이동 Vector, 등벡터, 부Vector.

05 Vector를 합성하는 방법? (3가지)

|풀이| 평행사변형 법칙, 삼각형법칙, 다각형법칙

06 Vector의 감법은 어떻게 구하는가?

|풀이| 부Vector의 합으로 정의

07 힘의 분해방법은?

|풀이| i) 힘 F의 두 성분력의 작용선을 알고 있을 때 : 평행사변형법칙 사용
ii) 힘 F의 두 성분중 하나를 알고 있을 때 : 삼각형법칙 사용

08

2차원(평면)에서 힘의 직각성분과 단위 Vector?

| 풀이 | F 의 x성분 $Fx = F\cos\theta = Fx \cdot i$

F 의 y성분 $Fy = F\sin\theta = Fy \cdot j$

$\therefore\ F = Fxi + Fyj$

$\therefore\ F = \sqrt{Fx^2 + Fy^2}$

(직각삼각형에서 $F^2 = Fx^2 + Fy^2$)

$\therefore\ \tan\theta = \dfrac{Fy}{Fx}$ (그림에서)

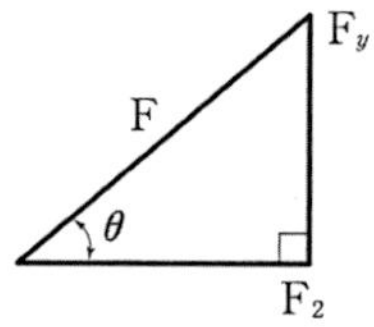

09

삼차원(공간력계)에서 직각좌표와 단위Vector?

| 풀이 | $F = \sqrt{Fx^2 + Fy^2 + Fz^2}$ $\begin{pmatrix} Fx = F\cos\theta x \\ Fy = F\cos\theta y \\ Fz = F\cos\theta z \end{pmatrix}$

$\therefore F = Fxi + Fyj + Fzk$

$= F\cos\theta xi + F\cos\theta yj + F\cos\theta zk$

$= F(\cos\theta xi + \cos\theta yj + \cos\theta zk) = F.\lambda.$(단위벡터)

단위벡터 λ : 크기가 1이고, 방향이 F와 같은 Vector. (F 의 작용선을 따르는 단위벡터)

$\lambda = \lambda xi + \lambda yj + \lambda zk = \cos\theta xi + \cos\theta yj + \cos\theta zk$

$\begin{cases} \lambda x = \cos\theta x \\ \lambda y = \cos\theta y \\ \lambda z = \cos\theta z \end{cases}$

$\lambda x^2 + \lambda y^2 + \lambda z^2 = 1$

$\cos^2\theta x + \cos^2\theta y + \cos^2\theta z = 1$

10

전달의 법칙

| 풀이 | 강체에 작용하는 힘을 크기, 방향, 작용점이 다른힘으로 바꾸어도 같은 작용선상에서는 같은 효과이다.

11

셋 또는 그 이상의 힘을 합성하는 방법? (중간고사)

| 풀이 | 1) 각 힘을 x, y성분으로 분해

2) 각 성분을 더해서 R 의 x, y성분을 구함.

3) 평행사변형법칙으로 합력을 구함.

12 질점의 평형 조건?

(중간고사)

|풀이| 1) 두 힘의 크기가 같고 같은 작용선상에서 방향이 서로 반대일 때

2) 세 힘이상이 한점에 작용할 때. (힘의 폐다각형)

$$\mathrm{IR} = \sum \mathrm{F} = 0 \qquad \begin{cases} \sum \mathrm{F}x = 0 \\ \sum \mathrm{F}y = 0 \end{cases} \text{(필요충분조건)}$$

↓

$$\sum(\mathrm{F}xi + \mathrm{F}yj) = 0 \qquad \underset{\underset{0}{\parallel}}{\left(\sum \mathrm{F}x\right)}i + \underset{\underset{0}{\parallel}}{\left(\sum \mathrm{F}y\right)}j = 0$$

|참고| 행렬식 소개

$$\begin{vmatrix} a & b \\ 1 & -1 \end{vmatrix} \quad \begin{vmatrix} i & j & k \\ x & y & z \\ F_x & F_y & F_z \end{vmatrix}$$

[sarrus의 법칙]

① 행렬식 : 연립방정식의 해를 통일적으로 표시하기 위해 고안됨 (수나 문자를 ( ) [ ] 표시)

예 $\begin{cases} 3x - y = 1 \\ x + 5y = 7 \end{cases} \qquad \begin{pmatrix} x & y & z \\ 3 & -1 & 1 \\ 1 & 5 & 7 \end{pmatrix}$

② Carmer rule

$$\mathrm{D} = \begin{vmatrix} 3 & -1 \\ 1 & 5 \end{vmatrix} = 15 - (-1) = 16$$

$$x = \frac{1}{16}\begin{vmatrix} 1 & -1 \\ 7 & 5 \end{vmatrix} = \frac{1}{16}(5+7) = \frac{12}{16} = \frac{3}{4}$$

$$y = \frac{1}{16}\begin{vmatrix} 3 & 1 \\ 1 & 7 \end{vmatrix} = \frac{1}{16}(21-1) = \frac{20}{16} = \frac{5}{4}$$

1-2 두 벡터의 벡터곱 (V = P × Q) : Cross product

❶ V 의 작용선 : P, Q 를 포함하는 평면에 수직이다.

❷ V 의 크기 : $V = P \cdot Q \cdot \sin\theta$

❸ V 의 방향 : P 를 각 θ만큼 반시계방향으로 회전시켜 Q 와 일치하는 방향 (우수계법칙)

(방향 V = P × Q)

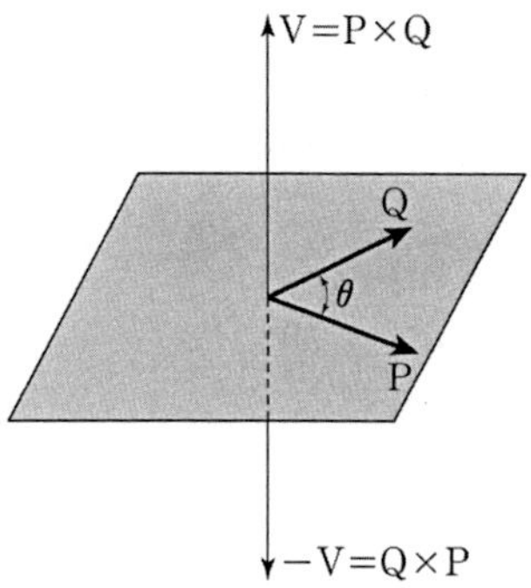

교환법칙, 결합법칙 → 성립안됨

분배법칙 적용

$P \times (Q_1 + Q_2) = (P \times Q_1) + (P \times Q_2)$

가 직각성분으로 표시한 Vector곱

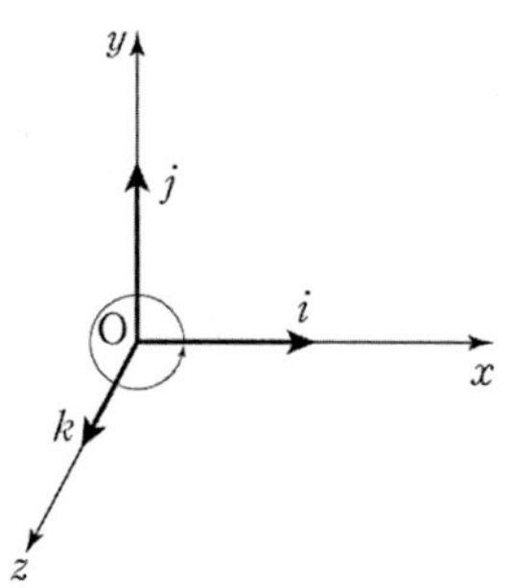

i, j, k는 서로 수직 : 우수계형성

$i \times i$: 두 vector 방향이 같기 때문에 0이다.

$\begin{pmatrix} j \times j \\ k \times k \end{pmatrix}$ (면적이 없다)

정 (+) $\begin{pmatrix} i \times j = k \\ j \times k = i \\ k \times i = j \end{pmatrix}$

부 (−) $\begin{pmatrix} j \times i = -k \\ i \times k = -j \\ k \times j = -i \end{pmatrix}$

j, $k \curvearrowleft i$: 두 기본단위 벡터의 벡터곱에서

- 반시계방향 순서곱 : 정(+)
- 시계방향 순서곱 : 부(−)

$$V = P \times Q \qquad \begin{cases} IP = Pxi + Pyj + Pzk \\ Q = Qxi + Qyj + Qzk \end{cases}$$

$$\begin{aligned}
&= (Pxi + Pyj + Pzk) \times (Qxi + Qyj + Qzk) \\
&= PxQxii + PxQyij + PxQzik + PyQxji + PyQyjj + PyQzjk \\
&\qquad + PzQxki + PzQykj + PzQzkk \\
&= PxQyk - PxQzj + PyQxk + PyQzj + PzQyi - PzQyi \\
&= (PyQz - PzQy)i + (PzQx - PxQz)j + (PxQy - PyQx)k \\
&= Vxi + Vyj + Vzk
\end{aligned}$$

$$\therefore \begin{cases} Vx = PyQz - PzQy \\ Vy = PzQx - PxQz \\ Vz = PxQy - PyQx \end{cases}$$

$$V = IP \times Q = \begin{vmatrix} i & \cdot & j & \cdot & k \\ Px & \cdot & Py & \cdot & Pz \\ Qx & \cdot & Qy & \cdot & Qz \end{vmatrix}$$

$$\begin{aligned}
&= PyQzi + PzQxj + PxQyk - PyQxk - PzQyi - PxQzj \\
&= (PyQz - PzQy)i + (PzQx - PxQz)j + (PxQy - PyQx)k \\
&= Vxi + Vyj + Vzk
\end{aligned}$$

나 한점에 관한 힘의 Moment

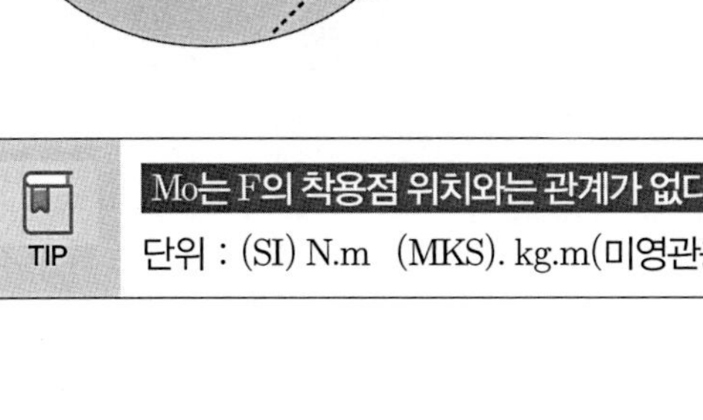

벡터 $\Upsilon(\overline{OA})$: A 점의 위치벡터

- Mo(방향) = $\Upsilon \times F$
- Mo(크기) = $\Upsilon \cdot F \sin\theta = F \cdot d$

> TIP
> **Mo는 F의 착용점 위치와는 관계가 없다. (F의 작용선에 의해 정의)**
> 단위 : (SI) N.m (MKS). kg.m(미영관용) lb.ft, lb.in

다 Varignon의 정리

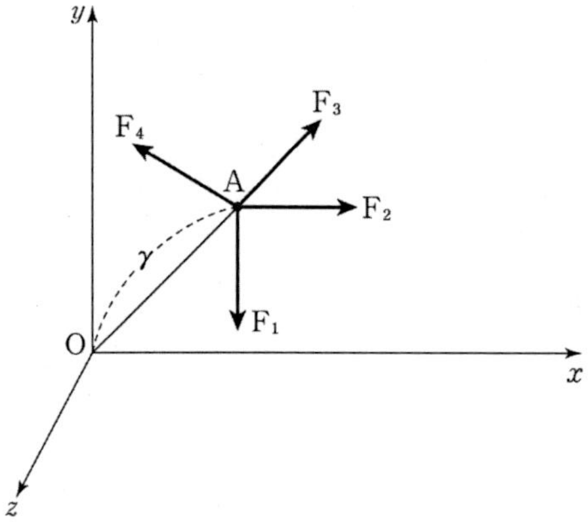

벡터ϒ : A 의 위치벡터

"한점에 모이는 몇 개 힘들의 합력의 0점에 관한 모멘트는 같은 0점에 관한 몇 개 힘들의 모멘트의 합과 같다."

$M_O = \Upsilon \times (F_1 + F_2 + F_3 + \cdots\cdots)$ 합력의 모멘트

$= (\Upsilon \times F_1) + (\Upsilon \times F_2) + (\Upsilon \times F_3) + \cdots\cdots$ 각 힘들의 모멘트의 합

라 Moment의 직각성분

$$\begin{cases} Mo = Mxi + Myj + Mzk \\ g = \xi + yj + zk \\ F = Fxi + Fyj + Fzk \end{cases}$$

$$\boxed{Mo = \Upsilon \times F}$$

$$= (xi + yj + zk) \times (Fxi + Fyj + Fzk)$$

$$= (yFz - zFy)i + (zFx + xFz)j + (xFy - yFx)k$$

$$= Mxi + Myj + Mzk$$

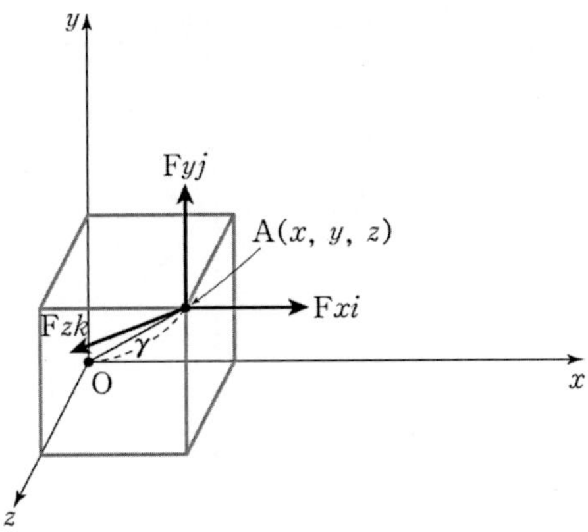

$$\therefore \begin{cases} Mx = xFz - zFx \\ My = zFx - xFz \\ Mz = xFy - yFx \end{cases}$$

$$Mo = \Upsilon \times F = \begin{vmatrix} i & j & k \\ x & y & z \\ Fx & Fy & Fz \end{vmatrix} = yFzi + zFxj + xFyk - yFxk - zFyi - xFzj$$

$$= (yFz - zFy)i + (zFx - xFz)j + (xFy - yFx)k$$

$$= Mxi + Myj + Mzk$$

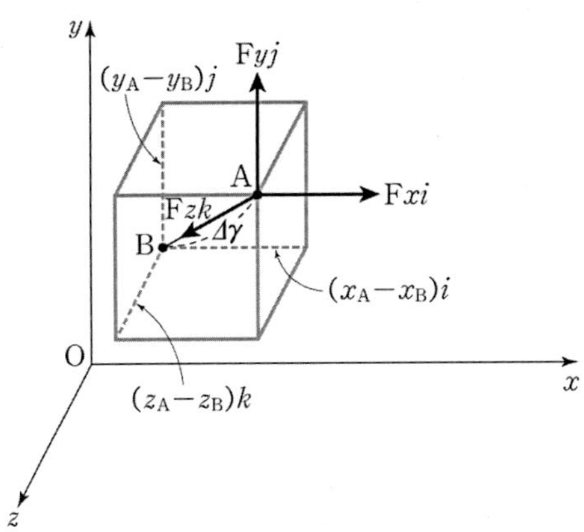

임의점 B모멘트

$$\boxed{M_B = \Delta\Upsilon \times F = (\Upsilon_A - \Upsilon_B) \times F}$$

$$\therefore M_B = \begin{vmatrix} i & j & k \\ \Delta x & \Delta y & \Delta z \\ Fx & Fy & Fz \end{vmatrix} = (\Delta yFz - \Delta zFy)i + (\Delta zFx - \Delta xFz)j + (\Delta xFy - \Delta yFx)k$$

$$\begin{cases} \Delta x = (x_A - x_B).\ \ \Delta z = (z_A - z_B) \\ \Delta y = (y_A - y_B) \end{cases}$$

> TIP
>
> **2차원(평면) 문제**
>
> 힘 F가 x y에만 작용(가정) $z=0$, $Fz=0$

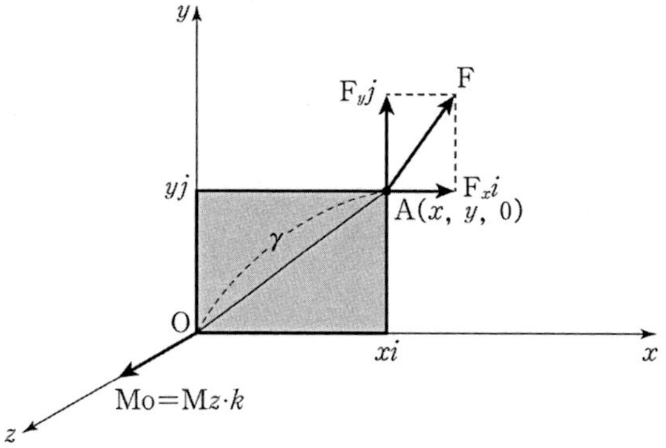

$$Mo=(xFy-yFx)\cdot k$$
$$=Mz\cdot k$$
$$\therefore Mo=Mz=xFy-yFx$$

값 ┌ 정(+) : 반시계방향 회전
　 └ 부(-) : 시계방향 회전 뜻

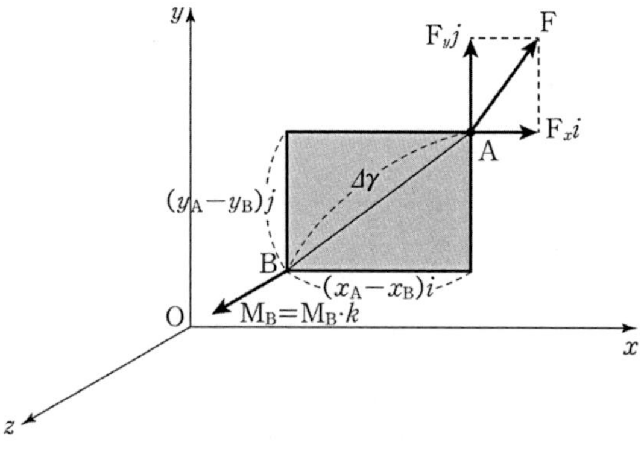

$$M_B=\Delta xFy-\Delta yFx$$

$$M_B=(x_A-x_B)Fy-(y_A-y_B)Fy$$

x, y 평면에 수식이고 크기, 방향은 스칼라 량에 의해 결정됨

1-3 두 벡터의 스칼라곱 (dot–product)

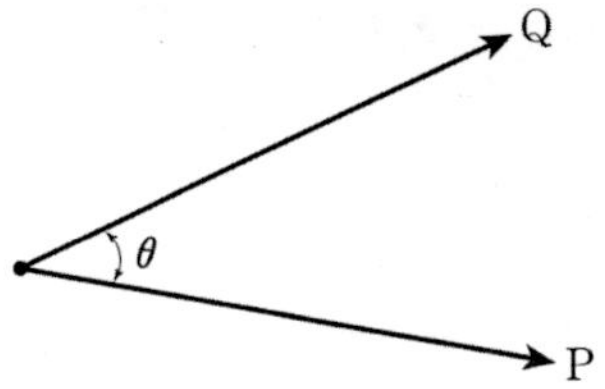

교환, 분배법칙 성립

P · Q = Q · IP

V (크기) = IP · Q = PQ cosθ

$i \cdot i = j \cdot j = k \cdot k = 1$

$\begin{cases} i \cdot j = j \cdot k = k \cdot i = 0 \\ i \cdot k = k \cdot j = j \cdot i = 0 \end{cases}$ $\begin{cases} \mathrm{IP} = \mathrm{P}xi + \mathrm{P}yj + \mathrm{P}zk \\ \mathrm{Q} = \mathrm{Q}xi + \mathrm{Q}yj + \mathrm{Q}zk \end{cases}$

$\mathrm{V} = \mathrm{IP} \cdot \mathrm{Q} = (\mathrm{P}xi + \mathrm{P}yj + \mathrm{P}zk) \cdot (\mathrm{Q}xi + \mathrm{Q}yj + \mathrm{Q}zk)$

$= \mathrm{P}x\mathrm{Q}ii + \mathrm{P}x\mathrm{Q}yij + \mathrm{P}x\mathrm{Q}zik + \mathrm{P}y\mathrm{Q}xji + \mathrm{P}y\mathrm{Q}yjj + \mathrm{P}y\mathrm{Q}zjk + \mathrm{P}z\mathrm{Q}xki + \mathrm{P}z\mathrm{Q}zk \cdot k$

$= \mathrm{P}x\mathrm{Q}x + \mathrm{P}y\mathrm{Q}y + \mathrm{P}z\mathrm{Q}z$

$\therefore \mathrm{P} \cdot \mathrm{P} = \mathrm{P}x^2 + \mathrm{P}y^2 + \mathrm{P}z^2 = \mathrm{P}^2$

$\therefore \mathrm{P} = \sqrt{\mathrm{P}x^2 + \mathrm{P}y^2 + \mathrm{P}z^2}$

$\cos\theta = \dfrac{\mathrm{P} \cdot \mathrm{Q}}{\mathrm{PQ}} = \dfrac{Px\mathrm{Q}x + \mathrm{P}y\mathrm{Q}y + \mathrm{P}z\mathrm{Q}z}{PQ}$

우력의 모멘트 (pair, 짝힘)

크기가 같고 작용선은 나란하며 방향이 반대인 두 힘 F와 − F는 우력형성
(두 힘의 임의 방향성분의 합이 0이다)

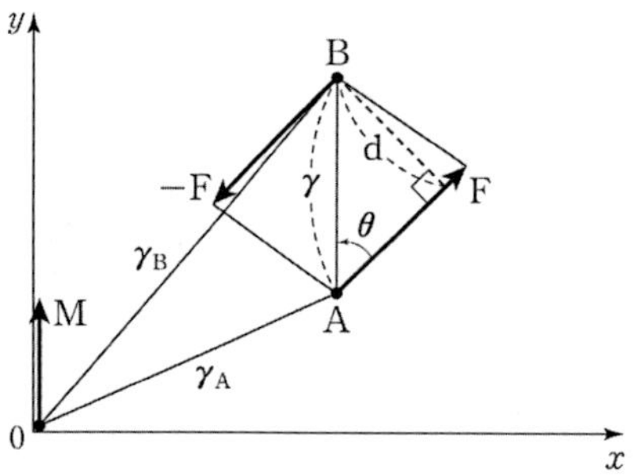

γ_A , γ_B : 위치벡터

$$M = (\gamma_A \times F) + \gamma_B \times (-F)$$
$$= (\gamma_A - \gamma_B) \times F = \gamma \times F$$

M(우력크기) $= \gamma \cdot F\sin\theta = F \cdot d$

(d : F와 − F의 작용선 사이 수직거리, 벡터 γ : 좌표축의 원점을 어떻게 택하더라도 변하지 않는다)

즉, 우력모멘트 M은 어떤점에도 작용할 수 있는 자유벡터 (free Vector)

> **TIP** 힘 F_1과 $-F_1$의 우력모멘트와 F_2와 $-F_2$ 우력모멘트는 같다.
> $\therefore F_1 - d_1 = F_2 \cdot d_2$

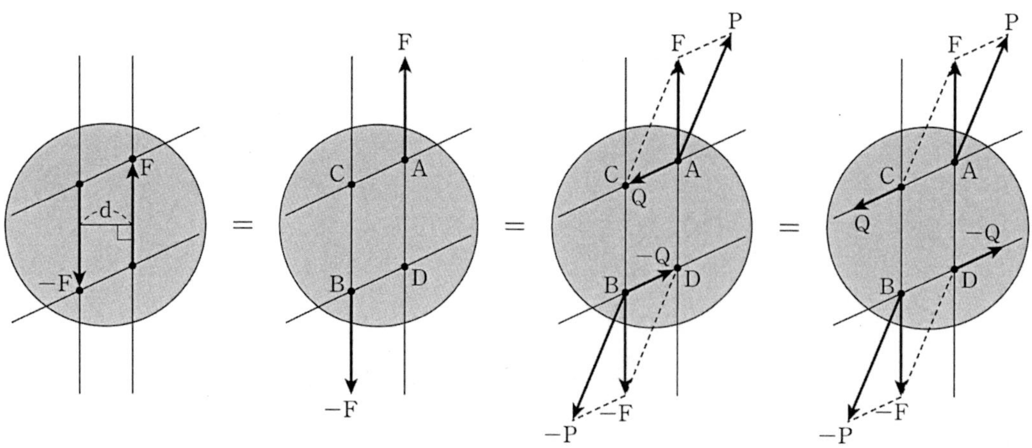

(전달법칙) (평행사변형 법칙 분해)

연습문제

01 $P = 60,\ Q = 40,\ \theta = 30°$ 일 때 $P \times Q$? $P \cdot Q$?

|풀이|

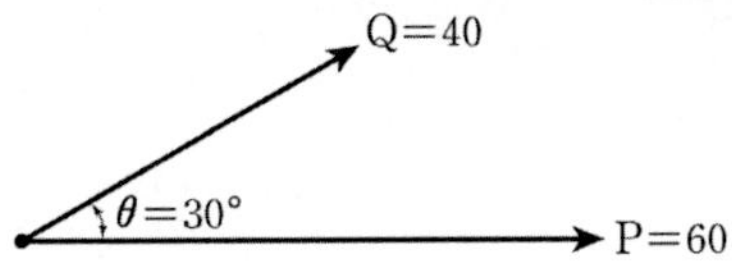

$$V(\text{크기}) = P \times Q = PQ\sin\theta = 60 \times 40 \sin 30°$$

$$V = P \cdot Q = PQ\cos\theta = 60 \times 40 \cos 30° = 2400 \times \frac{\sqrt{3}}{2}$$

$$= 1200 \times \sqrt{3}$$

02 $\begin{cases} P = 2i + 3j - k \\ Q = 3i + j + k \end{cases}$ 일 때 두 벡터가 이루는 각 θ를 계산하라. (중간고사)

|풀이| $P \cdot Q = PxQx + PyQy + PzQz$

$$= (2 \times 3) + (3 \times 1) + ((-1) \times 1) = 8$$

$$P \cdot P = P^2 = Px^2 + Py^2 + Pz^2$$

$$\therefore \begin{cases} P = \sqrt{Px^2 + Py^2 + Pz^2} = \sqrt{2^2 + 3^2 + (-1)^2} = \sqrt{14} \\ Q = \sqrt{Qx^2 + Qx^2 + Qx^2} = \sqrt{3^2 + 1^2 + 1^2} = \sqrt{11} \end{cases}$$

$$P \cdot Q = PQ\cos\theta$$

$$\therefore \cos\theta = \frac{P \cdot Q}{PQ} = \frac{8}{\sqrt{14}\sqrt{11}} = \frac{8}{\sqrt{154}}$$

$$\therefore \theta = \cos^{-1}\frac{8}{\sqrt{154}} = 49.86°$$

03

$P = 60kg$ 수직력, $\theta = 70°$일 때 Mx, My, Mz?

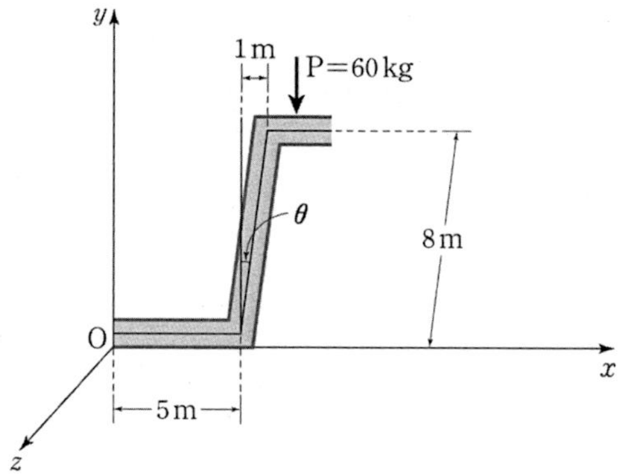

|풀이| $Mo = \gamma \times F$ $\begin{cases} \gamma = xi + yj + zk \\ \quad = 6i + 8\sin 20° j - 8\cos 20° k \\ \quad = 6i + 2.736j - 7.517k \\ F = Fxi + Fyj + Fzk = -60j \end{cases}$

$$\therefore Mo = \gamma \times F = \begin{vmatrix} i & j & k \\ 6 & 2.736 & -7.517 \\ 0 & -60 & 0 \end{vmatrix} = -360k - 451i$$

$$Mx = \begin{vmatrix} 2.736 & -7.517 \\ -60 & 0 \end{vmatrix} = -451\,kg \cdot m$$

$$Mz = \begin{vmatrix} 6 & 2.736 \\ 0 & -60 \end{vmatrix} = -360\,kg \cdot m$$

04

두 Vector $a \times b$인 Vector의 외적을 구하여라. $\begin{pmatrix} a = 3i - 4k \\ b = -12i + 3j + 4k \end{pmatrix}$이다

|풀이| (1방법) $a \times b = (3i - 4k) \times (-12i + 3j + 4k)$

$= (-3bi \times i) + (9i \times j) + (12i \times k) + (48k \times i) - (12k \times j) + (16k \times k)$

$= 12i + 36j + 9k$

$k \overset{j}{\curvearrowleft} i$

(2방법) $\begin{vmatrix} i & j & k \\ 3 & 0 & 4 \\ -12 & 3 & 4 \end{vmatrix} = 0.2 + 48j + 9k + 0k + 12i - 12j$

$= 12i + 36j + 9k$

(3방법) $\quad (3i \quad\quad -4k) \quad (-12i \quad +3j \quad +4k)$

$$\mathrm{V} = \mathrm{P} \times \mathrm{Q} = (\mathrm{P}xi + \mathrm{P}yj + \mathrm{P}zk) \times (\mathrm{Q}xi + \mathrm{Q}yj + \mathrm{Q}zk)$$

$$= \mathrm{V}xi + \mathrm{V}yj + \mathrm{V}zk$$

$$= (\mathrm{P}y\mathrm{Q}z - \mathrm{P}z\mathrm{Q}y)i + (\mathrm{P}z\mathrm{Q}x - \mathrm{P}x\mathrm{Q}z)j + (\mathrm{P}x\mathrm{Q}y - \mathrm{P}y\mathrm{Q}x)k$$

$$\quad +12i \quad\quad\quad\quad 36j \quad\quad\quad\quad 9k$$

$$= 12i + 36j + 9k$$

평가문제

01 두 벡터의 벡터곱?$(V = P \times Q)$: Cross product

| 풀이 | 1) V의 작용선 : P, Q를 포함하는 평면에 수직

V의 크기 : $V = P \cdot Q \sin\theta$

V의 방향 : P를 θ 각 만큼 반시계방향으로 회전시켜 Q와 일치하는 방향$(V = P \times Q)$

$$\begin{matrix} j \\ k \curvearrowleft i \end{matrix} \qquad \begin{matrix} i \times i = 0 \\ (j \times j) = (k \times k) \end{matrix}$$

두 벡터의 방향이 같기 때문에 면적이 없으므로 0이다.

$$\begin{pmatrix} i \times j = k \\ j \times k = i \\ k \times i = j \end{pmatrix} \quad \begin{pmatrix} j \times i = k \\ k \times j = i \\ i \times k = j \end{pmatrix}$$

두 기본단위 Vector의 벡터곱에서
- 반시계방향 순서곱 : (+)
- 시계방향 순서곱 : (−)

1) $V = P \times Q = Vxi + Vyj + Vzk$

$= (PyQz - PzQy)i + (PzQx - PxQz)j + (PxQy - PyQx)k$

2)

$$V = P \times Q = \begin{vmatrix} i & j & k \\ Px & Py & Pz \\ Qx & Qy & Qz \end{vmatrix} = Vxi + Vyj + Vzk$$

$= (PyQ - PQy)i + (PzQx - PxQz)j + (PxQy - PyQz)k$

02 Varignon의 정리란 무엇인가? (중간고사)

| 풀이 | $Mo = \gamma \times (F_1 + F_2 + F_3 \cdots)$ 합력의 모멘트

$= (\gamma \times F_1) + (\gamma \times F_2) + (\gamma \times F_3) + \cdots$ 각 힘들의 모멘트 합

즉, "한점에 모이는 몇 개 힘들의 합력의 0점에 모멘트는 같은 0점에 관한 몇 개 힘들의 모멘트의 합과 같다."

03 힘 모멘트의 직각성분에 대해 설명하라.

|풀이| $Mo = \gamma \times F = Mxi + Myj + Mzk$

$$= (xi + yj + zk) \times (Fxi + Fyj + Fzk)$$

$$= (yFz - zFy)i + (zFx - xFz)j + (xFy - yFx)k$$

$$Mo = \gamma \times F = \begin{vmatrix} i & j & k \\ x & y & z \\ Fx & Fy & Fz \end{vmatrix} = (\text{동일})$$

$$Mo = \Delta\gamma \times F = (\gamma_A - \gamma_B) \times F \qquad \begin{cases} \Delta x = x_A - x_B \\ \Delta y = y_A - y_B \\ \Delta z = z_A - z_B \end{cases}$$

$$= \begin{vmatrix} i & j & k \\ \Delta x & \Delta y & \Delta z \\ Fx & Fy & Fz \end{vmatrix}$$

$$= (\Delta y Fz - \Delta z Fy)i + (\Delta z Fx - \Delta x Fz)j + (\Delta x Fy - \Delta y Fx)k$$

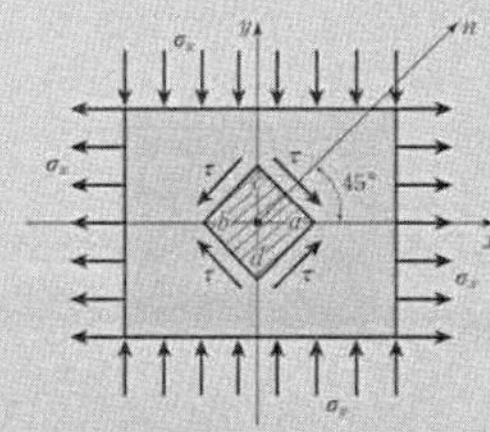

제 2 장

응력과 변형률

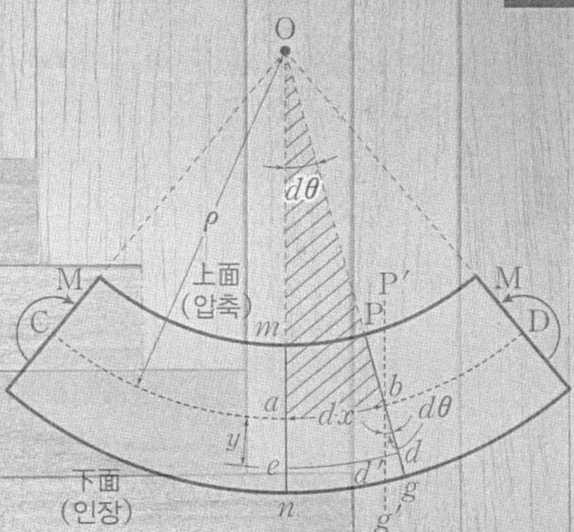

• 응력 (stress) : 내부에서 발생하는 단위 면적당의 저항력

; 어떤 물체에 하중이 작용하면 재료 내부에는 이에 저항하는 힘이 생겨 균형을 이루는데 이 저항력을 응력(stress)라 한다.

• 수직능력 (단면에 직각으로 작용) : normal, stress (법선응력)

; 인장응력 (tensile stress), 압축응력 (compressive stress)

• 접선응력 (단면에 평행으로 작용) : tangential stress

; 전단응력 (shear stress)

2-1 응력

가 수직응력(normal stress) : 단면에 수직으로 작용하는 응력

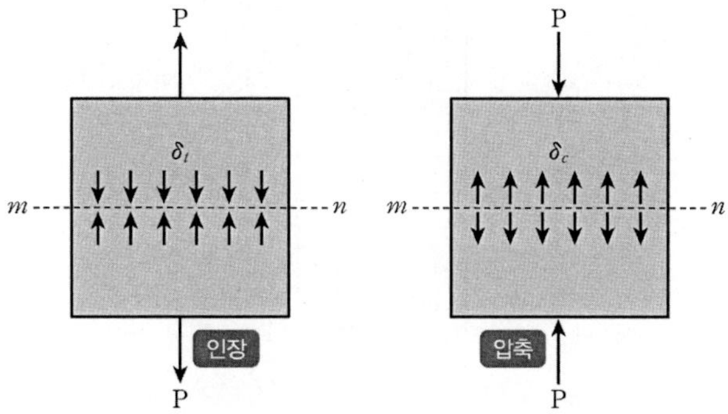

δ ┌ (+) : 인장응력 : $\delta_t = \frac{P}{A}(kg/cm^2)$
└ (-) : 압축응력 : δ_c

나 접선응력 (shear stress) : 단면에 평행하게 작용하는 응력(물체를 전단하려고 하는 방향으로 작용)

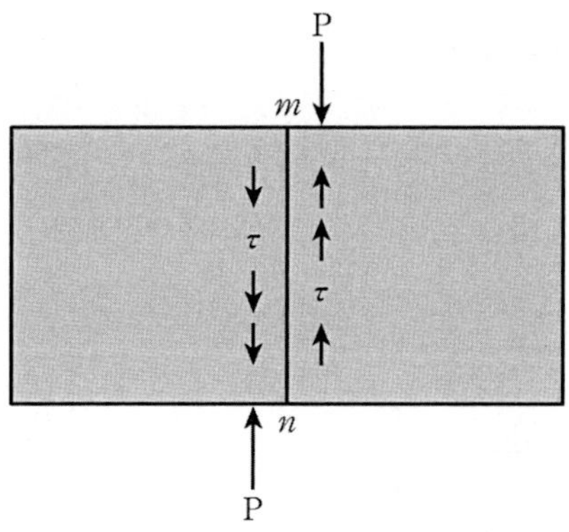

$$\tau = \frac{P}{A}(kg/cm^2)$$

다 변형률 (strain) : 세로변형률 (ε), 가로변형률 (ε'), 전단변형률 (γ)

1) 세로변형률 (ε) : 인장변형률 (tensil strain)

(인장하중이 작용할 때 길이방향으로 늘어나고 직각 방향으로 감소하는데) 하중이 작용전의 재료 길이와 하중이 작용하여 늘어난 길이의 비

(세로변형률) $\varepsilon = \dfrac{\ell' - \ell}{\ell} = \dfrac{\lambda}{\ell}$ (단위길이당 신장량)

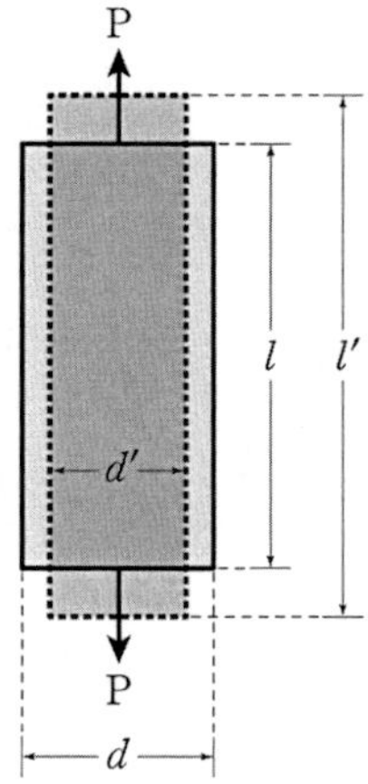

2) 가로변형률 (lateral strain) ; (ε')

인장하중작용 ┌ 길이방향 늘어나고
└ 직각방향 (굵기감소) 감소에서

; 굵기의 변형량을 처음굵기로 나눈값

ε'(가로변형률) $= \dfrac{d' - d}{d} = \dfrac{\delta}{d}$ (단위길이당 수축량)

3) 전단변형률 (γ) : 미끄러진 길이 CC′, DD′를 AC, BD로 나눈값

(ϕ : 전단각) ; 면간의 각 변화 표시

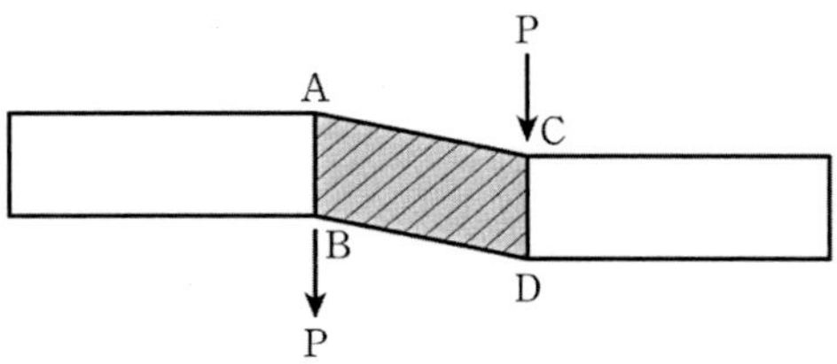

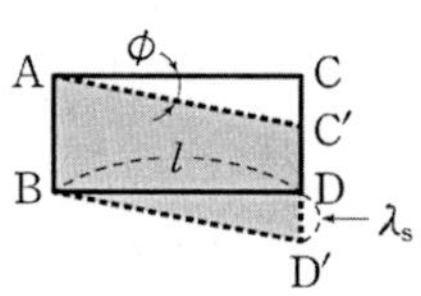

$\gamma = \dfrac{CC'}{AC} = \dfrac{DD'}{BD(\ell)} = \tan\phi$

CC′ 극히 작기 때문에

AC × ϕ ≒ CC′

$\gamma = \dfrac{CC'(\lambda s)}{AC(\ell)} = \dfrac{AC \cdot \phi}{AC} = \phi$

4) 체적변형률 : bulk, strain, Volumetric strain

$$\varepsilon_{\text{v}} = \frac{\Delta V}{Vo} = \frac{\pm 3\ell^2\lambda}{\ell^3} = 3 \times \left(\pm \frac{\lambda}{\ell}\right) = 3\varepsilon$$

> **TIP**
>
> 체적변형률 (ε_{V})은 선변형률(ε)의 3배
>
> $\Delta \text{V} = V' - Vo = (\ell \pm \lambda)^3 - \ell^3$
>
> $= \ell^3 \pm 3\ell^2\lambda + 3\ell\lambda^2 \pm \lambda^3 - \ell^3$
>
> $= \pm 3\ell^2\lambda$($\lambda \lll$소, λ^2 이상함 : 무시)
>
> 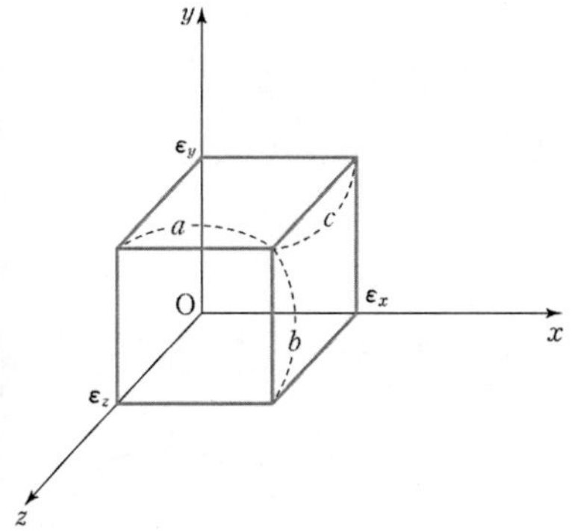
>
>
> $a \rightarrow a + \varepsilon_x \cdot a$
>
> $b \rightarrow b + \varepsilon_y \cdot b$
>
> $c \rightarrow c + \varepsilon_z \cdot c$
>
> $\text{V}_{\text{O}} = a, b, c$
>
> $\text{V}_f = ?$ $\qquad \varepsilon_V$(최적변형률)$= \dfrac{\Delta \text{V}}{\text{V}_{\text{O}}}$?
>
> $\Delta \text{V} = \text{V}_f - \text{V}_{\text{O}}$
>
> 풀이
>
> 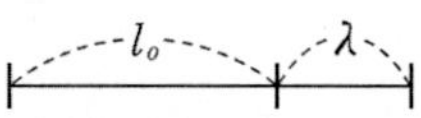
>
>
> $\varepsilon = \dfrac{\lambda}{\ell_o} \rightarrow \lambda = \varepsilon \cdot \ell_o$에서
>
> $\text{V}_f = (a + \varepsilon_x \cdot a) \cdot (b + \varepsilon_y \cdot b) \cdot (c + \varepsilon_z \cdot c)$
>
> $= abc(1+\varepsilon_x)(1+\varepsilon_y)(1+\varepsilon_z)$
>
> $= abc(1+\varepsilon_x+\varepsilon_y+\varepsilon_x\varepsilon_y)(1+\varepsilon_z)$
>
> $= abc(1+\varepsilon_x+\varepsilon_y+\cancel{\varepsilon_x\varepsilon_y}+\varepsilon_z+\cancel{\varepsilon_x\varepsilon_z}+\cancel{\varepsilon_y\varepsilon_z}+\cancel{\varepsilon_x\varepsilon_y\varepsilon_z})$
>
> $= abc(1+\varepsilon_x+\varepsilon_y+\varepsilon_z)$
>
> 2차합 이상 : 무시 (매우 적으므로)
>
> $\Delta \text{V} = \text{V}_f - \text{V}_{\text{o}} = abc(\cancel{1}+\varepsilon_x+\varepsilon_y+\varepsilon_z) - \cancel{abc} = abc(\varepsilon_x+\varepsilon_y+\varepsilon_z)$
>
> $\varepsilon_{\text{V}} = \dfrac{\Delta V}{V_o} = \dfrac{\cancel{abc}(\varepsilon_x+\varepsilon_y+\varepsilon_z)}{\cancel{abc}} = \varepsilon_x+\varepsilon_y+\varepsilon_z$
>
> ∴ 체적변형률 : 서로 직교하는 3방향의 수직변형률의 화로 표시됨

2-2 응력과 변형률 선도 (stree-strain diagram)

가 하중변형선도 (load deformation diagram)

규격화된 시험편을 재료시험기에 걸고 하중 작용시키면 하중에 따른 시험편의 변형선도 얻음.

나 응력-변형률선도 (stress-strain diagram)

하중 변형선도에서 ┌ 세로축 : 하중을 시편단면적(A)로 나눈값(응력값)
　　　　　　　　 └ 가로축 : 변형량을 본래 재료길이(ℓ)로 나눈값(변형률)

을 취해 그래프로 표시한 것

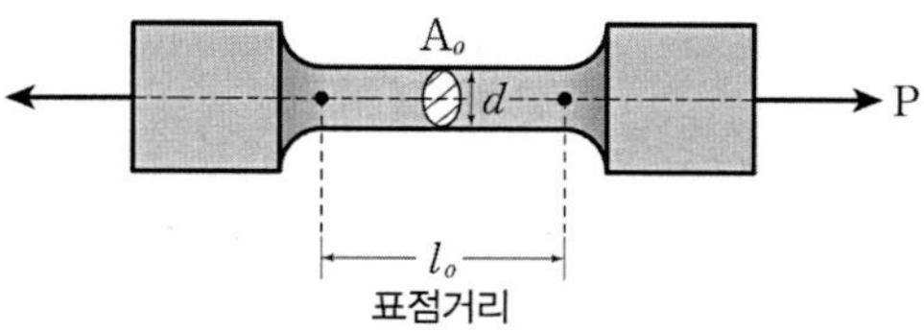

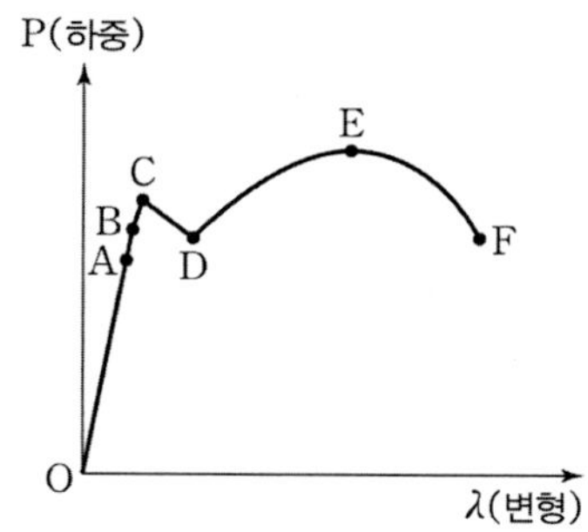

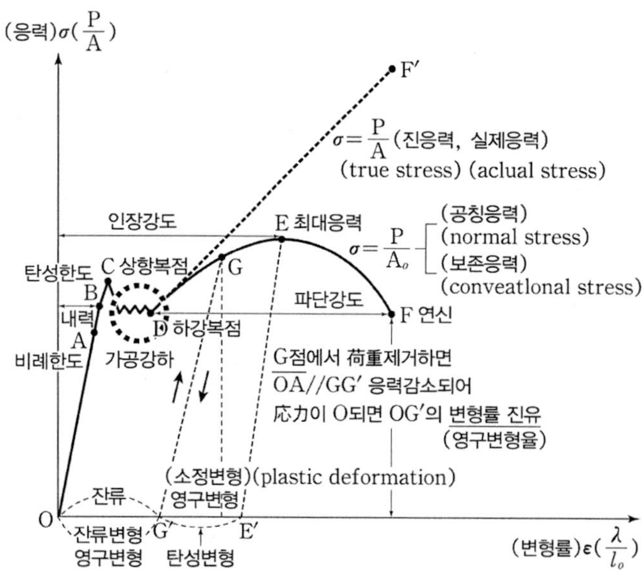

[설명을 위한 선도]

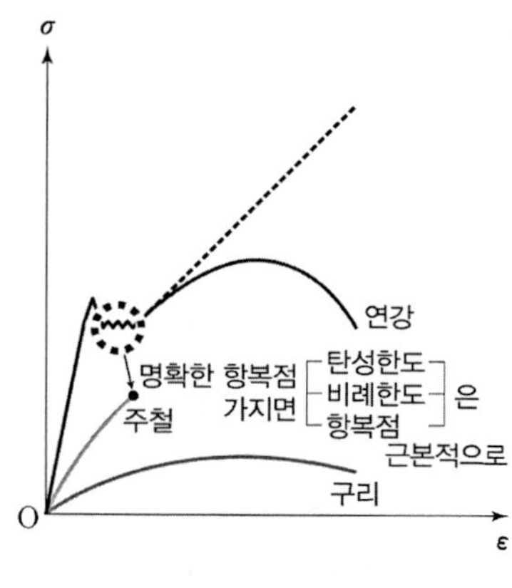

[실제 선도]

1) **비례한도 (proportional limit)** : (A)응력과 변형률이 비례하는 구간(직선)

응력과 변형량이 정비례 관계를 유지라는 한계

2) **탄성한도 (elastie limit)** : (B)

하중을 제거할 때 시험편이 원형으로 돌아가는 한계

3) **항복점 (yield point)** : (C)

탄성한도를 지나 더욱 응력을 증가시키면 응력이 거의 증가하지 않고 변형률만이 급격히 증가하는 현상의 지점.

연성재료

- 금속조직이 미끄럼변형에 의해 변형률이 어느정도 진행하였기 때문에 일어나는 경화작용 현상
  - 변형경화 : stain hardening
  - 가공경화 : work hardening

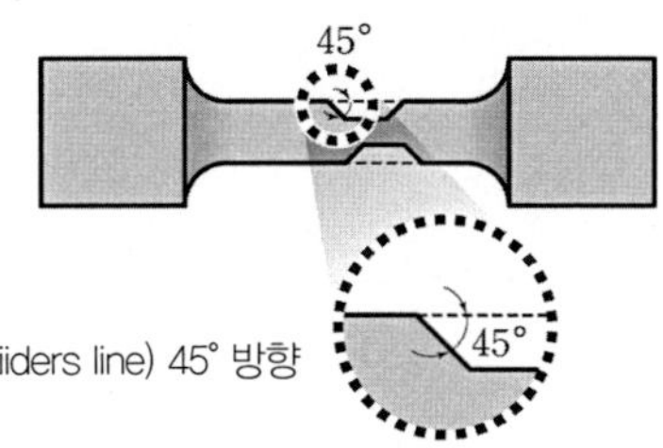

(Lüders line) 45° 방향

- 네킹 (necking) 현상 : 변형률 증가에 따라 시험편 일부에 국부적인 단면의 축소현상
- 최대하중점 (point of maximum load) : 최대응력에 해당하는 점

4) **극한강도 (ultimate strength)** : (E)

5) **파단점** : (F) frdcture point : 시험편이 절단되는 점

연신율(olongation percentage) $= \dfrac{\ell' - \ell_o}{\ell_o} \times 100(\%)$, $\varepsilon' = \dfrac{d_o - d'}{d_o} \times 100(\%)$

단면수축율(Contraction percnetage of cross sectional area) $= \dfrac{A_0 - A'}{A_0} \times 100\%$

6) **연성재료 (ductile material)** : 연강

미끄럼 변형을 일으키는 재료(파단할 때까지 소성변형, 신장율, 수축율이 일어남)

7) **취성재료 (brittle material)** : 유리, 주철

응력이 탄성한도를 넘어도 거의 소성변형을 일으키지 않고 파단되는 재료

8) **반복하중에 의한 재료의 현상 (fatigue)**

하중이 정적작용 경우에는 절대파괴 되지 않는 크기 일지라도 반복하중이 작용하는 경우 파괴되는 현상

> 참고
>
> **피로한도(fatigue limit)**
>
> 반복되는 응력진폭이 어느정도 적으면 피로파괴가 일어나지 않는데 피로파괴를 초래치 않는 반복 응력의 최대 진폭

9) Creep 현상

고온조건의 일정응력하에서 재료를 장시간 방치하면 서서히 변형이 진행하는 현상(인장강도보다 훨씬 작은 응력에서 파괴 됨)

2-3 후쿠의 법칙과 프와송의 비

가 후크의 법칙 : 비례한도 내에서 변형량 λ

- 힘P 와 길이 ℓ에 비례
- 단면적 A 에 반비례

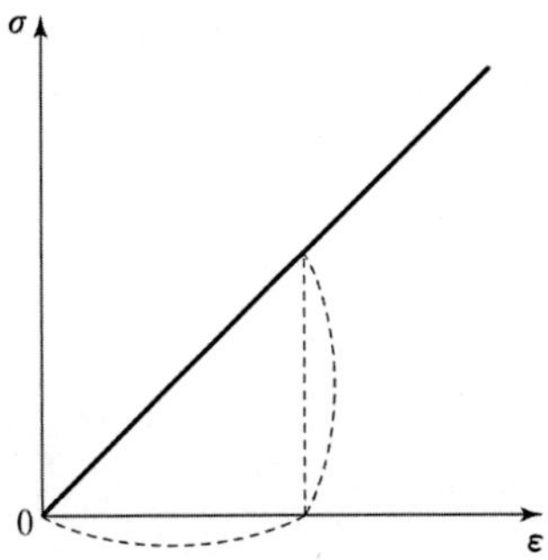

$$\boxed{\lambda \propto \frac{P \cdot \ell}{A}} \rightarrow \frac{\lambda}{\ell} \propto \frac{P}{A}$$

$\sigma \propto \varepsilon \quad \sigma = C \cdot \varepsilon$

(σ : 응력, C : 비례상수, ε : 변형률)

$$C = \frac{\sigma}{\varepsilon} = E$$

(탄성률, 탄성계수 : Elastic moduls, 영계수 : Young's modulus)

(응력단위와 같다)

나 탄성계수 : 탄성체에 고유한 재료와 정수

응력과 변형률 종류에 따라

- 세로탄성계수(E) : 영률
- 가로탄성계수(G) : 전단탄성계수
- 체적탄성계수(K)

1) 세로탄성계수 또는 영률 : E

수직응력 σ를 같은 방향의 세로변형률 ε와의 비례상수(E)

후크법칙에서 $\sigma \propto \varepsilon \quad \sigma = E \cdot \varepsilon$

$$E = \frac{\sigma}{\varepsilon} = \frac{\frac{P}{A}}{\frac{\lambda}{\ell}} = \frac{P \cdot \ell}{A\lambda}\,(\mathrm{kg/cm^2})$$

$$\therefore \lambda = \frac{P \cdot \ell}{AE} = \frac{\sigma \cdot \ell}{E}$$

2) 가로 탄성계수 (전단탄성계수) : G

전단응력 τ과 전단변형률 γ 사이에도 비례상수가 있는데 그 비례상수(G)

$$\tau = G \cdot \gamma \quad G = \frac{\tau}{\gamma} = \frac{P}{A\gamma} = \frac{P \cdot \ell}{A \cdot \lambda_s}$$

(τ : 전단응력, γ : 전단변형률)

$$\therefore \lambda_s = \frac{P \cdot \ell}{AG} = \frac{\tau \cdot \ell}{G} \left(\gamma = \frac{\lambda_s}{\ell} = \phi\right)$$

3) 체적탄성계수 ((bulk) modulus) : K

탄성체의 전표면으로 작용하는 균일응력(예 수압)과 이에 일어나는 체적변형률 ε_v과의 비의 절대치

$$K = \left|\frac{P}{\varepsilon_v}\right|$$

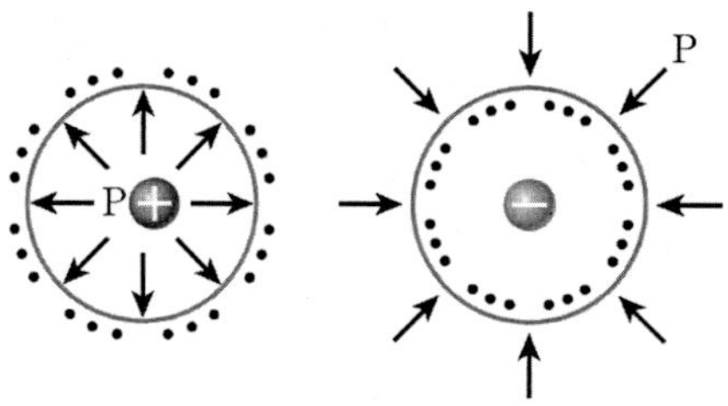

4) 프와송의 비 (poisspm's ratio) : $V = \dfrac{1}{m}$(프와송의 수)

비례한도 내에서 가로변형률(ε)과 세로변형률(ε')은 재료마다 일정한 값을 갖는다.

(프와송 : 재료의 고유값 갖는다고 예언)

$$V = \left|\frac{\varepsilon'}{\varepsilon}\right| = \frac{1}{m} \ (m : \text{poisson's number})$$

* 프와송의 비 $V = \dfrac{1}{m}$, ε변형률 알면 체적변화율 $\dfrac{\Delta V}{V}$?

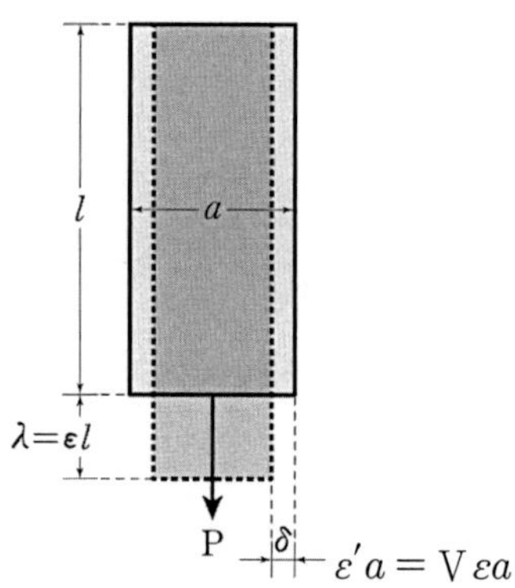

봉의 원래 체적 $V = a^2\ell$

변형후
- 봉의길이 $\ell' = \ell + \varepsilon\ell = \ell(1+\varepsilon)$
- 단면적 $A' = (a - V\varepsilon a)^2 = a^2(1-V\varepsilon)^2$
- 체적 $V' = a^2\ell(1+\varepsilon)(1-V\varepsilon)^2$

$$\frac{\Delta V}{V} = \frac{V'-V}{V} = \varepsilon(1-2V)$$

$$\frac{\Delta V}{V} = \frac{V'-V}{V} = \frac{a^{2\ell}(1+\varepsilon)(1-V\varepsilon)^2 - a^2\ell}{a^2\ell} = (1+\varepsilon)(1-V\varepsilon)^2 - 1$$

$$= (1+\varepsilon)(1-2V\varepsilon+V^2\varepsilon^2) - 1 \fallingdotseq (1+\varepsilon)(1-2V\varepsilon) - 1$$

$$= 1 - 2V\varepsilon + \varepsilon - 2V\varepsilon^3 - 1 = \varepsilon - 2V\varepsilon = \varepsilon(1-2V)$$

$$= \varepsilon\left(1 - 2\frac{1}{m}\right)$$

(ε값이 적기 때문에 그차합 이상값 : 무시)

$1-2V \geqq 0 \quad 1 \geqq 2V \quad V \leqq \frac{1}{2}$

- 고무, 목재 $V = \frac{1}{2}$
- 콘크리트 $V = 0.1$
- 코르크 $V = 0$

[공업재료 $V = 0.2 \sim 0.5$ 범위
금속재료 $V = 0.3 \sim 0.35$ 정도]

탄성한도 이내의 동일재료에서 E, G, $\frac{1}{m}$ 의 관계식

$$\boxed{E = 2G\left(1+\frac{1}{m}\right)} \quad G = \frac{mE}{2(m+1)}$$

연습문제

01 가로탄성계수가 800,000kg/cm², 직경이 3cm인 재료에 그 단면에 따라 전단하중을 작용 시켰을 때 생기는 전단각을 0.001rad 이하로 하려면 전단하중을 몇 kg 이하로 하면 되는가?

| 풀이 | $\tau = \frac{P}{A}$

$$\gamma = \frac{P}{AG} = \tau \cdot G$$

$$A = \frac{1}{4}\pi d^2 = 7.065\,\text{cm}^2$$

$P \leqq \gamma AG$ 공식에서 $P \leqq 5.652\,\text{kg}$

02 연강의 인장강도를 40kg/mm²이라 할 때 지름 10mm인 연강봉은 몇 kg의 인장하중에 견딜 수 있는가? (중간고사)

| 풀이 | $a = \frac{W}{A}$에서 $W = A \cdot \sigma = \frac{\pi d^2}{4} \cdot \sigma = \frac{\pi}{4} \times 10^2 \times 40 = 3140(\text{kg})$

03 2.5ton의 인장하중을 받는 둥근봉이 있다. 발생하는 응력을 900kg/cm²까지로 하려면 봉의 지금은 얼마로 하면 되는가?

| 풀이 | $W = \frac{\pi}{4} d^2 \cdot \sigma$에서 $d = \sqrt{\frac{4W}{\pi\sigma}} = \sqrt{\frac{4 \times 2500}{\pi \times 900}} \fallingdotseq 1.88\text{cm}$

04 정사각형의 단면의 봉에 2.5ton의 인장하중에 대하여 400kg/cm²의 응력을 생기게 하려면 봉의 1변의 길이를 얼마로 하면 되는가?

| 풀이 |

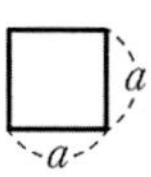

$$A = a^2 \quad a = \frac{P}{A} = \frac{P}{a^2}$$

$$\sigma = 400\text{kg/cm}^2 = 4\,\text{kg/mm}^2$$

$$a^2 = \frac{P}{\sigma} = \frac{2500}{4} = 625\text{mm}^2$$

$$\therefore a = \sqrt{625} = 25(\text{mm})$$

05 두께 10mm인 연강판에 지름 30mm인 구멍을 펀치로 뚫고저 한다. 판의 전단파괴 응력을 300kg/cm²라고 할 대, 펀치하중은 얼마이면 되겠는가?

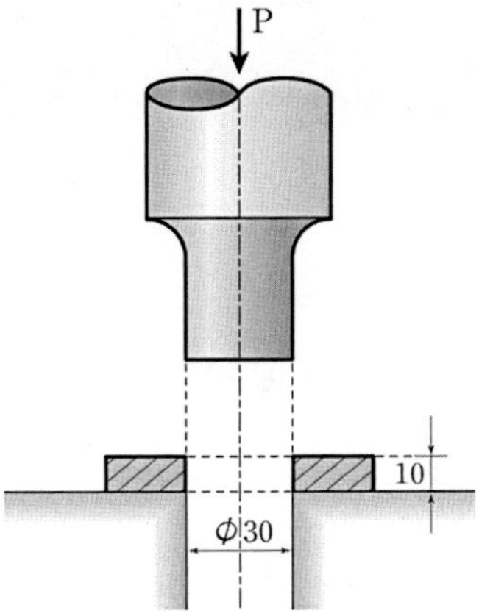

| 풀이 | 구멍의 지름 d, 두께 t라면

전단저항면적 $A = \pi d \cdot t$

펀치하중 P 전단파괴응력 $\tau a = 3000\text{kg/cm}^2$

$= 30\text{kg/mm}^2$

$\tau a = \dfrac{P}{A}$ 에서

$P = A \cdot \tau a$

$= \pi dt \cdot \tau a$

$= \pi \times 30 \times 10 \times 30 = 28260\text{kg}$

$\fallingdotseq 28.3\,(\text{ton})$

06 길이 1m의 봉에 인장하중이 작용하여 길이가 1.004m로 되었다. 이예의 신장율은 얼마인가?

| 풀이 | $\iota = 1\text{m}$

$\iota' = 1.004\text{m}$

$\varepsilon = \dfrac{\lambda}{\iota} = \dfrac{\iota' - \iota}{\iota} = \dfrac{0.004}{1} = 0.004$

07 지금 25mm, 길이 2m의 둥근봉이 인장하중 때문에 0.000145의 신장율이 생겼다. 늘어난 길이는 얼마인가?

| 풀이 | $\varepsilon = \dfrac{\lambda}{\iota}$ 에서 $\lambda = \iota . \varepsilon = 2000 \times 0.000145 = 0.29\text{mm} \fallingdotseq 0.029\text{cm}$

08 수축률이 0.0002일 때 줄어든 길이가 0.04cm이었다. 이 봉에 변형전의 길이는 얼마인가?

(중간고사)

|풀이| $\varepsilon = \frac{\lambda}{\iota}$ 에서 $\iota = \frac{\lambda}{\varepsilon} = \frac{0.04}{0.0002} = 200\text{cm} \fallingdotseq 200\text{mm}$

세로변형률 $\varepsilon = \frac{\lambda}{\iota}$ 은 인장 압축의 경우 다 쓰임 인장 → 인장율이 되는 것임

압축 → 수축률

09 지름 20mm, 길이 500mm인 연강봉에 500kg의 인장하중을 작용시키면 신장량은 얼마나 되는가?

|풀이| $\lambda = \frac{W \cdot C}{AE}$ 에서 $\begin{cases} A = \frac{\pi}{4} \times 20^2(\text{mm}^2),\ W = 5000\text{kg},\ \iota = 500\text{mm} \\ E = 2.1 \times 10^6\text{kg/cm}^2 = 2.1 \times 10^4\text{kg/mm}^2 \text{ (연강 : 기억)} \end{cases}$

$\therefore \lambda = \dfrac{5000 \times 500}{\dfrac{\pi \times 20^2}{4} \times 2.1 \times 10^4} = \dfrac{25}{\pi \times 21} = 0.379(\text{mm}) = 0.0379(\text{cm})$

10 단면적 2cm², 길이 20cm인 연강이 인장하중에 의하여 0.1mm만큼 신장되었다. 이 봉에 생기고 있는 인장응력은 얼마인가? 단, $E = 2 \times 10^6\text{kg/cm}^2$이다.

(중간고사)

|풀이| $\lambda = \frac{W \cdot \iota}{AE}$ 에서 $W = \frac{AE\lambda}{\iota} = \frac{2 \times 2 \times 10^6 \times 0.01}{20} = 2000(\text{kg})$

따라서, 인장응력 $a = \frac{W}{A} = \frac{2000}{2} = 1000(\text{kg/cm}^2) = 10(\text{kg/mm}^2)$

11 둥근봉을 압축하였더니 20cm로 되었다. 수축률이 0.007일 때, 변형전의 길이는 얼마인가?

|풀이| 수축률의 부호를 고려하지 않는다면, 수축량은 $\iota - \iota'$, 수축률은 $\varepsilon = \frac{\iota - \iota'}{\iota}$ 이다.

$\iota - \iota' = \iota \cdot \varepsilon \quad \iota' = \iota - \iota\varepsilon = \iota(1-\varepsilon) \quad \therefore \iota = \frac{\iota'}{1-\varepsilon}$

$\therefore \iota = \frac{\iota'}{1-\varepsilon} = \frac{20}{1-0.007} \fallingdotseq 20.14(\text{cm})$

12 단면적 5cm^2, 길이 50cm인 봉이 4500kg의 인장하중에 의하여 0.2mm만큼 늘어났다. 이 재료의 세로 탄성계수는 얼마인가?

| 풀이 | $\lambda = \frac{W\iota}{AE}$에서 $E = \frac{W\iota}{A\lambda} = \frac{4500 \times 50}{5 \times 0.02} = \frac{225000}{0.1} = 2250000 = 2.25 \times 10^6 (kg/cm^2)$

단위환산위해 0.2mm → 0.02cm로 대입

13 지름 2cm, 길이 20cm인 연강봉이 있다. 인장하중에 의하여 0.16cm만큼 늘어나고, 동시에 지금이 0.0005cm만큼 줄었다고 하면, 이 재료의 프와송비는 얼마안가?

| 풀이 | 프와송비 $V = \left|\frac{\varepsilon'}{\varepsilon}\right| = \frac{1}{m} \begin{cases} \varepsilon' = \frac{\Delta d}{d} = \frac{d-d'}{d} \\ \varepsilon = \frac{\Delta \ell}{\ell} = \frac{\ell' - \ell}{\ell} \end{cases}$

가로변형률 $\varepsilon' = \frac{d-d'}{d} \frac{0.0005}{2} = \frac{5 \times 10^{-4}}{2}$

세로변형률 $\varepsilon = \frac{\iota' - \iota}{\iota} = \frac{0.016}{20} = \frac{0.0016}{2} = \frac{16 \times 10^{-4}}{2}$

$V = \frac{1}{m} = \left|\frac{\varepsilon'}{\varepsilon}\right| = \frac{5 \times 10^{-4}}{2} = \frac{2}{16 \times 10^{-4}} = \frac{5}{16} = \frac{1}{32}$

14 600kg/cm^{2}의 인장응력이 생기고 있을 때 신장율을 재었더니 0.0003이었다. 이 재료의 영계수는 얼마인가?

| 풀이 | $E = \frac{\sigma}{\varepsilon} = \frac{600}{0.0003} = 2 \times 10^6 (kg/cm^2) = 2 \times 10^4 (kg/mm^2)$ ($\sigma = E \cdot \varepsilon$에서)

15 단면적이 $6cm^2$인 봉이 그림과 같이 축하중을 받고 있다. $W = 6000kg$, $P = 2400kg$, $\iota = 25cm$일 때 BC부분의 신장율은 얼마인가? 단, 탄성계수 $E = 2 \times 10^6 kg/cm^2$이다.

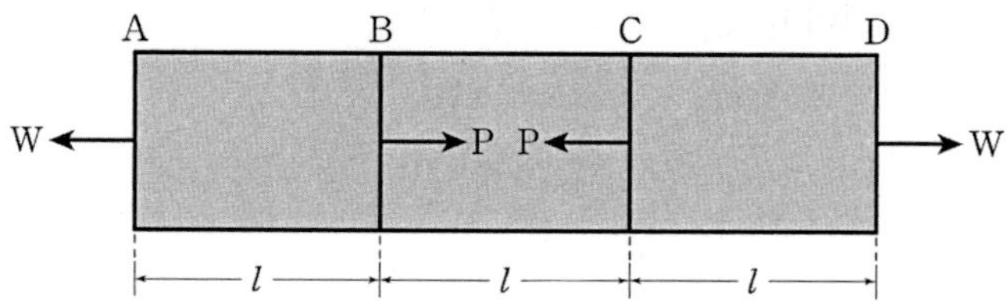

| 풀이 |

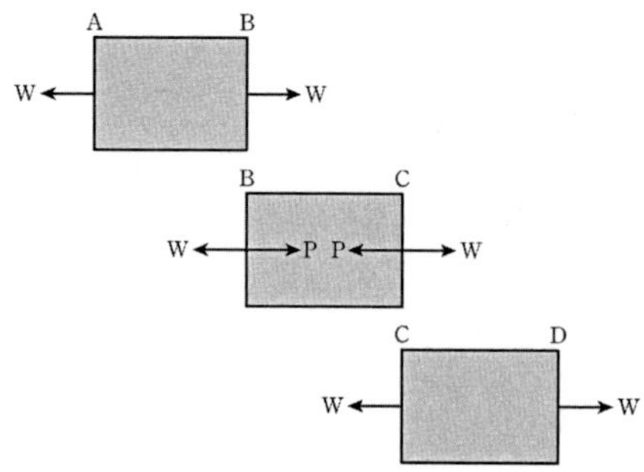

봉을 세 부분으로 절단해 보면 그림과 같다.
즉, 봉의 AB부와 CD부의 인장력은 W(kg)이고 중앙부 인장력은 W > P이므로 (W − P) kg이다.

$\lambda = \dfrac{(W-P)\iota}{AE}$ 이므로 신장율은 ε은

$$\varepsilon = \frac{\lambda}{\iota} = \frac{(W-P)}{AE}$$

$$= \frac{6000-2400}{6 \times 2 \times 10^6} = 0.0003$$

| 참고 | W에 의한 신장량에서 P에 의한 수축량을 빼면 전신장량이 된다. 길이 3ℓ인 봉에 인장하중 W가 작용할 때 생기는 신장량은 $\dfrac{3P \cdot L}{AE}$ 이고 중앙부의 압축하중 P에 의한 수축량은 $\dfrac{Q\iota}{AE}$ 이므로 전신장량 λ는 $\lambda = \dfrac{3WC}{AE} - \dfrac{P \cdot \iota}{AE} = \dfrac{\ell}{AE}(3W - P)$

평가문제

01 응력 (stress)의 종류를 아는 대로 말해 보시오.

| 풀이 | 인장 σ_t 압축 σ_c 전단응력 τ

02 변형률의 (strain) 종류를 말해보시오.

| 풀이 | 1) 세로변형률 (ε) : 인장변형률 $\varepsilon\dfrac{\ell' - \ell}{\ell} = \dfrac{\lambda}{\ell}$

2) 가로변형률 (ε') $\varepsilon' = \dfrac{d' - d}{d} = \dfrac{\delta}{d}$ (단위길이당 수축량)

3) 전단변형률 (γ) $\gamma = \dfrac{\lambda_s}{\ell} = \tan\phi = \phi$ (rad)

4) 부피변형률 (ε_v) $\varepsilon_v = \dfrac{\Delta V}{V_o} = \dfrac{\pm 3\ell^2\lambda}{\ell^3} = 3 \times \left(\pm \dfrac{\lambda}{\ell}\right) = 3\varepsilon$

$= \varepsilon_x + \varepsilon_y + \varepsilon_z$

03 탄성계수의 종류를 말하고 설명해 보시오.

| 풀이 | 1) 세로탄성계수 (영률 : E)

$$\sigma = E \cdot \varepsilon \quad E = \frac{\sigma}{\varepsilon} = \frac{\frac{P}{A}}{\frac{\lambda}{\ell}} = \frac{P \cdot \ell}{A\lambda}$$

2) 가로탄성계수 (전단 탄성계수) : G, $\tau = G \cdot \gamma$

$$\left(\gamma = \frac{\lambda_s}{\ell} = \phi\right) G = \frac{\tau}{\gamma} = \frac{P}{A\gamma} = \frac{P \cdot \ell}{A\lambda_s}$$

3) 체적탄성계수 (bulk molulus) : K

$$K = \left|\frac{P}{\varepsilon_v}\right|$$

2-4 허용응력과 안전계수

인장시험에서 비례한도, 항복점, 최후강도를 알 수 있고, 공학문제에서 안전응력이라 생각되는 한 응력의 값을 결정 : 사용응력(σ_w)이라 한다.

가 사용응력(Working Stress) : (σ_w)

기계나 구조물의 각 부분에 실제사용될 때 하중을 받아서 생기는 응력

> TIP
> 그 재료의 비례한도 보다 충분히 낮게 잡는 것이 보통이다.

비례한도값은 예민한 계측기구(신장계) 필요하며 계측치의 정밀도에 영향을 받음.

이런 난점을 제거하기 위해 재료의 항복점 또는 최후강도를 사용응력의 크기를 결정하는 기준으로 삼고 $\sigma_{\times \mathrm{P}}$ 또는 σ_{ult}를 적당한 상수 n, n_1로 나누어 사용응력 σ_w의 값을 결정한다.

$\sigma_w = \dfrac{\sigma_{\mathrm{yp}}}{n}$ 또는 $\sigma_w = \dfrac{\sigma_{\mathrm{ult}}}{n_2}$

[σ_{yp} : 항복점, σ_{ult} : 최후강도, n, n_1 : 안전계수 (안전율, foctor of safety)]

나 안전율 : 항복강도 및 극한강도 (최후강도)와 허용응력과의 비

허용응력(σ_a)값의 파악의 불확실을 보충하기 위한 계수 (1보다 큰 수치)

안전율$(S) = \dfrac{\sigma_{\mathrm{yp}}}{\sigma_a} = \dfrac{\sigma_{\mathrm{ult}}}{\sigma_a}$

*** 한계강도의 평가기준**

- 정하중 때
  - 인장강도 (취성재료) : 석재, 목재, 주철, 콘크리트
  - 항복점 (연성재료) : 구조용 강철
- 높은 온도에서 : Creep 한도
- 반복 하중 때 : 피로 한도

다 허용응력 (allowable stress : σ_a)

사용응력을 정확하게 선정하기 어렵기에 안전하게 여유를 보아 제한한 탄성한도 이하의 응력

즉, 재료를 사용하는데 있어서 허용할 수 있는 최대 응력

$$탄성한도(비례한도) \quad > \quad 허용응력(\sigma_a) \quad > \quad 사용응력(\sigma_w)$$

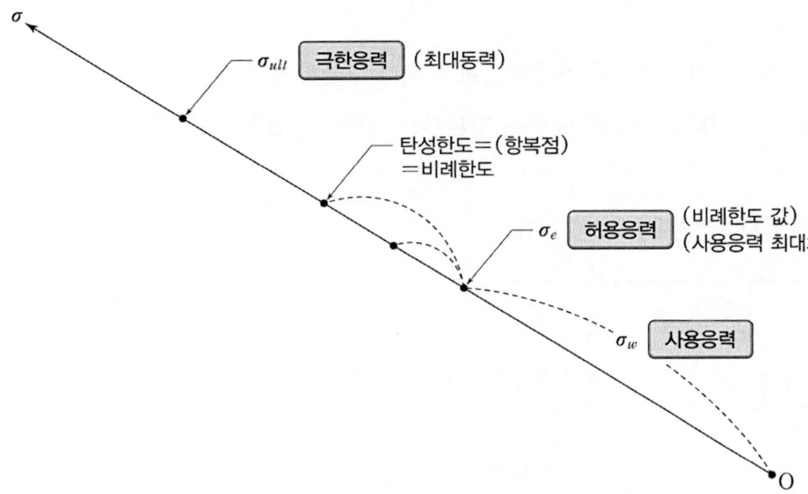

2-5 인장, 압축부재의 응력집중

가 응력집중 (Stress concentration)

재료의 단면 형상이 갑자기 변하면 그곳에 국부적으로 아주 큰 응력이 발생하는 현상 (m, n 부분에서 생김)

* 단면 모양이 급격히 변화하는 부분에 응력분포 상태가 대단히 불규칙하다.
  특히, 변동하는 외력이나 교번응력을 받는 기계부품 설계시 중요 (균열의 원인)

> **TIP** 균열 방지 : 안전계수 값 크게 취함

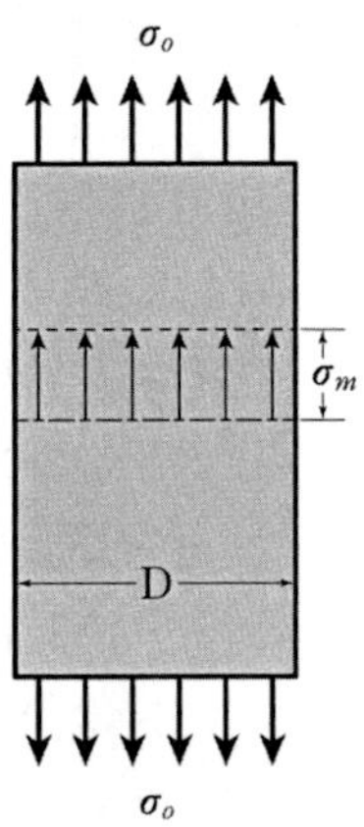

1) **단면이 균일한 판봉**

균일분포(σ_m)

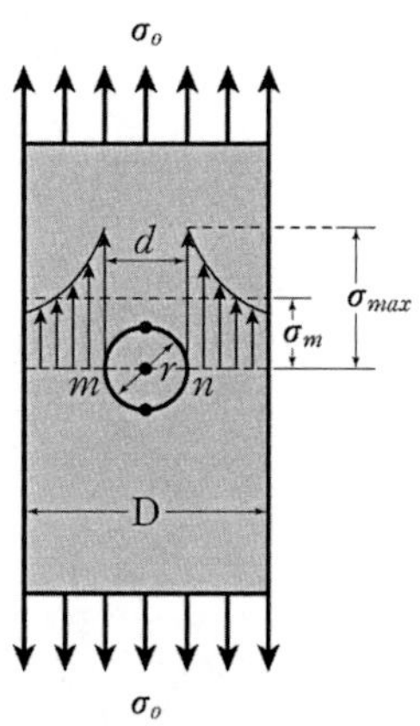

2) **작은 도형구멍** : 두 점 m, n에 심한 집중응력 작용으로 m, n점에서 $\sigma = 3\sigma_o$이다.

$\gamma = d$이면, $\sigma = 1\dfrac{7}{32}\sigma_o$

σ_o : 단면에 작용하는 균일분포응력

* 중심에서 γ거리인 점의 법선응력 (수직응력) σ 크기?

$$\sigma = \frac{\sigma_o}{2}\left(2 + \frac{d^2}{4\gamma^2} + \frac{3d^4}{16\gamma r^4}\right)$$

구멍꼭대기와 바닥에 있는 두 점 : 구멍 주위 굽힘작용으로 σ_o와 같은 압축응력이 발생

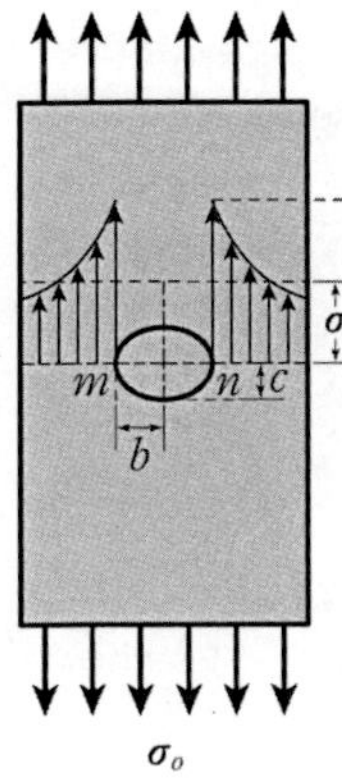

3) 작은 타원구멍일 때

$$\sigma_{\max} = \sigma_o\left(1 + 2\frac{b}{c}\right) \quad \therefore\ \sigma_{\max} \geq 3\sigma_o$$

$\frac{b}{c}$ 차가 크게지면 $\sigma_{\max}$도 증가한다.

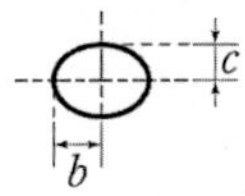

$\frac{b}{c}$: 대단히 심한 집중응력

힘 방향에 수직한 균열이 받기 쉬운 이유

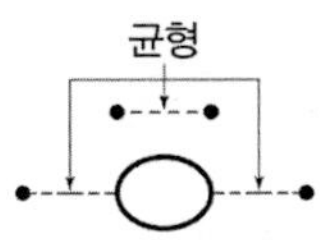

방치(저지) : 균열 양단에 구멍 뚫음.

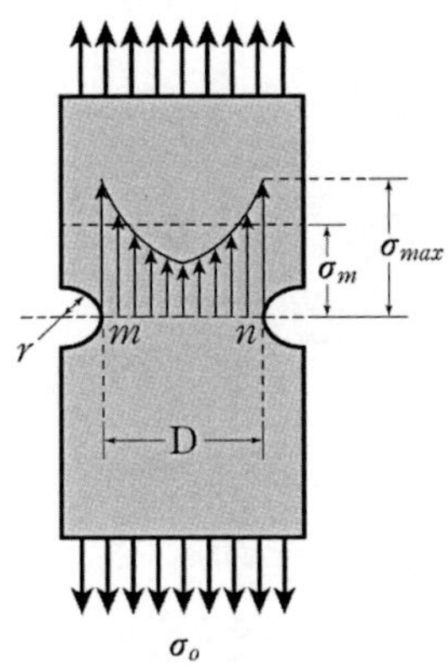

4) 작은 반원형의 경우

m, n점 집중응력 $\sigma_{\max} = 3\sigma_m$

＊ 형상계수(α_k) (응력집중계수) : factor of stress concentration

최대응력($\sigma_{\max}$)과 평균응력σ_m (공칭응력 σ_n)과의 비

$$a_k = \frac{\sigma_{\max}}{\sigma_n}$$

$$\therefore\ \sigma_{\max} = a_k \cdot a_n$$

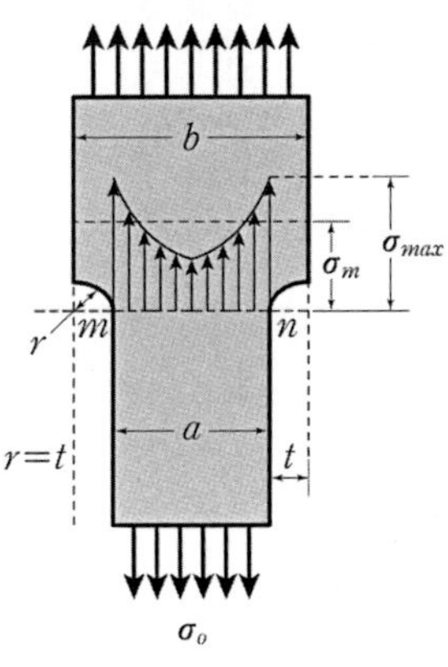

5) 단 달린축 : 폭이 다른 경우 (b, a)

σ_o : 좁은 봉분 끝에 작용하는 균일인장응력

응력집중계수 a_k : 필레트 반경 γ과 비 $\frac{b}{a}$에 따르는 수치계수

$$\sigma_{\max} = a_k \cdot \sigma_o$$

$$\sigma_o = \frac{P}{a \cdot t}$$

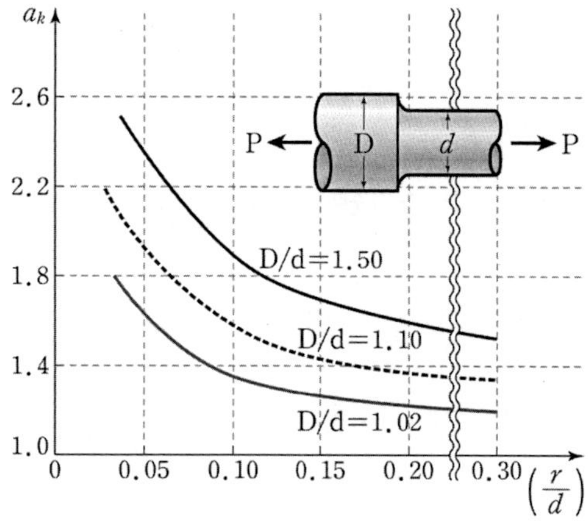

※ 필레트의 반경감소에 따라 a_k증가

6) 구멍이 있는 구형판의 응력집중계수의 실험치

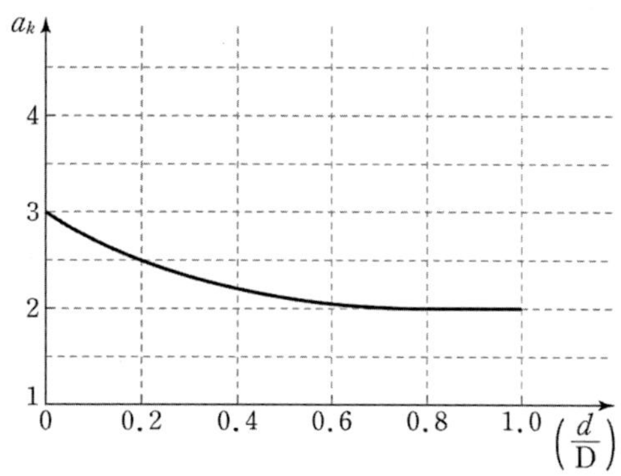

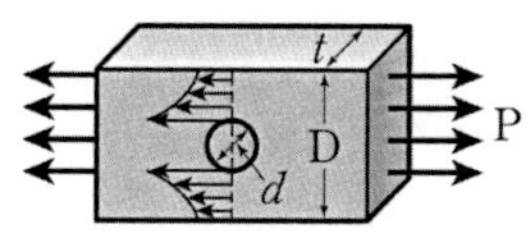

(인장)

$$\sigma_m = \frac{P}{(P-d)t}$$

$$\sigma_{max} = a_k \cdot \sigma_m$$

2-6 열응력

물체가 온도에 의해 팽창 수축으로 구속을 받게 되면 팽창, 수축량 만큼 재료내부에 발생하는 응력

가 λ (신장량) $= \ell' - \ell = \alpha(t_2 - t_1)\ell = \alpha \Delta t \cdot \ell$

α : 선팽창계수 (Coefficient of linear expansion)

> **TIP** 온도가 t_1 °C에서 ℓ 길이가 온도상승하여 t_2 °C로 되면 ℓ' 길이로 변한다.

$$\ell' = \ell + \lambda = \ell + \alpha(t_2 - t_1)\ell$$

$$\varepsilon = \frac{\lambda}{\ell'} = \frac{\alpha(t_2 - t_1)}{\ell + \alpha(t_2 - t_1)\ell} = \frac{\alpha(t_2 - t_1)\ell}{\ell(1 + \alpha(t_2 - t_1))} = \alpha(t_2 - t_1)$$

나 $\sigma = \mathrm{E} \cdot \varepsilon = \mathrm{E} \cdot \dfrac{\lambda}{\ell} = \mathrm{E} \cdot \dfrac{\alpha(t_2 - t_1) \cdot \ell}{\ell} = \mathrm{E} \cdot \alpha(t_2 - t_1)$

$\therefore \sigma = \mathrm{E} \cdot \alpha(t_2 - t_1)$ [$t_1 > t_2$: 인장응력 / $t_1 < t_2$: 압축응력] 발생

$\therefore$ 열응력 σ와 열변형률 ε는 길이(ℓ) 단면적(A)에 무관함

다 $\mathrm{P} = \mathrm{A} \cdot \sigma = \alpha \cdot \mathrm{E} \cdot \mathrm{A}(t_2 - t_1)$ (kg)

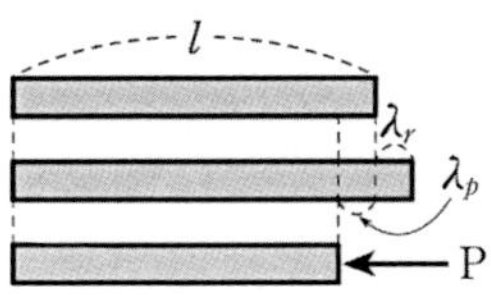

$$\lambda_\gamma = \alpha \Delta \mathrm{T} \cdot \ell \qquad \lambda = \lambda_\gamma + \lambda_\mathrm{P}$$

$$\lambda_\mathrm{P} = \frac{\mathrm{P} \cdot \ell}{\mathrm{AE}} \qquad = \alpha \Delta \mathrm{T} \cdot \ell + \frac{\mathrm{P} \cdot \ell}{\mathrm{AE}}$$

라 지름변형률과 원주변형률은 같다.

$$\varepsilon = \frac{\pi D - \pi d}{\pi d} = \frac{D - d}{d}$$

$$\sigma = E \cdot \varepsilon = E \cdot \frac{D - d}{d}$$

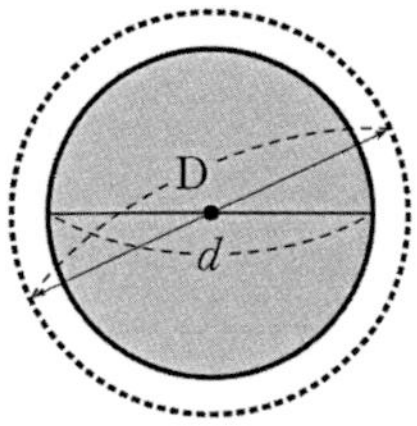

$$\therefore P = -AE\alpha\Delta$$

$$\therefore \sigma = \frac{P}{A} = -E\alpha$$

$$= -E\alpha < 6$$

2-7 충격응력 (impact stress ; impulsive stress)

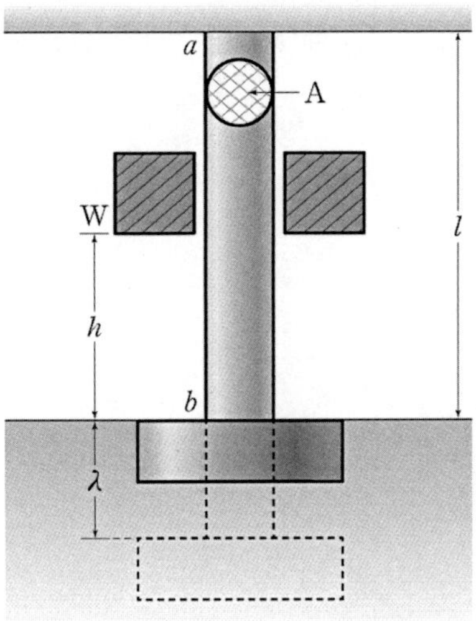

[충격에 의해 인장을 일으키는 간단한 장치]

하단에 플랜지(flange)를 가지고 있는 높이 h에서 하중 P(kg)가 낙하되었을 때 순간적 늘어남 λ.

- 길이 C의 균일 봉
- 중량 W의 추
- 봉
  - 상단 a : 고정
  - 하단 b : 플랜지(flange)

일 때

추 P가 정지상태부터 출발하여 높이 h를 지나 낙하한 뒤 플랜지 타격하여

충격으로 인한
- 최대신장량
- 최대응력

계산

조건
- 변형은 탄성적 (비례한도이내)
- 봉의 질량은 추의 질량에 비해 무시.
- 추와 플랜지 사이 충돌로 인한 에너지 손실 없다고 가정

* **일량** $u = \mathrm{W}(h+\lambda)$: 변형률에너지 (탄성에너지)와 같다.

* **변형률에너지** $u = \dfrac{1}{2}\mathrm{W}\cdot\lambda\left(\mathrm{W}=\sigma,\ \mathrm{A}\lambda=\varepsilon\cdot\ell,\ \varepsilon=\dfrac{\sigma}{\mathrm{E}}\text{에서}\right)$

$$= \frac{1}{2}\sigma\cdot\mathrm{A}\times\frac{\sigma\cdot\ell}{\mathrm{E}} = \frac{\sigma^2}{2\mathrm{E}} = \mathrm{A}\cdot\ell$$

일량 = 변형률에너지(σ : 충격응력)

$$\mathrm{W}(h+\lambda) = \frac{\sigma^2}{2\mathrm{E}}A\cdot\ell \qquad \sigma^2 = \frac{\mathrm{W}(h+\lambda)\cdot 2\mathrm{E}}{\mathrm{A}\cdot\ell} = \frac{2\mathrm{E}\mathrm{W}(h+\lambda)}{\mathrm{A}\cdot\ell}$$

(h에 비해 λ값이 매우 적으므로 무시하면)

$$\therefore\ \sigma = \frac{\sqrt{2\mathrm{E}\cdot\mathrm{W}h}}{\mathrm{A}\cdot\ell}(\mathrm{kg/cm^2})$$

*** 충격응력** $\sigma = \sqrt{\frac{2EWh}{A\cdot\ell}}\,(kg/cm^2)$을 변형하면

$$\sigma = \sqrt{\frac{2EWh}{A\cdot\ell}} = \sqrt{\frac{W^2 2EWhA^2}{A^2 A\cdot\ell W^2}} = \frac{W}{A}\sqrt{\frac{2AEh}{W\cdot\ell}} = \sigma_o\sqrt{\frac{2h}{\lambda}}$$

$h=0$이면 물체 P를 낙하시키지 않고 플랜지 위에 순간적으로 놓았을 때 λ만큼 순간적 신장하므로

$\sigma = \sqrt{\frac{2EW\lambda}{A\cdot\ell}}\,(kg/cm^2)$ ($\frac{\lambda}{e}=\varepsilon$, $E\cdot\varepsilon=\sigma$ 대입하면)

$= \sqrt{2E\sigma_o\cdot\varepsilon} = \sqrt{2\sigma_o\sigma}$

$\therefore \sigma = \sqrt{2\sigma\cdot\sigma_o}$ (양변을 제곱하면)

$\sigma^2 = 2\sigma_o\sigma \quad \therefore \sigma = 2\sigma_o$

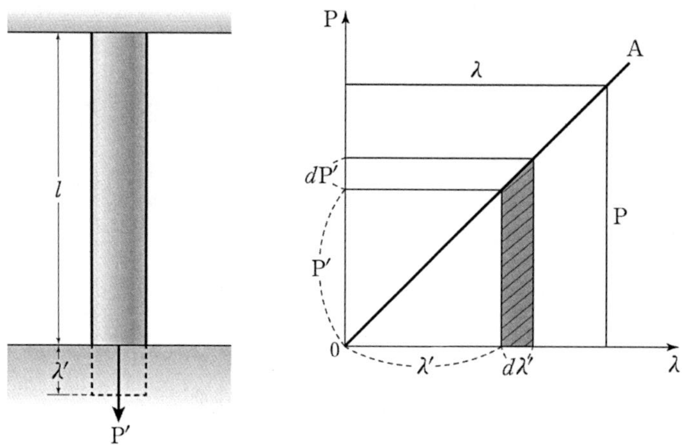

$$u(\text{변형에너지}) = \int_o^\lambda P'd\lambda = \int_o^\lambda (\alpha\lambda')d\lambda' = \alpha\left[\frac{\lambda'^2}{2}\right]_o^\lambda$$

$$= \alpha\left(\frac{\lambda^2}{2}-0\right) = \frac{\alpha\lambda-\lambda}{2} = \frac{P\cdot\lambda}{2} \quad \cdots ①$$

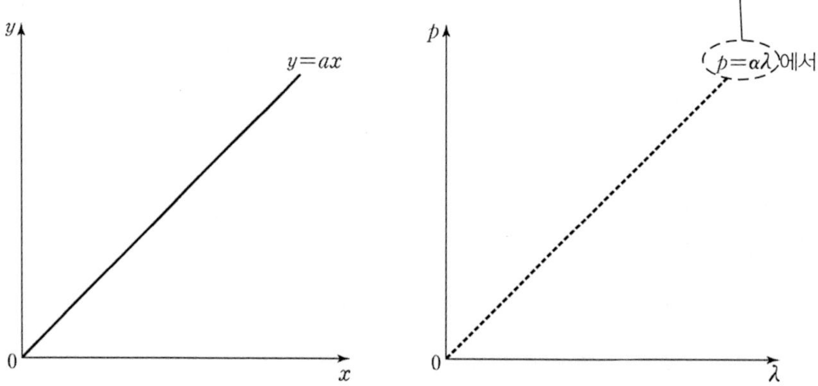

$$\therefore u = \frac{P \cdot \lambda}{2} \left(\lambda = \frac{P \cdot \ell}{AE} \text{ ① 대입, } P = \frac{\lambda AE}{\ell} \text{ ①대 입}\right)$$

$$= \frac{P \cdot \frac{P \cdot \lambda}{AE}}{2} = \frac{P^2 \cdot \ell}{2AE} \text{ or } = \frac{\frac{\lambda AE}{\ell}\lambda}{2} = \frac{AE\lambda^2}{2\ell} \quad \cdots ③$$

$$u = \frac{u}{V} = \frac{u}{A \cdot \ell} \begin{cases} = \dfrac{\frac{P^2 \cdot \ell}{2AE}}{A/\ell} = \dfrac{P^2}{2A^2E} = \dfrac{\sigma^2}{2E} \\ \text{(or)} = \dfrac{\frac{AE\lambda^2}{2\ell}}{A \cdot \ell} = \dfrac{\lambda^2 AE}{2A\ell^2} = \dfrac{\varepsilon^2 \cdot E}{2} \text{ 탄성에너지계수 레지리언스} \end{cases} \quad \cdots ④$$

낙하하는 동안 행한 일량 u와 변형에너지 u는 같아야 하므로

$$P(h + \lambda) = \frac{AE\lambda^2}{2\ell} \text{ (전개하여 } \lambda \text{에 관한 2차방적식으로 정리)}$$

$$\frac{AE}{2\ell}\lambda^2 - P\lambda - Ph = 0 \text{ (각 항에 } \frac{2\ell}{AE} \text{을 곱하면)}$$

$$\lambda^2 - \frac{2\ell}{r}AEP\lambda - \frac{2\ell}{AE}Ph = 0 \ \left(ax^2 + bx + c = 0,\ x = \frac{-b \pm \sqrt{b^2 - 4ac}}{2},\right.$$

$$\lambda = \frac{+\frac{2\ell P}{AE} + \sqrt{\left(\frac{2\ell P}{AE}\right)^2 + 4 \times \left(\frac{2\ell P h}{AE}\right)}}{2} \text{ (−를 버린다))}$$

$$= \frac{P \cdot \ell}{AE} + \sqrt{\left(\frac{P\ell}{AE}\right)^2 + \frac{2P\ell h}{AE}} = \lambda_{st} + \sqrt{\lambda_{st}^{1} + 2\lambda_{st}h} \quad \cdots ⑤$$

$$= \lambda_{st} + \sqrt{\lambda_{st}^2 + \frac{\lambda_{st}V^2}{g}} \quad \cdots ⑤'$$

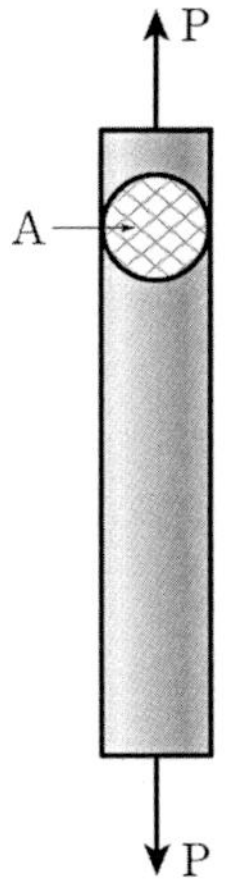

$$\sigma_{st} = \frac{P}{A}$$

$$\varepsilon = \frac{\sigma_{st}}{E} = \frac{P}{AE} = \frac{\lambda_{st}}{\ell}$$

$$\therefore \boxed{\lambda_{st} = \frac{P\ell}{AE}}$$

$$V = \sqrt{2gh}$$

$$V^2 = 2gh$$

$$\boxed{2h = \frac{V^2}{g} \text{ 에서}}$$

⑤식에서 h가 λ_{st}에 비례 대단히 크므로 λ의 근사식은 $\lambda \fallingdotseq \sqrt{\frac{1}{g}\lambda_{st} \cdot V^2}$ 이 된다.

$$\sigma = E \cdot \varepsilon = \frac{\lambda \cdot E}{\ell} = \frac{E}{\ell} \cdot \sqrt{\frac{1}{g}\lambda_{st} \cdot V^2} = \sqrt{\frac{E^2}{g\ell^2}\lambda_{st} \cdot V^2}$$

$$= \sqrt{\frac{E^2}{\ell^2} \cdot \frac{1}{g} \cdot \frac{P \cdot \ell}{AE} \cdot V^2} = \sqrt{\frac{2E}{A \cdot \ell} \cdot \left(\frac{P(W)}{2g}V^2\right)} = \frac{1}{2}mV^2$$

(σ : 보속의 인장능력, P : 힘, W : 무게, m : 질량)

$$\sigma = \sqrt{\frac{2E}{A \cdot \ell}\frac{P(W)}{2g}V^2} = \sqrt{\frac{2E}{V} \cdot E_k} \quad \cdots ⑥$$

$$V = (A \cdot \ell), \quad E_k = \frac{1}{2}mV^2$$

응력(σ) :
- 운동에너지 (E_k)에 비례
- 탄성계수(E)에 비례
- 체적($V = A \cdot \ell$)에 반비례

한다.

∴ 봉의 길이(ℓ)와 탄성계수(E)는 정적 인장하의 응력에는 무관했으나 충격을 받는 인장응력에는 관계가 있다.

$h = 0$ ($V = 0$)일 때 추 P를 하단플랜지에 갑자기 놓는 경우이므로 신장량, 응력이 0이던 봉에 하중 P가 단번에 걸린다.

> **TIP**
> **정적 인장의 경우**
> 하중이 천천히 증가하면서 작용한다고 가정 ; 봉의 신장속도는 대단히 느리므로 운동에너지를 생각지 않음

$\lambda = \lambda_{st} + \sqrt{\lambda_{st}^2 + 2\lambda_{st} \cdot h} = \lambda_{st} + \sqrt{\lambda_{st}^2 + \frac{1}{g}V^2\lambda_{st}}$ 에서 $V = 0$ 대입하면

∴ $\lambda = 2 \cdot \lambda_{st}$

즉, 한 봉에 갑자기 작용하는 하중하에서 일으크는 신장량은 정적하중을 받았을 때 일으킬 신장량의 2배이다.

식 ⑤에서 $\lambda = \lambda_{st} + \sqrt{\lambda_{st}^2 + 2\lambda_{st} \cdot h} = \dfrac{\lambda_{st} \cdot \ell}{\mathrm{E}} + \sqrt{\left(\dfrac{\lambda_{st} \cdot \ell}{E}\right)^2 + 2\left(\dfrac{\lambda_{st} \cdot \ell}{E}\right) \cdot h}$

$$= \frac{\lambda_{st} \cdot \ell}{E}\left(1 + \sqrt{1 + \frac{\dfrac{2\lambda_{st} \cdot \ell \cdot h}{E}}{\dfrac{\lambda_{st}^2 \cdot \ell^2}{E^2}}}\right) = \frac{\lambda_{st} \cdot \ell}{E} \cdot \left[1 + \sqrt{1 + \frac{2E \cdot h}{\lambda_{st} \cdot \ell}}\right]$$

$$= \frac{\lambda_{st} \cdot \ell}{E}\left(1 + \sqrt{1 + \frac{2h}{\lambda_{st}}}\right) \quad \therefore \lambda = \frac{\lambda_{st} \cdot \ell}{E}\left(1 + \sqrt{1 + \frac{2h}{\lambda_{st}}}\right)$$

$$\sigma = \mathrm{E} \cdot \varepsilon = \mathrm{E} \cdot \frac{\lambda}{\ell} = \frac{\mathrm{E}}{\ell} \cdot \frac{\lambda_{st} \cdot \ell}{\mathrm{E}}\left(1 + \sqrt{1 + \frac{2h}{\lambda_{st}}}\right)$$

$$= \lambda_{st}\left(1 + \sqrt{1 + \frac{2h}{\lambda_{st}}}\right)$$

$\therefore h = 0$일 때 $\sigma = 2 \cdot \sigma_{st}$이다.

참고	밀링 · 선반작업 시 망치로 두드리는 것은 충격하중이 크므로 주의해야 함

연습문제

01 인장강도가 80kg/mm^{2}인 재료가 있다. 이 재료에 사용응력 20kg/mm^{2}가 생겼다면 안전계수를 얼마로 잡는 것인가?

| 풀이 | 사용응력 σ_w, 허용응력 σ_a이라면 $\sigma_w \leqq \sigma_a$인 관계이다.

$s = \dfrac{a_u}{\sigma_a}$ 이므로 $s \geqq \dfrac{\sigma}{\sigma_w} = \dfrac{80}{20} = 4$

02 최대하중 6ton을 감아 올리는 크레인이 파괴하중 16ton인 로우프 6개를 사용하였다면 안전계수를 얼마로 잡은 것인가?

| 풀이 | 로우프의 총파괴하중은 $16 \times 6 = 96$

최대 6ton을 감아 올리므로 파괴하중을 기준으로 하여 $\dfrac{96}{6} = 16$을 안전계수로 잡은 것이다.

03 연감의 인장강도가 450kg/cm^{2}일 때 이것을 안전계수 5로 사용하면 허용응력은 얼마인가?

중간고사

| 풀이 | 인장강도란? 인장시험때의 극한강도를 말하므로

$$\text{허용응력} = \frac{\text{인장강도(극한강도)}}{\text{안전계수}(s)} = \frac{4500}{5} = 900(\mathrm{kg/cm^2})$$

04 단면적 600mm^{2}인 봉에 600kg의 추를 달았더니 허용인장응력에 도달하였다. 이 봉의 인장강도가 500kg/cm^{2}이라면 안전계수는 얼마인가?

| 풀이 | $\sigma = \dfrac{\mathrm{W}}{\mathrm{A}}$에서 $\mathrm{W} = 600\mathrm{kg}$, $\mathrm{A} = 600\mathrm{mm^2} = 6\mathrm{cm^2}$일 때 $\sigma = \sigma_a$이므로

$\sigma_a = \dfrac{600}{6} = 100(\mathrm{kg/cm^2})$ 안전계수 $s = \dfrac{\sigma_t}{\sigma_a} = \dfrac{500}{100} = 5$

05 노치부가 있는 봉이 인장하중을 받을 때 노치부의 최대응력이 $600kg/cm^2$이었고 노치부의 공칭응력이 $240kg/cm^2$이라면 응력집중계수는 얼마인가?

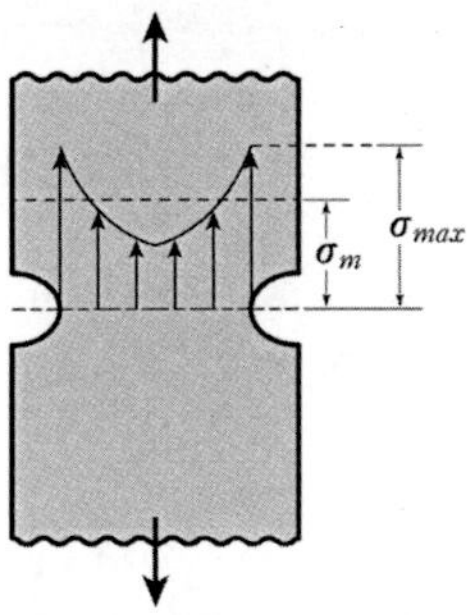

| 풀이 | 노치부의 공칭응력이란 인장하중을 노치부의 단면적(최소단면적)으로 나눈값이다. 내부의 총응력은 외부하중과 언제나 같으므로 이 공칭응력이 평균응력인 것이다.

그러므로 응력집중계수 α_k는 $\alpha_k = \dfrac{\sigma_{\max}}{\sigma_m} = \dfrac{600}{240} = 2.5$

06 그림과 같이 나비 $D = 10cm$, 두께 $t = 2cm$인 판의 중앙에 지름 2cm인 구멍이 뚫려있다. 지금 인장하중 $P = 4000kg$이 작용하면 응력집중으로 인한 최대응력은 얼마인가? 이 도표는 d/D와 응력집중계수 α_k와의 관계를 나타낸 것이다.

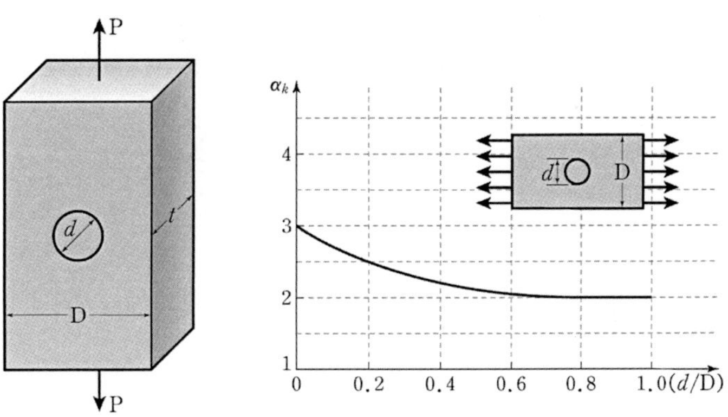

| 풀이 | 먼저 구멍부의 공칭응력을 계산하면 $\sigma_m = \dfrac{P}{(D-d)t} = \dfrac{4000}{(10-2)\times 2} = 250(kg/cm^2)$

이것이 곧 구멍부의 평균응력이다. $d/D = 2/10 = 0.2$이므로 도표에서 $\alpha_k = 2.5$를 얻는다.

따라서 최대응력은 $\alpha_{\max} = \alpha_k \cdot \sigma_m = 2.5 \times 250 = 625(kg/cm^2)$

$\therefore\ \sigma_{\max} = 625(kg/cm^2)$

07 그림과 같은 상태에서 $D = 22(mm)$, $d = 20(mm)$의 단붙임 원형봉이 2mm 둥금새로 되어있다. 1000(kg) 인장하중을 받았을 때 응력집중에 의한 최대응력은 몇 (kg/mm^2)인가?

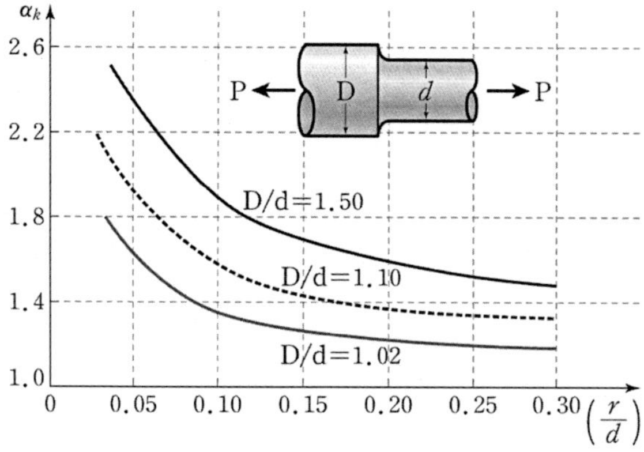

| 풀이 | 평균응력 σ_n은 $\sigma_n = \frac{P}{A} = \frac{4P}{\pi d^2} = \frac{4 \times 1000}{\pi \times 20^2} = 3.18(kg/mm^2)$

$\frac{D}{d} = 1.1$, $\frac{\gamma}{d} = \frac{2}{20} = 0.1$에서 $\alpha_k = 1.6$

$\therefore\ \sigma_{max} = \alpha_k \cdot \sigma_n = 1.6 \times 3.18 = 5.09(kg/mm^2)$

08 길이 l인 강봉을 25℃에서 양단을 고정하였다. 기온이 -5℃로 내려가면 이 봉에 생기는 응력의 종류 및 그 크기는 얼마인가? 단, 선팽창계수 $\alpha = 1.2 \times 10^{-5}$, 세로탄성계수 $E = 2 \times 10^6 (kg/cm^2)$이다.

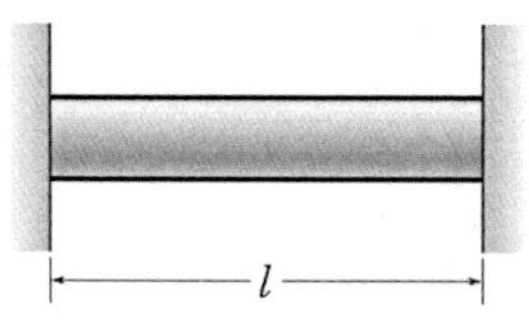

| 풀이 | 이 경우에는 온도의 강하로 인한 수축이 방지되므로 인장응력이 생긴다. 열응력의 식 $\sigma = E\alpha(t' - t)$에서 $t = 25℃$.

$t' = -5℃$ 이므로

$\sigma = 2 \times 10^6 \times 1.2 \times 10^{-5}(-5 - 25) = 24 \times 10 \times 30$

$= -720(kg/cm^2)$

즉, $-720kg/cm^2$의 압축응력과 크기가 같은 $720kg/cm^2$의 인장응력으로 원래의 길이를 유지하고 있는 것이다.

09 길이 2m인 강봉을 온도 10℃만큼 상승시키면 몇 mm 늘어나는가? 단, 선팽창계수 $\alpha = 10.7\times10^{-6}$이다.

| 풀이 | 온도상승에 의한 신장량 $\lambda = l\alpha(t'-t)$에서 $t'-t$가 상승온도이므로

$\lambda = 2000\times10.7\times10^{-6}\times10 = 0.214\,(\mathrm{mm})$

10 5ton의 정하중으로 0.4cm 늘어나는 봉이 있다. 그림에서 5ton의 추를 16mm의 높이에서 낙하시켰을 때 이 봉은 얼마만큼 늘어나는가?

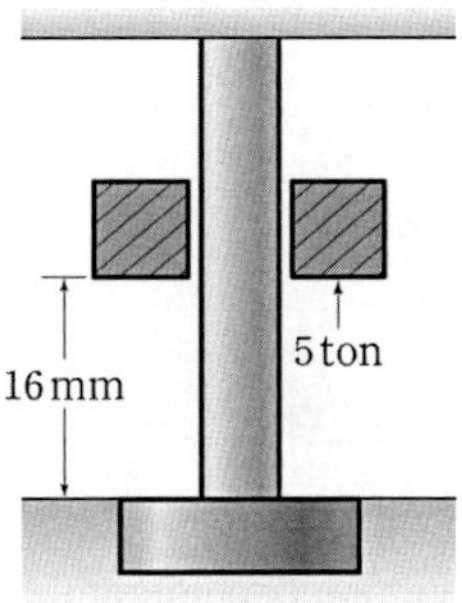

| 풀이 | 충격하중으로 인한 최대신장량 λ는?

$$\lambda = \lambda_o\left(1+\sqrt{1+\frac{2h}{\lambda_0}}\right)$$

λ_o는 같은 하중을 정하중으로 작용시켰을 때의 신장량이므로 $\lambda_o = 0.4\mathrm{cm}$이다.

그리고 $h = 16\mathrm{mm} = 1.6\mathrm{cm}$이므로

$$\lambda = 0.4\left(1+\sqrt{1+\frac{2\times1.6}{0.4}}\right) = 0.4(1+\sqrt{1+8}) = 0.4(1+\sqrt{9})$$

$$= 0.4(1+3) = 1.6(\mathrm{cm}) = 16(\mathrm{mm})$$

11 1ton의 정하중으로 0.25cm 늘어나는 강봉이 있다. 지금 20kg의 하중을 2mm의 높이에서 낙하시켰을 때 최대신장량은 얼마인가?

| 풀이 | 후크법칙에 의하면 신장량은 하중에 비례하므로 정하중 20kg일 때의 신장량 λ_o는?

$1000 : 200(\mathrm{kg}) = 0.25 = \lambda_o$

$$\lambda_o = \frac{20\times0.25}{1000} = 0.005\,\mathrm{cm}$$

※ 충격하중 20kg일 때 최대신장량

$$\lambda = \lambda_o\left(1+\sqrt{1+\frac{2h}{\lambda_o}}\right) = 0.005\left(1+\sqrt{1+\frac{2\times0.2}{0.005}}\right)$$

$$= 0.005(1+\sqrt{81}) = 0.005(1+\mathrm{P}) = 0.005\times10 = 0.05\mathrm{cm} \fallingdotseq 0.5\mathrm{mm}$$

평가문제

01 초속도 없이 갑자기 하중을 가했을 때의 응력은 같은 하중을 정하중의가 했을때의 응력의 몇 배가 되는가?

가. 1.52배 나. 2배

다. 3배 라. 2.5배

02 열응력에 대한 설명이 아닌 것은?

가. 재료의 선팽창계수에 비례한다.

나. 세로탄성계수에 비례한다.

다. 재료의 치수증가에 따라 커진다.

라. 온도차에 비례한다.

| 풀이 | $\sigma = \alpha E(t' - t)$ 생각하면 재료의 단면적에 무관하다.
$\lambda = \alpha(t' - t)\ell$

03 다음 중 가장 큰값부터 순서대로 나열하여라. (비례한도, 항복점, 허용응력, 극한강도)

| 풀이 | 극한강도 > 항복점 > 비례한도 > 허용응력 > 사용응력

04 비례한도란?

| 풀이 | 응력과 변형률이 비례하는 최대응력 ($\sigma = \varepsilon \cdot E$에서)

| 참고 | 후크법칙은 비례한계(탄성한계) 내에서만 성립하므로

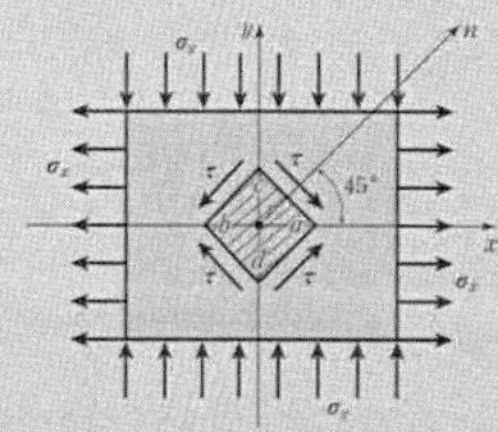

제 3 장

보 (Beam)

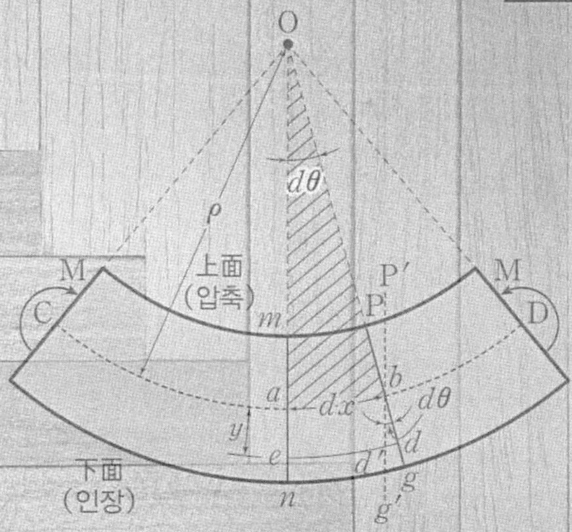

보 (beam)

길이 방향에 대하여 직각하중이 작용하는 봉이나 구조물의 부재

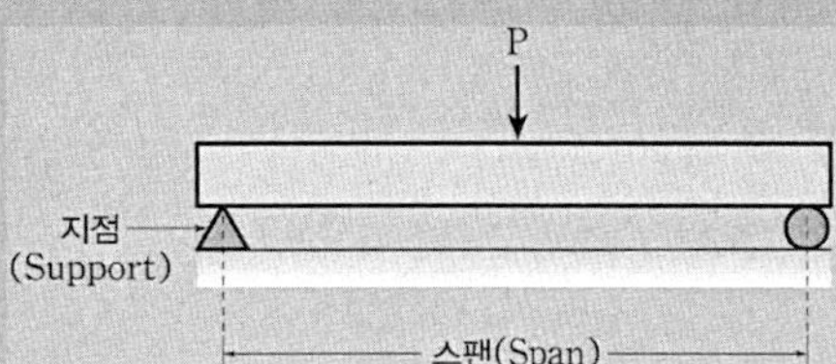

- 지점(support) : 지지점
- 스팬(span) : 지점과 지점사이 거리

지점의 종류
- 단순지지 (simple supported)
  - pin support

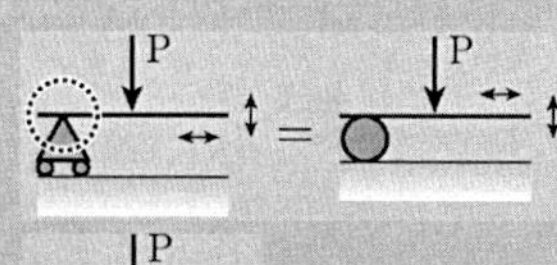

  - Roller support

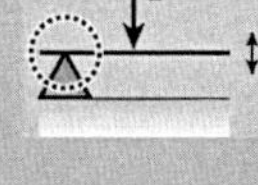

- 고정지지 (fixed support)

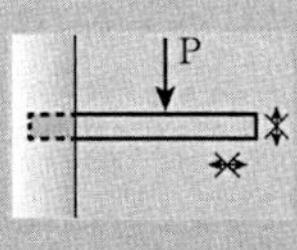

3-1 보의 종류

＊ **정정보** : 정역학적으로 미지(未知)의 힘을 결정할 수 있는 보

＊ **부정정보** : 정역학적으로 미지(未知)의 힘을 결정할 수 없는 보

가 정정보

1) **외팔보 (Cantilever)** : 일단고정 하단이 자유인 보

2) **단순보 (Simple beam)** : 양단지지보(받침보) ┌ 일단 : 힌지(핀)지지
└ 타단 : 로울러로 자유롭게 지지된 보

3) **내다지보 (over handing beam)** : 지점 바깥쪽에 하중이 걸리는 보

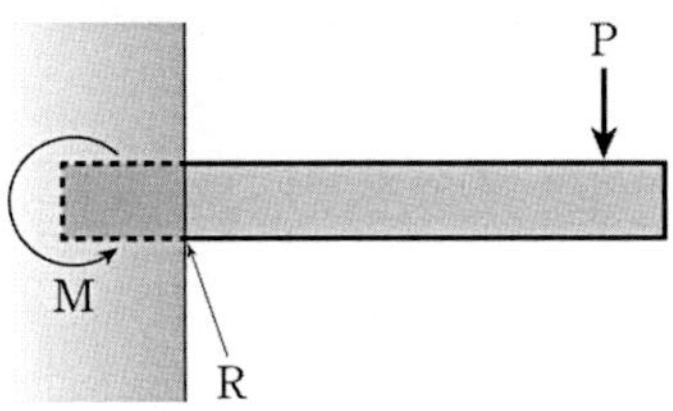

외팔보

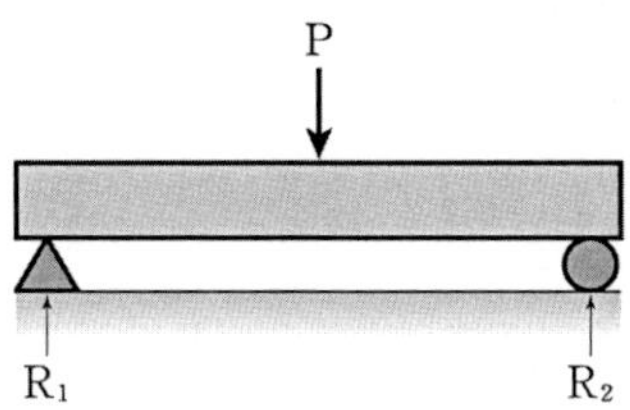

단순보

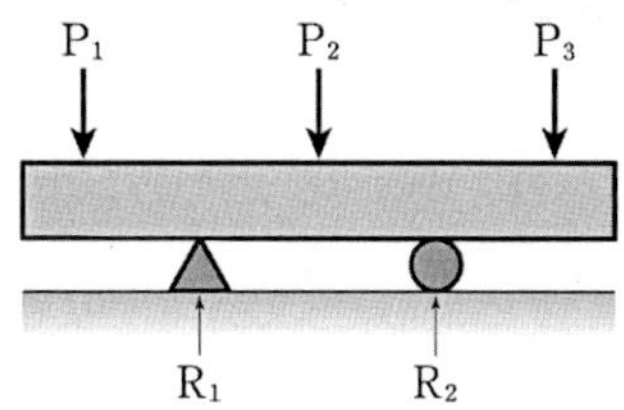

내다지보(돌출보)

나 부정정보

1) **양단고정보** : fixed beam

양끝이 고정, 하중이 작용해도 양끝이 변하지 않음

2) **일단 고정 타단단순지지보** : propped Contilever ; One end fixed Other end Supported beam

한끝은 고정. 다른끝은지지 된 보

3) **연속보 (Continuous beam)**

세 곳 이상 지점에서 지지되어 있는 보

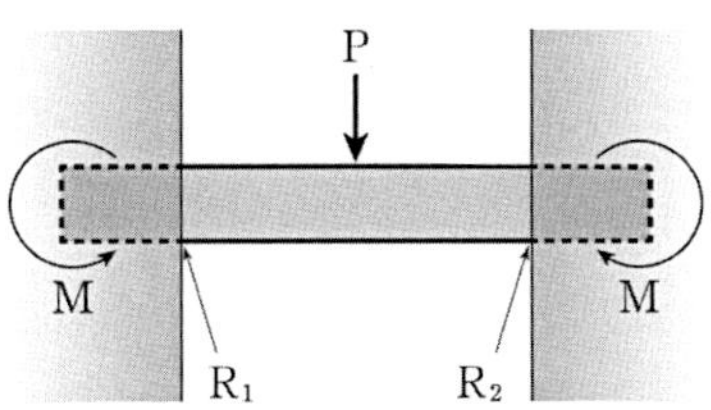

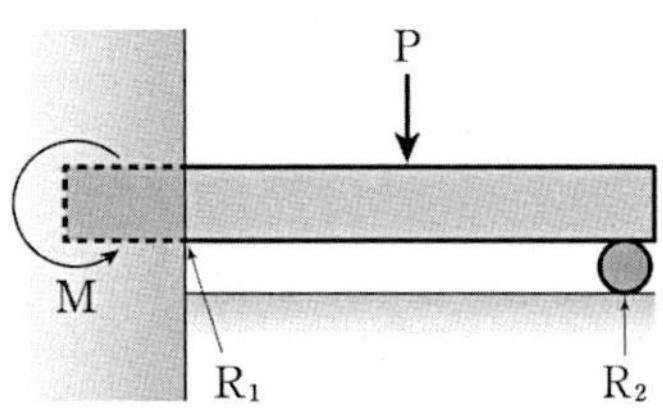

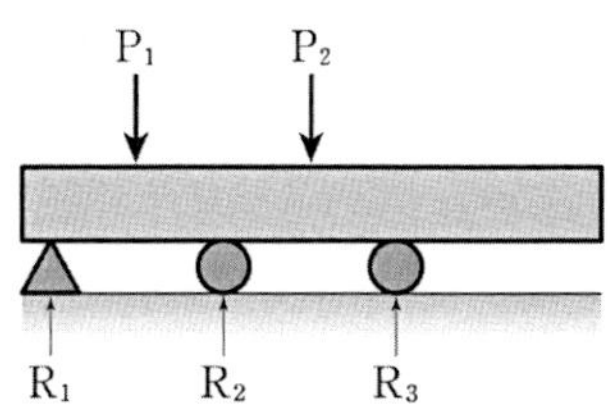

3-2 하중의 종류

가 집중하중 (Concentrated load)

한점에 집중하중이 작용하는 상태의 하중

나 분포하중 (diotributed load)

보의 일부 또는 전체에 균일 또는 불균일하게 하중이 분포한 상태의 하중 (균일분포하중, 불균일분포하중)

다 이동하중 (moving load)

이동하면서 움직이는 하중 (예 교량위의 기차나 차량)

3-3 전단력과 굽힘모멘트 (Shearing force bending Moment)

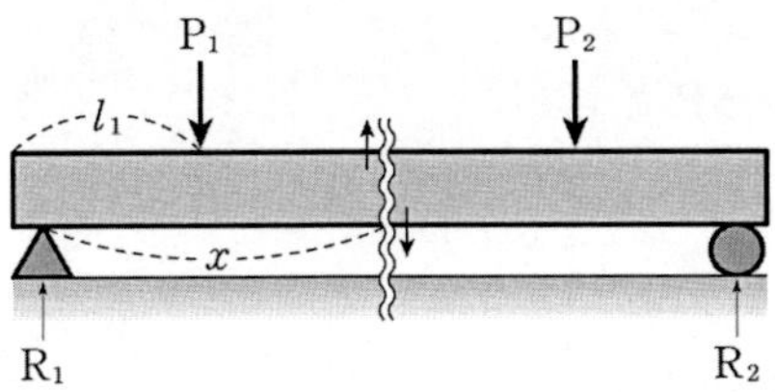

＊ 정역학적 평형조건

1) 보에 작용하는 모든 힘의 합력은 0이다. $(\Sigma M = 0)$

2) 보의 임의점에 대한 모멘트의 합력은 0이다. $(\Sigma M = 0)$

i) 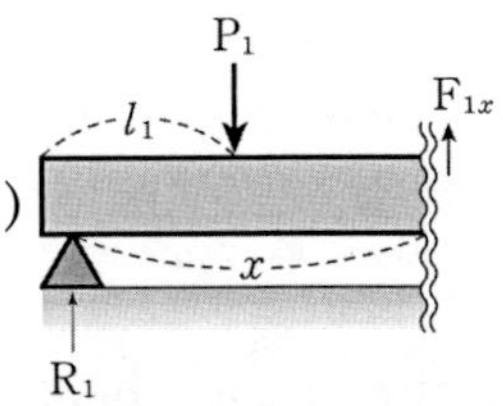

$R_1 > P_1$

F(전단력)$= R_1 - P_1$

$M = R_1 \cdot x - P_1 \cdot (x - \ell_1)$

ii) $P_1 + P_2 = R_1 + R_2$ (정역학 평형조건에서)

$F = R_1 - P_1 = P_1 - R_2$ $\left(\begin{matrix} \Sigma F = 0 \\ \Sigma M = 0 \end{matrix}\right.$

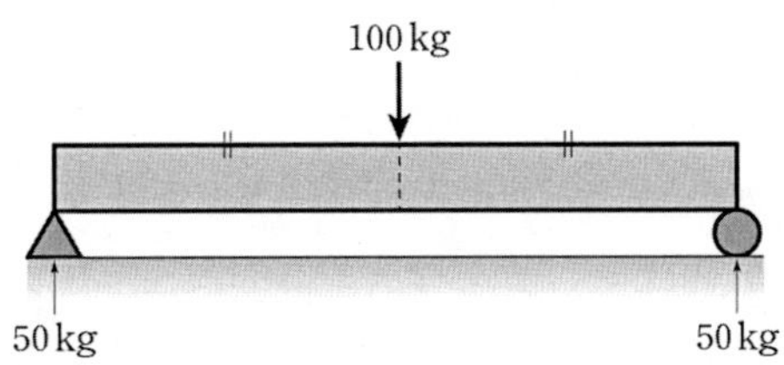

TIP

부호규약

i) 전단력

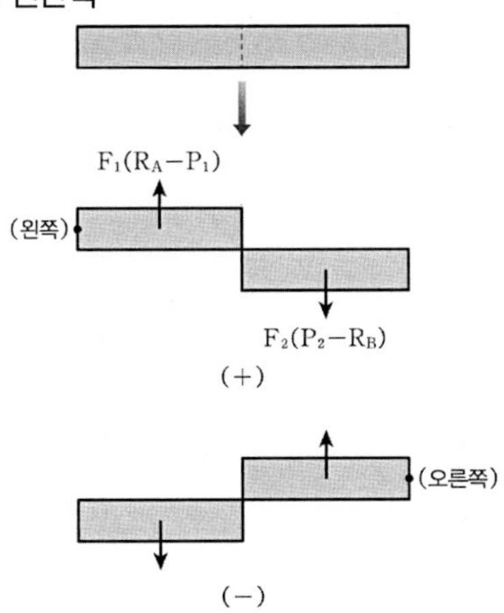

ii) 모멘트

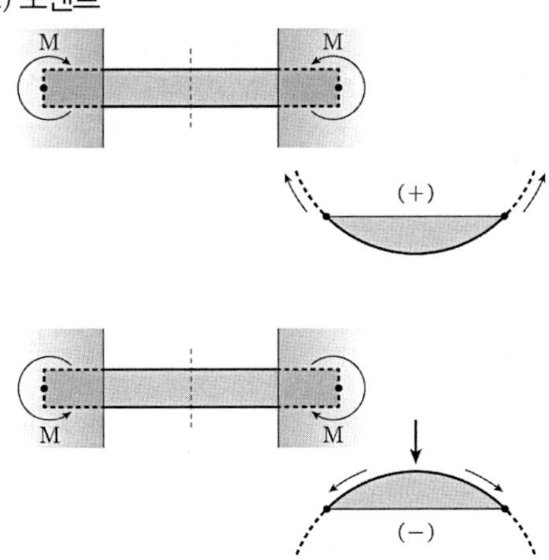

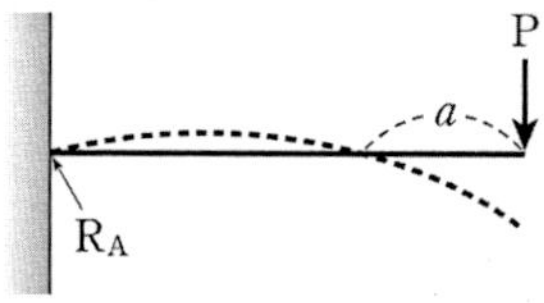

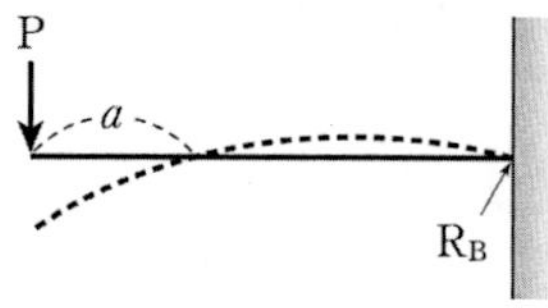

예1 $\begin{cases} F = +P \\ M = -P \cdot a \end{cases}$

예2 $\begin{cases} F = -P \\ M = -P \cdot a \end{cases}$

가 집중하중의 경우 Shearing force와 Bending moment

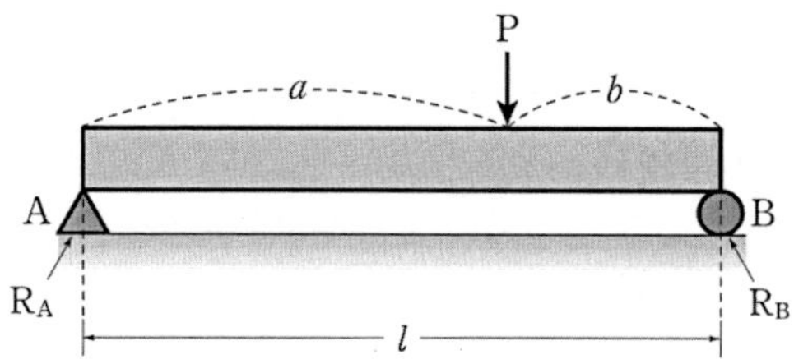

(R_A, R_B : A, B 점의 반력)

＊ 정역학적 평형조건

1) 보에 작용하는 모든 힘의 합력은 0이다. ($\Sigma F = 0$)

2) 보의 임의점에 대한 모든 힘의 모멘트의 합은 0이다. ($\Sigma M = 0$)

i) $\Sigma F = 0$에서 P : (+)이면 R_A, R_B는 (-) 부호

$P - R_A - R_B = 0 \quad \therefore P = R_A + R_B \quad \cdots$ ①

ii) $\Sigma M = 0$에서 $\Sigma R_A = R_A \times 0 - P \cdot a + R_B \cdot \ell = 0$

$-P \cdot a + R_B \cdot \ell = 0 \quad R_B \cdot \ell = P \cdot a \quad \therefore R_B = \dfrac{P \cdot a}{\ell} \quad \cdots$ ②

② → ①대입

$P = R_A + \dfrac{P \cdot a}{\ell} \quad \therefore R_A = P - \dfrac{P \cdot a}{\ell} = \dfrac{P \cdot \ell - P \cdot a}{\ell} = \dfrac{P(\ell - a)}{\ell} = \dfrac{P \cdot b}{\ell} \quad \cdots$ ③

$\therefore P = R_A + R_B \quad \cdots$ ①

$\therefore R_B = \dfrac{P \cdot a}{\ell} \quad \cdots$ ②

$\therefore R_A = \dfrac{P \cdot b}{\ell} \quad \cdots$ ③

> TIP
> 정역학적평형조건과 ①, ②, ③ 관계표식 : 암기요

나 집중하중 3개 경우 (반력 R_A, R_B?)

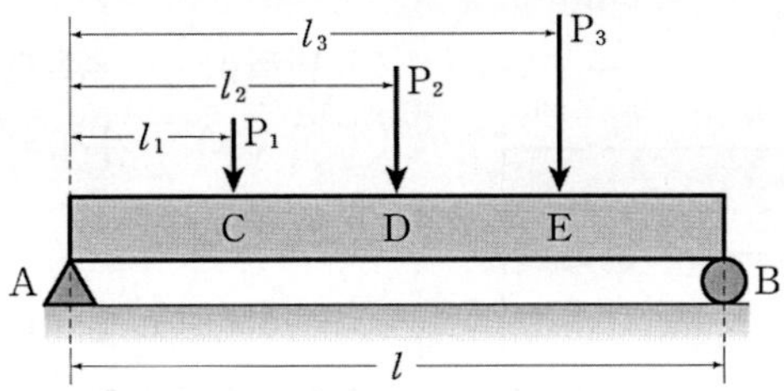

i) $\Sigma F = 0$ 에서 $P_1 + P_2 + P_3 - R_A - R_B = 0$ … ①

$$\therefore P_1 + P_2 + P_3 = R_A + R_B$$

ii) $\Sigma M = 0$ 에서 $\Sigma M_A = R_B\ell - P_1\ell_1 - P_2\ell_2 - P_3\ell_3 = 0$

$$\therefore R_B = \frac{P_1\ell_1 + P_2\ell_2 + P_3\ell_3}{\ell} \quad \cdots ②$$

②식을 ①에 대입 $P_1 + P_2 + P_3 - R_A - \dfrac{P_1\ell_1 + P_2\ell_2 + P_3\ell_3}{\ell} = 0$

$$\therefore R_A = P_1 + P_2 + P_3 - \frac{P_1\ell_1 + P_2\ell_2 + P_3\ell_3}{\ell} = \frac{P_1\ell + P_2\ell + P_3\ell - P_1\ell_1 - P_2\ell_2 - P_3\ell_3}{\ell}$$

$$= \frac{P_1(\ell - \ell_1) + P_2(\ell - \ell_2) + P_3(\ell - \ell_3)}{\ell} \quad \cdots ③$$

$$\begin{cases} P_1 + P_2 + P_3 - R_A - R_B = 0 & \cdots ① \\ \therefore R_B = \dfrac{P_1\ell_1 + P_2\ell_2 + P_3\ell_3}{\ell} & \cdots ② \\ \therefore R_A = \dfrac{P_1(\ell - \ell_1) + P_2(\ell - \ell_2) + P_3(\ell - \ell_3)}{\ell} & \cdots ③ \end{cases}$$

다 보에 하중이 작용할 때 임의 단면에 작용하는 전달력의 값?

1) 단순보 집중하중 경우

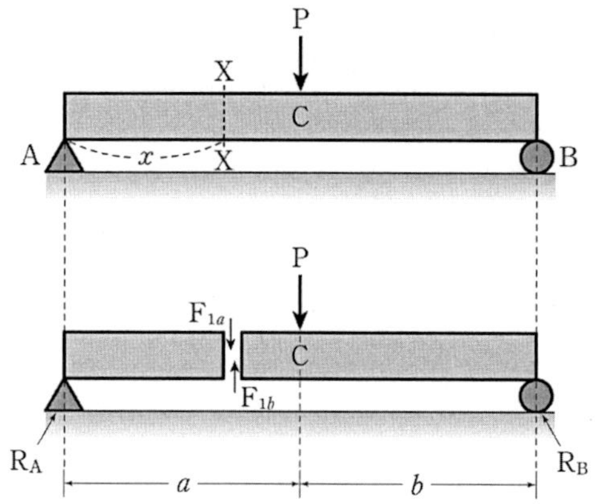

가) 반력 R_A가 위쪽으로 작용

이 힘과 비기기 위하여 X-X단면에 아래쪽으로 F_a가 작용

$0 < x < a$에서 $Fa = R_A$ … ①

나) $P - R_B$의 힘이 아래쪽으로 작용

이 힘과 비기기 위해 크기가 같고 방향이 반대인 힘 F_b가 X-X단면 위쪽으로 작용

$a < x < \ell$에서 $F_b = (P - R_B)$ … ②

∴ 보 전체는 평형상태에 있으므로 $P - R_A - R_B = 0$ ∴ $P = R_A + R_B$ … ③

①, ②, ③에서 ∴ $F_a = F_b$

즉, 임의 단면 X-X에는 나란히 크기가 같고 방향이 반대로 작용하는 전단력이 작용한다.

전단력(F)의 크기 : 임의단면의 오른쪽이나 왼쪽 어느 한쪽에 작용하는 힘의 합과 같다.

즉, 임의 단면의
- 왼쪽
  - 상향의 힘(+)
  - 하향의 힘(−)
- 오른쪽
  - 상향의 힘(−)
  - 하향의 힘(+)

으로 힘의 방향을 정해야 함

* 물체가
- 반시계방향 (+)
- 시계방향 (−)

라 하자(규약)

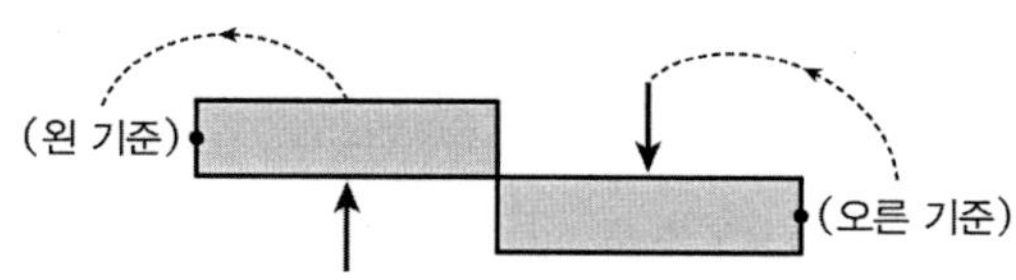

라 임의 단면에 작용하는 굽힘모멘트(M)의 값?

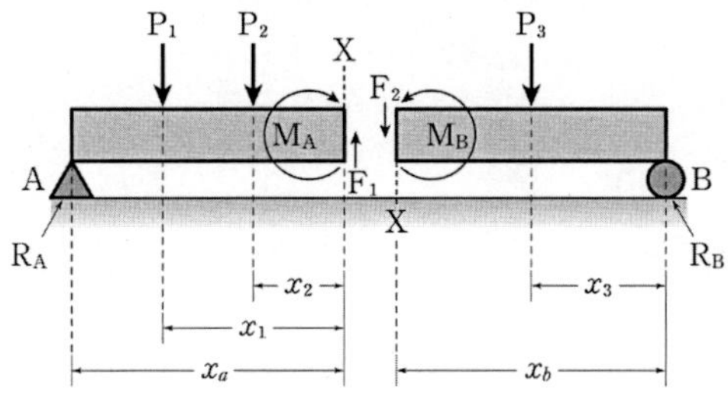

왼쪽부분의 평형조건요소

$P_1 \cdot P_2 \cdot F_A \cdot M_A$가 작용

$M_A + R_A x_a - P_1 x_1 - P_2 x_2 = 0$

$M_A = P_1 x_1 + P_2 x_2 - R_A x_a$ … ①

$M_B + R_B x_b - P_3 x_3 = 0$

$M_B = P_3 x_3 - R_B x_b$ … ②

$\Sigma M = 0$에서 $M_A = M_B$: X-X 단면에 대한 외력의 모멘트의 합이 0이어야 함

M_A와 M_B : 크기가 같고 방향이 반대이어야 평형조건 만족

$\therefore M_A = M_B = M$

∴ 굽힘모멘트 값 : 오른쪽이나 왼쪽 어느쪽에서 구해도 값은 같다.

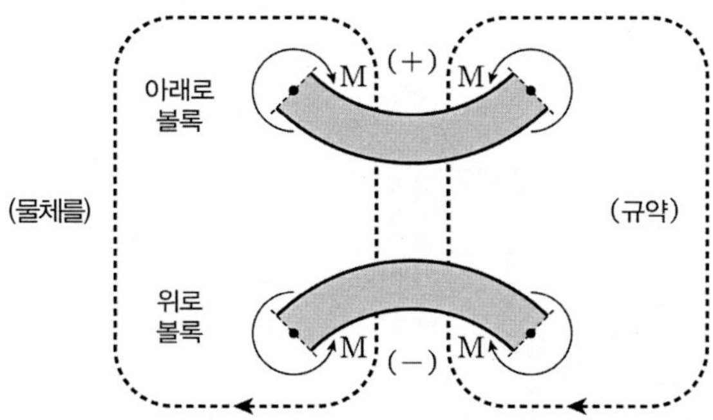

3-4 전단력 선도와 굽힙모멘트 선도

❶ 전단력 선도 : S.F.D = Shearing force diagram

❷ 굽힙모멘트 선도 : B.M.D = bending Moment diagram

❸ 보의 길이 : 전단력 굽힙모멘트의 값을 적당한 축척으로 나타냄

가 단순보의 경우 양끝을 자유롭게 지지한 단순보

1) 단순보 중간에 집중하중 P가 작용하는 경우

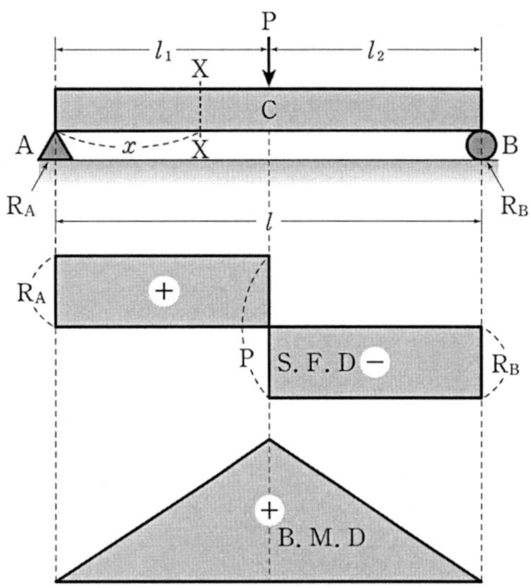

$\Sigma F = 0 \quad R_A + R_B = P \quad \cdots ①$

$\Sigma M = 0 \quad P\ell_1 = R_B\ell \quad \cdots ②$

$(p\ell_2 = R_A\ell)$

$\therefore R_B = \dfrac{P \cdot \ell_1}{\ell} \quad \cdots ③$

③ → ① 대입

$R_A + \dfrac{P \cdot \ell_1}{\ell} = P$

$$\therefore R_A = P - \frac{P \cdot \ell_1}{\ell} = \frac{P \cdot \ell}{\ell} - \frac{P \cdot \ell_1}{\ell} = \frac{P(\ell - \ell_1)}{\ell} = \frac{P \cdot \ell_2}{\ell}$$

i) 전단력 선도

X-X 단면 왼쪽부분 전단력 : R_A (위쪽방향이므로)

$F_{A-C} = R_A = P \cdot \dfrac{\ell_2}{\ell} \quad \cdots ①$

∴ AC구간에서 전단력크기 : R_A 뿐이다.

X-X 단면이 CB 사이 있을 때 왼쪽부분 전단력 $\left[\begin{array}{l} R_A \text{(위쪽방향)} : (+) \\ P \text{(아래쪽방향)} : (-) \end{array}\right.$

$$F_{C-B} = R_A - P = \frac{P \cdot \ell_2}{\ell} - P = \frac{P \cdot \ell_2 - P \cdot \ell}{\ell}$$

$$= \frac{P(\ell_2 - \ell)}{\ell} = \frac{-P(\ell - \ell_2)}{\ell} = \frac{-P \cdot \ell}{\ell}$$

$$= -R_B$$

TIP

오른쪽에서 계산해도 마찬가지이다.

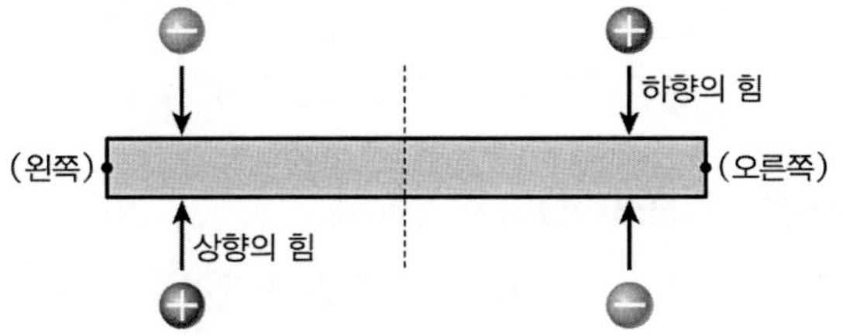

ii) 굽힘 모멘트 선도 : X-X 단면을 AC사이와 CB사이에 두고 각각의 굽힘모멘트를 구하고 부호 규약에 의해 (+), (-)표시하고 선도를 구함.

- AC구간의 굽힘모멘트 (왼쪽에서)

$$M_{AC} = R_A \cdot x = \frac{P \cdot \ell_2}{\ell} x \text{ } (x\text{의 1차식 : 직선적 변화}) : (+)\text{방향 증가}$$

- BC구간의 굽힘모멘트 (왼쪽에서)

$$M_{BC} = R_A \cdot x - (x - \ell_1) = \frac{P \cdot \ell_2}{\ell} x - P(x - \ell)$$

$$= \frac{P \cdot (\ell - \ell_1)}{\ell} x - P(x - \ell) = \frac{P(\ell - \ell_1)x - P\ell(x - \ell_1)}{\ell}$$

$$= \frac{P\ell x - P\ell_1 x - P\ell x + P\ell\ell_1}{\ell} = \frac{-P\ell_1 x + P\ell\ell_1}{\ell} = -\frac{P\ell_1}{\ell}(x - \ell)$$

1차식 (직선적변화) : x의 값증가 − 직선적으로 감소

$x = \ell$ 점에서 $M_{CB} = 0$

참고

BC구간을 (오른쪽)에서 구해도 크기는 같다.

$M_{BC}=R_A(x-\ell)=\dfrac{P\cdot\ell_1}{\ell}(x-\ell)$: 1차식 직선변화 (감소)

$x=\ell_1$인 점 C에서 최대굽힘모멘트 (M_{max}) 작용 : 위험단면이 됨

$M_{max}=\dfrac{P\cdot\ell_1\cdot\ell_2}{\ell}\left(M_{AC}=R_A\cdot x=\dfrac{P\cdot\ell_1\cdot\ell_2}{\ell}\right)$

모멘트 부호규약

2) 단순보의 전길이에 균일분포하중이 작용할 때

균일분포하중(w)이 보의 길이(ℓ)에 작용하므로 전체하중 $w\ell$이 중심에 작용(가정)

$\therefore R_A=R_B=\dfrac{w\cdot\ell}{2}$ … ①

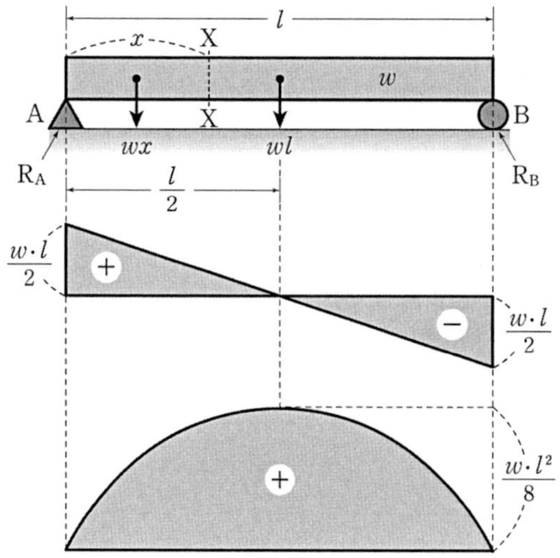

가) X-X 단면 (임의거리x)에서 전단력?

$$Fx=R_A-wx=\frac{w\cdot\ell}{2}-wx$$

$$=w\left(\frac{\ell}{2}-x\right)\quad\cdots ②$$

전단력 Fx
- $x=\dfrac{\ell}{2}$일 때, $Fx=0$
- $x=0$일 때, $Fx=\dfrac{w\cdot\ell}{2}$(최대)

즉, $\begin{cases} x > \dfrac{\ell}{2} \text{일 때, } (-)\text{값} \\ x = \ell \text{일 때, } (-)\text{최대} : -\dfrac{w \cdot \ell}{2} \end{cases}$

나) X-X 단면 (임의거리x)에서 굽힘모멘트 (왼쪽에서) ?

$$Mx = R_A \cdot x - \left(wx \times \frac{x}{2}\right) = \frac{w\ell}{2}x - \frac{wx^2}{2} = \frac{w}{2}\left(\ell_x - x^2\right) : 2\text{차식(포물선)}$$

$\left(-\frac{w}{2}x^2\right)$: 위로 블록(+) $\left\langle \begin{matrix} x=0 \\ x=\ell \end{matrix} \right\rangle$ 일 때 최소

보의 중앙에서 최대굽힘모우먼트 값을 갖음 $\left(x = \dfrac{\ell}{2}\right)$

$$M_{max} = \frac{w}{2}\left(\ell \times \frac{\ell}{2} - \frac{\ell^2}{4}\right) = \frac{1}{8}w\ell^2$$

3) 단순보에 2개 이상 집중하중이 작용할 때

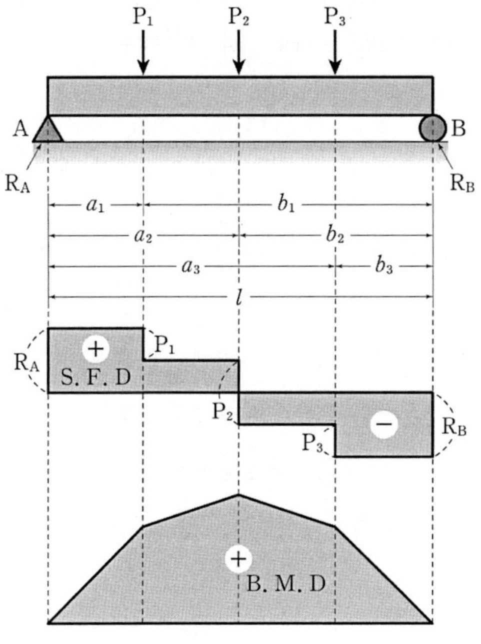

$\Sigma F = 0 \quad P_1 + P_2 + P_3 - R_A - R_B = 0$

$\therefore R_A + R_B = P_1 + P_2 + P_3 \quad \cdots ①$

$\Sigma M = 0 \quad R_B \cdot \ell = P_1 a_1 + P_2 a_2 + P_3 a_3$

$\therefore R_B = \dfrac{R_1 a_1 + P_2 a_2 + P_3 a_3}{\ell} \quad \cdots ②$

$R_A \ell = P_1 b_1 + P_2 b_2 + P_3 b_3$

$\therefore R_A = \dfrac{R_1 b_1 + P_2 b_2 + P_3 b_3}{\ell} \quad \cdots ③$

가) 지점 A 에서 임의거리 x에 X-X단면을 취래 전단력?

- $x < a_1$ — $F_{a1} = R_A (+)$
- $a_1 < x < a_2$ — $F_{a1-a_2} = R_A - P_1$
- $a_3 < x < a_3$ — $F_{a2 \sim a3} = R_A - P_1 - P_2$
- $a_3 < x < \ell$ — $F_{a3 \sim \ell} = R_A - P_1 - P_2 - P_3 = \ell$

나) 굽힘모멘트를 구하면?

- $x > a_1$ $\quad M_{a1} = R_A \cdot x$
- $a_1 < x < a_2$ $\quad M_{a1 \sim a2} = R_A \cdot x - R(x - a_1)$
- $a_2 < x < a_3$ $\quad M_{a2 \sim a3} = R_A \cdot x - P_1(x - a_1) - P_2(x - a_2)$
- $a_3 < x < \ell$ $\quad M_{a3 \sim \ell} = R_A \cdot x - P_1(x - a_1) - P_2(x - a_2) - P_3(x - a_3)$

$$= R_B(\ell - x) \quad (x = \ell \text{경우 } M_C = 0)$$

굽힘모멘트의 값 : 부호규약에 의해 (+)이다.

나 외팔보의 경우 (Cantilever)

1) 외팔보 자유단에 집중하중 P가 작용할 때

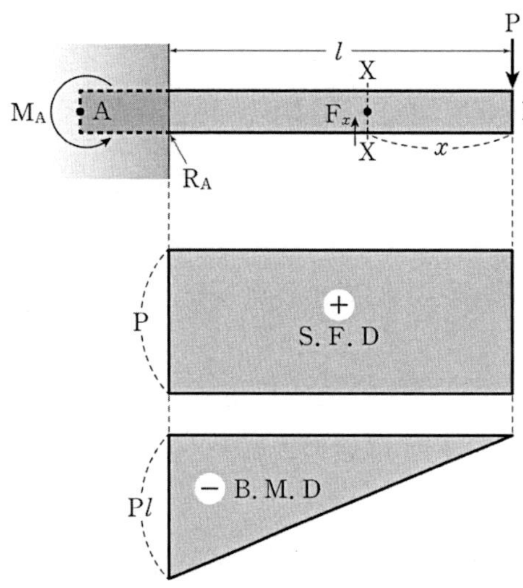

가) 전단력 선도

i) X-X단면 오른쪽에 작용하중 : 하향힘 P

(오른쪽의 전단력 : 하향일 때(+))

$\therefore Fx = P \quad \cdots$ ①

임의단면 X-X 오른쪽 전단력 Fx는 오른쪽에서 어느 곳이나 $+P$ 이다.

(전단력선도는 기선 중심으로 $+P$ 만큼 상향으로 평행하게 표시)

ii) X-X단면 왼쪽 A 지점에는 반력 R_A 뿐이고

$R_A = P$ 로 반력은 상향으로 작용

(R_A : 왼쪽전단력은 상향(+)이다. 임의단면 X-X 왼쪽전단력은 $Fx = R_A = P$ 이다)

나) 굽힘모멘트 선도

굽힘모멘트는 ┌ B 단에서 X-X단면까지 거리 x에 비례
　　　　　　└ 하향 작용 : (-) 부호

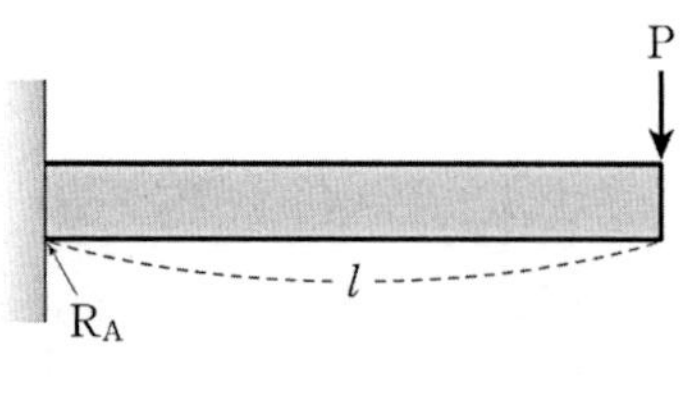

$$Mx = -P \cdot x(1\text{차식 : 직선}) \begin{cases} x=0\text{인 B점} : M_B = 0 \\ x=\ell\text{인 A점} : M_{max} = -P \cdot \ell \end{cases}$$

고정단에는 P 인 반력과 P · ℓ인 반작용 모멘트가 동시에 작용

2) 외팔보의 전 길이에 걸쳐 균일분포하중이 작용할 경우 (단위길이 마다 w 분포하중 작용)

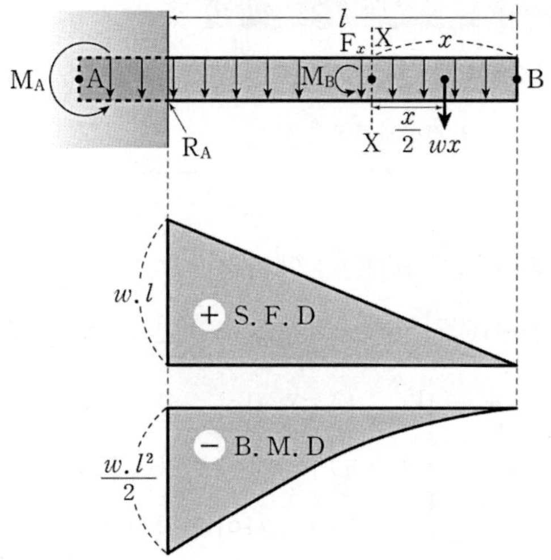

가) 자유단 B점에서 임의거리 x에 X-X단면 오른쪽분포의 전단력 Fx?

$Fx = w \cdot x$ (+값)

- x의 길이가 길어질수록 비례하며 (+)방향으로 증가
- 고정단 A 에서 최대값 ($x=\ell$)

$\therefore F_A = w \cdot \ell$

- 자유단 B 점 (($x=0$) : 전단력 0
- 고정단 A 점 ($x=\ell$) : 전단력 최대 ($w\ell$)

나) X-X 단면작용하는 굽힘모멘트? (오른쪽)

- x의 크기에 따라 비례하여 $w \cdot x$의 하중작용
- $w \cdot x$ 하중이 무게중심 $\frac{1}{2}x$에 집중 $w \cdot x$가 작용한다고 생각

$$Mx = -w \cdot x \cdot \frac{1}{2}x = -\frac{1}{2}wx^2 (2\text{차식 : 위로 볼록한 포물선})$$

굽힘모멘트의 값
- 자유단 B 점 : 0
- 고정단 A 점 : 최대($x=\ell$)

$$\therefore M_\ell = -w\ell \cdot \frac{1}{2}\ell = -\frac{w\ell^2}{2}$$

∴ 고정단 A ┌ ① $w\ell$ 반력 ┐ 작용
└ ② $-\frac{1}{2}w\ell^2$ 인 반작용 굽힘모멘트 ┘

> **참고**
>
> **자유단 집중하중 P과 균일분포하중 w 작용비교**
>
> ┌ 균일분포하중이 작용할때 $\frac{1}{2}$ 되는 굽힘모멘트값이 나타난다.
> └∴ 균일분포하중일 때 더 강한하중에 견딘다.

3) 집중하중 $P_1 \cdot P_2 \cdot P_3$가 외팔보 고정단 A에서 $x_1 \cdot x_2 \cdot x_3$ 거리에 작용할 때

여러개 집중하중이 작용경우; 각각의 하중작용 경우 전단력 · 굽힘모멘트를 구한 후 합한다.

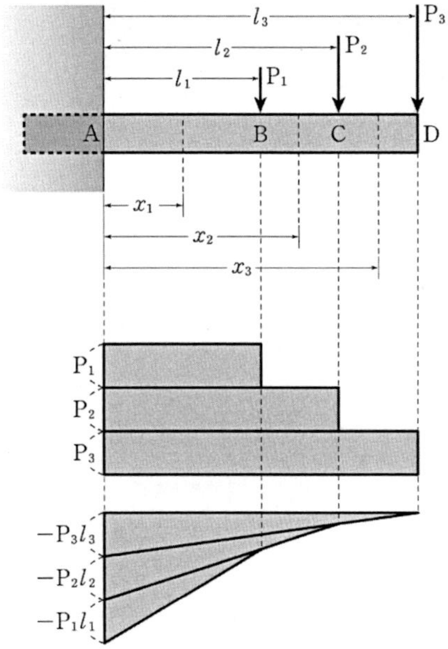

i) CD 사이 전단력 $F_{CD} = P_3$

ii) BC 사이 전단력 $F_{BC} = P_3 + P_2$

iii) AB 사이 전단력 $F_{AB} = P_3 + P_2 + P_1$

(전단력부호(+) : 오른쪽에서 하향의 힘)

i) CD 사이 굽힘모멘트

$M_{CD} = -P_3 \times (\ell_3 - x_3)$:1차식(직선)

ii) BC 사이 굽힘모멘트

$M_{BC} = \{-P_3 \times (\ell_3 - x_3)\} + \{-P_2 \times (\ell_2 - x_2)\}$

iii) AB 사이 굽힘모멘트

$M_{AB} = \{-P_3 \times (\ell_3 - x_3)\}$
$+ \{-P_2 \times (\ell_2 - x_2)\} + \{-P_1 \times (\ell_1 - x_1)\}$

고정단 A 점 굽힘모멘트

$M_A = -P_1 \cdot \ell_1 - P_2 \cdot \ell_2 - P_3 \cdot \ell_3 \ (x = 0)$

4) 보의 전길이에 균일한 분포하중이 작용하고 자유단에서 임의거리에 집중하중이 작용하는 경우

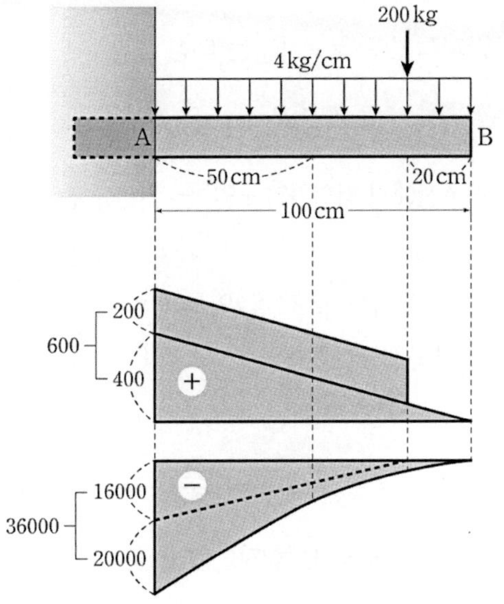

가) 전단력 (shearing force)

i) 자유단 B : 0

ii) 고정단 A : 최대 (max)

- 분포하중 100 × 4kg = 400kg
- 집중하중 200kg

→ 600(+)값

나) 굽힘모멘트 (bending Moment)

$$M_{AW} = -100 \times 4kg \times \frac{100}{2} = -20000kg - om$$

$$M_{AP} = -200 \times 80 = -16000kg - om$$

$$\therefore M_A = M_{AW} + M_{AP} = -20000 + (-16000)$$

$$= -36000(kg - om)$$

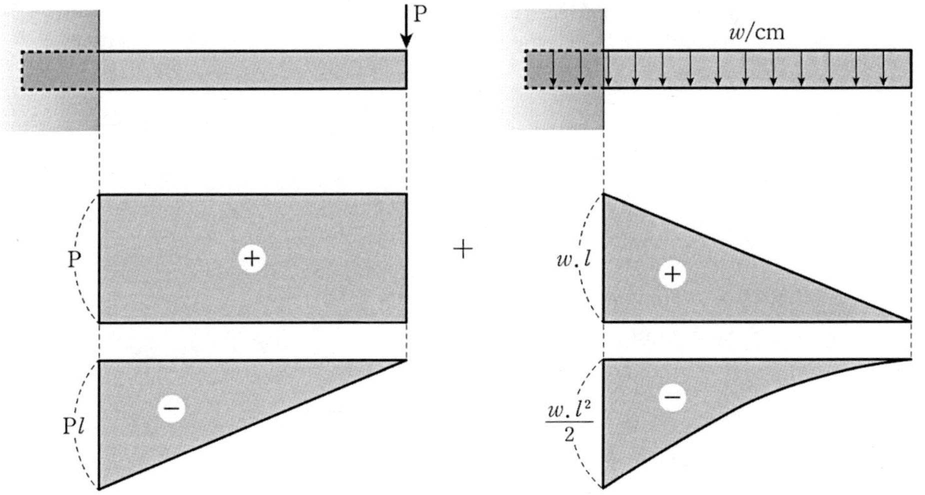

다 내다지보 (over hanging beam)

1) 내다지보 전길이에 걸쳐 균일분포하중 작용할 때 : 양지점 반력 R_A, R_B는 대칭

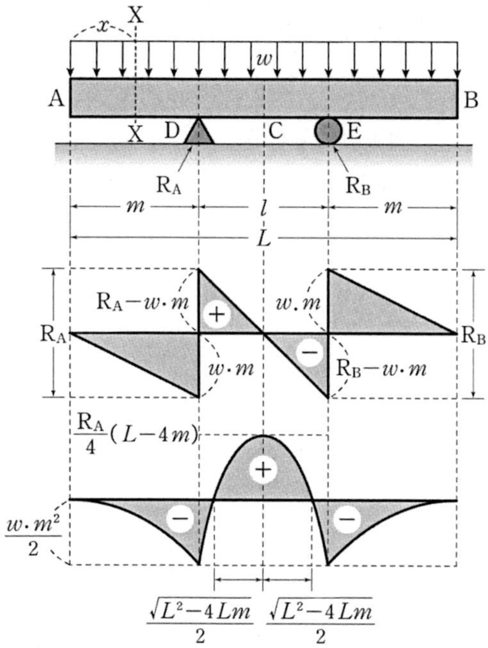

$$R_A = R_B = \frac{w \cdot L}{2} \quad \cdots ①$$

가) A점에서 임의거리 x인 X-X단면에 전단력?

$$F_{AD} = -w \cdot x \quad \cdots ②$$

(왼쪽에서 하향힘(-)이므로 x크기에 따라 (-)로 증가

$x = m$일 때 $F_{AD} = -w \cdot m$

$$F_{DE} = R_A - wx = \frac{wL}{2} - wx \quad \cdots ③$$

$x = m$인 D 점 전단력

$$F_D = R_A - w \cdot m = \frac{wL}{2} - wm$$

$x = \frac{L}{2}$인 중앙 C 점 전단력

$$F_C = R_A - w \cdot x = \frac{wL}{2} = \frac{wL}{2} = 0$$

$$F_{EB} = R_A + R_B - wx = w(L - x) \quad \cdots ④$$

$x = L - m$인 E점 전단력

$$F_E = wL - w(l - m) = w \cdot m$$

$x = L - m$인 E점 전단력

$$F_E = \frac{wL}{2} - w(L - m) = -\left(\frac{wL}{2} - wm\right) = -(R_B - w \cdot m)$$

$x = L$인 B점 전단력

$$F_B = w(L - L) = 0$$

나) A점에서 임의거리 x인 X-X단면에 굽힘모멘트?

$$M_{AD} = -wx \times \frac{x}{2} = -\frac{w}{2}x^2 \text{(2차식 : 곡선. D로 갈수록 (-)값 커짐)} \quad \cdots ①$$

$$M_{DC} = R_A(x - m) - \frac{w}{2}x^2 = \frac{w}{2}L(x - m) - \frac{w}{2}x^2 \quad \cdots ②$$

(①, ② : 포물(-)값)

$x = m$인 D 점에서 : (-) 최대굽힘모멘트 작용

다) 0이 되는 G 점 위치?

$$\frac{w}{2}L(x-m)-\frac{w}{2}x^2=0$$

$$x^2-Lx+Lm=0 \quad \therefore x=\frac{L}{2}\pm\sqrt{\frac{L^2-4Lm}{2}}$$

∴ 굽힙모멘트값 0인점 : 보 중앙에서 좌우 $\sqrt{\frac{L^2-4Lm}{2}}$ 거리의 점

2) 균일분포하중이 한쪽지점에 돌출되어 작용할 때

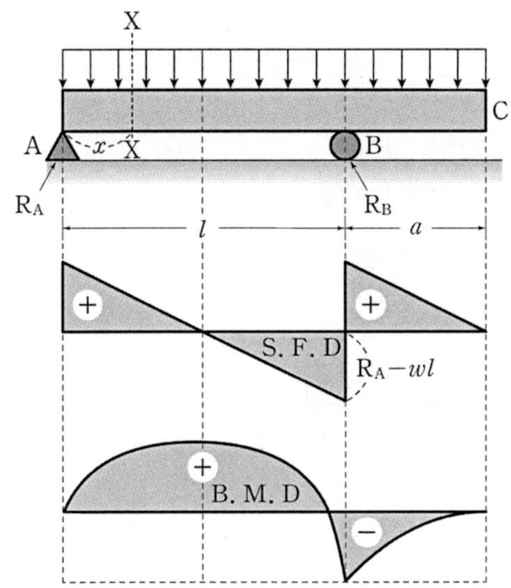

$\Sigma F=0$

$R_A+R_B=w(\ell+a) \quad \cdots ①$

$\Sigma M_B=0$

$R_A\ell-w\ell\cdot\frac{\ell}{2}+wa\frac{a}{2}=0 \quad \cdots ②$

$R_A\ell=\frac{w\ell^2}{2}-\frac{wa^2}{2}=0$

$\therefore R_A=\frac{w\ell}{2}-\frac{wa^2}{2\ell} \quad \cdots ③$

③식을 ①식에 대입

$\frac{w\ell}{2}-\frac{wa^2}{2\ell}+R_B=w(\ell+a)$

$\therefore R_B=w\ell+wa-\frac{w\ell}{2}+\frac{wa^2}{2\ell}$

$=\frac{w\ell}{2}+wa+\frac{wa^2}{2\ell}$

가) A지점에서 임의거리 x에 X-X단면 좌측의 전단력?

$0<x<\ell$구간, $F_{AB}=R_A-wx$ (1차식 : 직진)
┌ A 점에는 (+)값 전단력이 나타나고
└ 임의거리 x를 증가시키면 전단력값

전단력 값 "0"되는 점 : $R_A-wx=0$, $x=\frac{R_A}{w}$ 이다.

$\frac{R_A}{w}$ 점 지나면 (−)크기로 증가 : B 점 최대크기($F_{max}=R_A-w\cdot\ell$)

$\ell<x<\ell+a$구간, $F_{BC}=R_A+R_B-wx$

┌ B 점에 (+)방향과 (−)방향의 최대전단력 크기가 작용
└ x가 B 지점을 지나면 (+)값으로 차차 감소

나) A지점 임의거리 x에서 X-X단면 왼쪽의 굽힘모멘트?

i) $0 < x < \ell$구간

$$M_{AB} = R_A x - \frac{wx^2}{2} \text{ (2차식 : 포물선)} \begin{cases} \text{A점 : 0} \\ R_A x - \dfrac{wx^2}{2} = 0 \end{cases}$$

ii) $\ell < x < \ell + a$구간

$$M_{BC} = R_A x + R_B(x-\ell)\frac{wx^2}{2} \text{ (2차식)} \left(R_A - \frac{wx}{2}\right)x = 0$$

TIP

$\left.\begin{array}{l} x=0 \\ x=\dfrac{2R_A}{w} \end{array}\right\rangle$ 지점에서 $\dfrac{2R_A}{w}$ 점을 지나면 모멘트 (-)값이 되고 점 B점에서 (-)최대값.

굽힘모멘트 0이 B점을 지나면 다시 감소하여 끝점 C에서 "0"가 됨

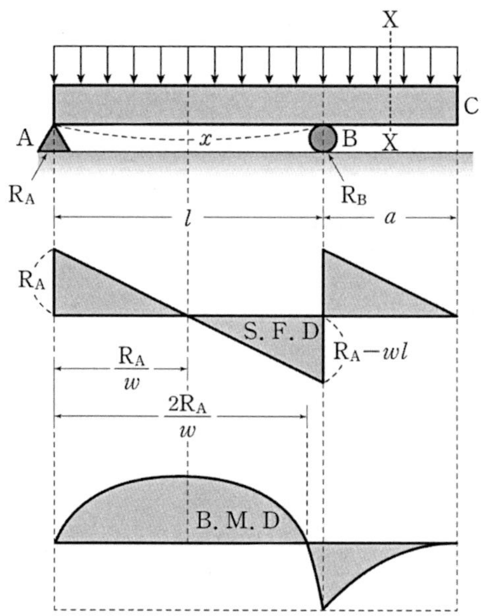

3) 돌출보(내다지보)가 2개의 집중하중을 받을 때

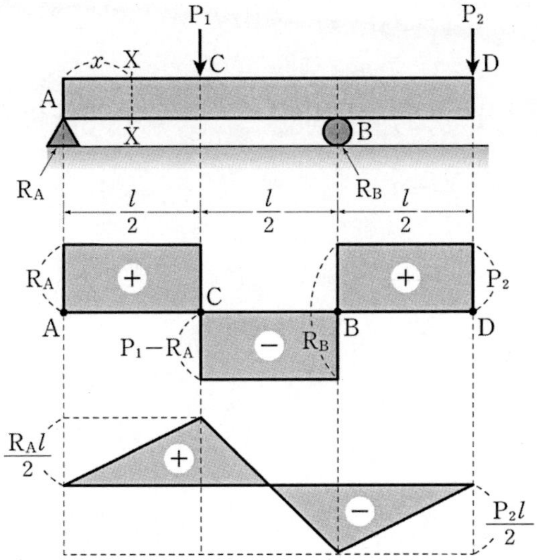

평형조건에서

$\Sigma F = 0$

$R_A + R_B - P_1 - P_2 = 0 \quad \cdots ①$

$\Sigma M_B = 0$

$R_A \cdot \ell - P_1 \cdot \frac{1}{2}\ell + P_2 \frac{1}{2}\ell = 0$

$R_A \cdot \ell = \frac{P_1 \cdot \ell}{2} - \frac{P_2 \cdot \ell}{2}$

$\therefore R_A = \frac{P_1}{2} - \frac{P_2}{2\ell} = \frac{1}{2}(P_1 - P_2) \quad \cdots ②$

②식을 ①식에 대입

$\frac{1}{2}(P_1 - P_2) + R_B - P_1 - P_2 = 0$

$\therefore R_B = P_1 + P_2 - \frac{1}{2}(P_1 - P_2)$

$= P_1 + P_2 - \frac{P_1}{2} + \frac{P_2}{2} = \frac{P_1}{2} + \frac{3P_2}{2}$

$= \frac{1}{2}(P_1 + 3P_2)$

$\therefore R_B = \frac{1}{2}(P_1 + 3P_2) \quad \cdots ③$

가) 전단력 크기? (임의거리x)

i) $0 < x < \frac{\ell}{2}$구역 $F_{A \sim \frac{\ell}{2}} = R_A = \frac{1}{2}(P_1 - P_2)$: (+)

ii) $\frac{\ell}{2} < x < \ell$ $F_{\frac{\ell}{2} \sim \ell} = R_A - P_1 = \frac{1}{2}(P_1 - P_2) - P_1$: (−)

iii) $\ell < x < \frac{3}{2}\ell$ $F_{\ell \sim \frac{3}{2}\ell} = R_A - P_1 + R_B = \frac{1}{2}(P_1 - P_2) - P_1 + \frac{1}{2}(P_1 + 3P_2)$: (+)

$= \frac{P_1}{2} - \frac{P_2}{2} - \frac{2P_1}{2} - \frac{P_1}{2} + \frac{3P_2}{2} = P_2$

나) 굽힘모멘트?

i) $0 < x < \frac{\ell}{2}$ $\qquad$ $\mathrm{M_{AC}} = \mathrm{R_A} \cdot x = \frac{1}{2}(\mathrm{P_1} - \mathrm{P_2}) \cdot x \quad \cdots ①$

ii) $\frac{\ell}{2} < x < \ell$ $\qquad$ $\mathrm{M_{AB}} = \mathrm{R_A} \cdot x - \mathrm{P_1}\left(x - \frac{\ell}{2}\right) = \frac{1}{2}(\mathrm{P_1} - \mathrm{P_2})x - \mathrm{P_1}\left(x - \frac{\ell}{2}\right) \quad \cdots ②$

$$x = \frac{\ell}{2},\ M_c = \frac{1}{2} = 1$$

$$x = \ell,\ M_B = \frac{P_1 P}{2} - \frac{P_2}{2}$$

iii) $\left(\ell < x < \frac{3}{2}\ell\right) = \left(\frac{\ell}{2} < x < 0\right)$ $\qquad$ $\mathrm{M_{BD}} = \mathrm{P_2}x \quad \cdots ③$

(왼쪽) (오른쪽)

$$x = 0,\ M_B = 0$$

$$x = \frac{l}{2},\ M_B = -P_2\left(\frac{l}{2}\right) = -\frac{P_2}{2}$$

연습문제

01 외팔보에서 고정단 B점에 작용하는 전단력 F_B 및 굽힘모멘트 M_B를 구하여라.

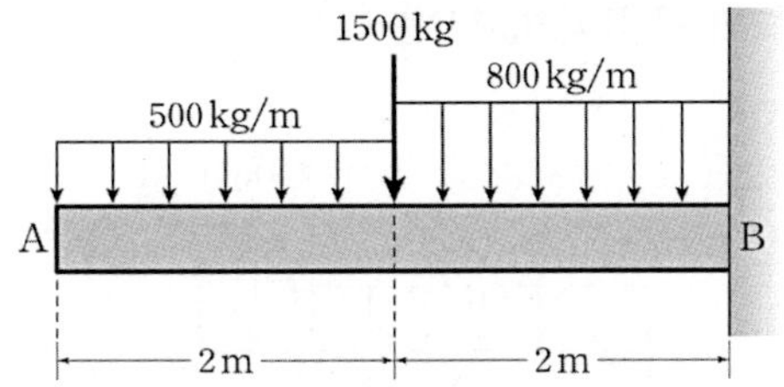

| 풀이 | 임의의 단면에 작용하는 전단력 및 굽힘모멘트는 그 단면을 기준으로 왼쪽 혹은 오른편 중 구하기 쉬운 편에서의 대수합으로 각각 구해지므로

$F_B = (500 \times 2) + (1500) + (800 \times 2) = 4100\,(\mathrm{kg})$

$M_B = (500 \times 2 \times 3) + (1500 \times 2) + (800 \times 2 \times 1) = 7600\,(\mathrm{kg \cdot m})$

$\therefore F_B = 4100\,(\mathrm{kg}) \quad M_B = 7600\,(\mathrm{kg \cdot m})$

02 스팬의 길이가 10m인 단순보에 사다리꼴로 표시되는 부등분포하중이 적용할 때 보의 반력 R_A, R_B를 구하여라.

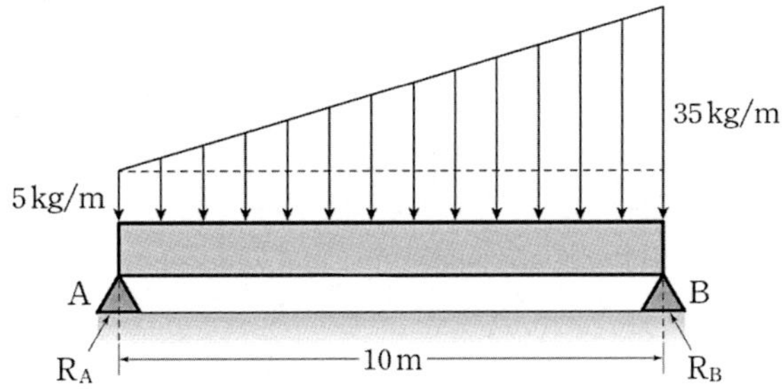

| 풀이 | • 사다리꼴의 분포하중의 총합 P
그 면적과 같으므로

$$\mathrm{A} = P = \frac{(w_a + w_b) \cdot \ell}{2} = \frac{(5+35) \times 10}{2} = 200(\mathrm{kg})$$

• 전 하중 P는 도심에 작용하므로 A로부터 도심까지 거리 $\bar{x}$?

$$\bar{x} = \frac{\mathrm{G}y}{\mathrm{A}} = \frac{((5 \times 10) \times 5) + \left(\frac{1}{2} \times 30 \times 10 \times \frac{2}{3} \times 10\right)}{200} = \frac{250 \times 1000}{200} = 6.25(m)$$

$\therefore R_A = \dfrac{P(L-\bar{x})}{\ell} = \dfrac{200(10-6.25)}{10} = 75(kg)$ $R_B = 200-75 = 125(kg)$

$\therefore R_A = 75(kg)$ $\therefore R_B = 125(kg)$

03 길이 $\ell = 8m$의 외팔보에 분포하중 $w_1 = 800\,kg/m$와 $w_2 = 500\,kg/m$ 집중하중 $P = 1000kg$이 작용할 때 이 보의 S.F.D와 B.M.D를 그려라.

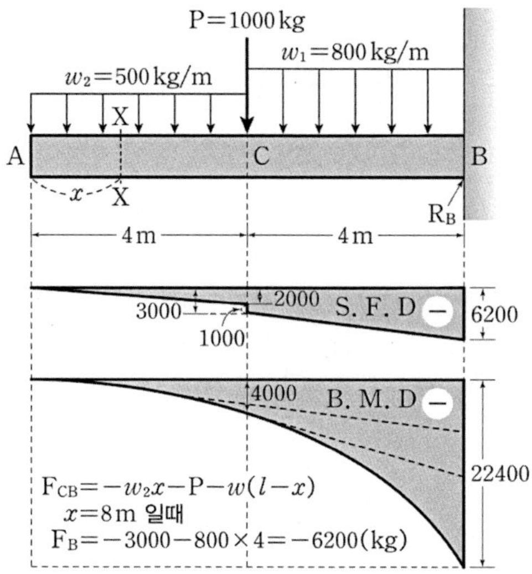

|풀이| 1) S.F.D

$F_{AC} = -w_2 x$: 직선 변화

$F_{CB} = -w_2 x - P - w(\ell - x)$

$x = 4m$일 때

$F_C = (-500\times 4) - 1000 = -3000(kg)$

$x = 8m$일 때

$F_B = -3000 - 800\times 4 = -6200(kg)$

2) B.M.D

$M_{AC} = -w_2 x \dfrac{x}{2} = \dfrac{-w_2 x^2}{2}$ (포물선이고 위로 블록하다)

$x = 0$일 때 $M_A = 0$ $x = 4$일 때 $M_C = \dfrac{500}{2}\times 4^2 = -4000\,(kg\cdot m)$

$M_{CB} = -w_2\times 4(x-2) - P(x-4) - \dfrac{w_1(x-4)^2}{2}$ (포물선이고 위로 볼록하다)

$x = 8m$일 때 $M_B = -500\times 4(8-2) - 1000(8-4) - \dfrac{800(8-4)^2}{2}$

$= -200(6) - 1000(6) - 400(4)^2 = -22400\,(kg\cdot m)$

04 길이 2m의 외팔보가 자유단에 $P_1 = 50kg$ 자유단으로부터 0.5m인 곳에 $P_2 = 50kg$의 집중하중이 그림과 같이 작용할 때 이 보의 전단력선도와 굽힘모멘트를 그려라.

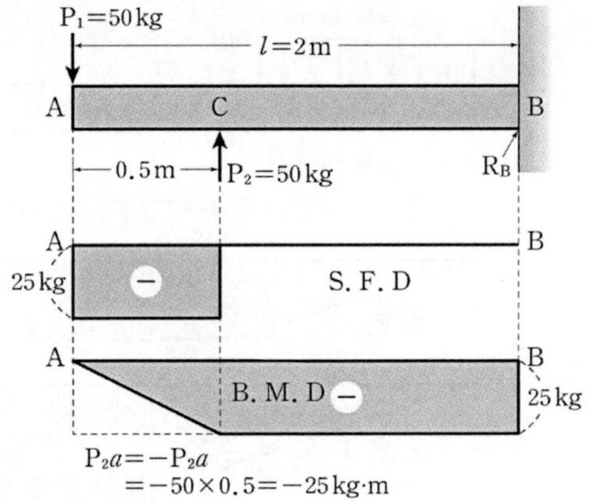

|풀이| i) 전단력 선도 (S.F.D)

AC 구간 $F_{AC} = -50kg$ … 일정하므로 기준선에 평행

BC 구간 $F_{BC} = -50 + 50 = 0$

ii) 굽힘모멘트선도 (B.M.D)

AC 구간 $M_{AC} = -P_1x$: 직선적 변화

- $x = 0$일 때 $M_A = 0$
- $x = 0.5$일 때 $M_C = -50 \times 0.5 = -25kg \cdot m$

BC 구간

$M_{BC} = -P_1x + P_2(x-a) = -P_1x + P_2a$

$= -P_2a$

$= -50 \times 0.5 = 25kg \cdot m$(일정하므로 기준선에 평행)

05 길이 4m의 외팔보의 자유단으로부터 $\ell_1 = 2m$ 인 곳까지 $w = 1$ 의 등분포하중이 적용하고 있을 때 S.F.D와 B.M.D를 그려라.

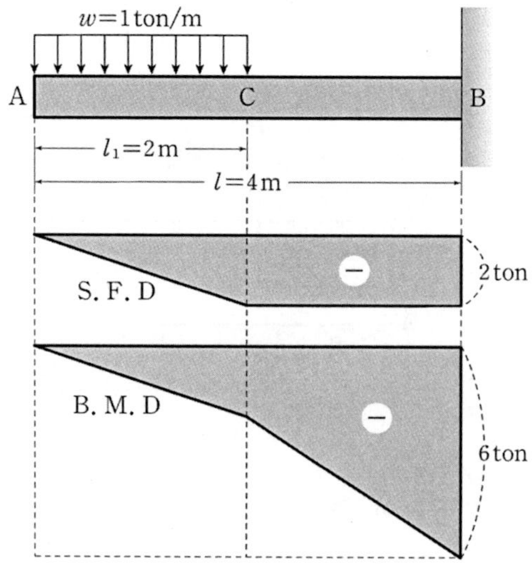

|풀이| i) S.F.D

$F_{AC} = -wx$ (직선적 변화)

- $x = 0$일 때 $F_A = 0$
- $x = 2m$일 때 $F_C = -1000 \times 2 = -2000(kg) = -2$

$F_{BC} = -wh = -1 \times 2 = -2ton$ (일정하므로 기준선에 평행)

ii) B.M.D.

$F_{AC} = -\dfrac{wx^2}{2}$ (포물선이고 위로 볼록한 곡선)

- $x = 0$일 때 $M_A = 0$
- $x = 2m$일 때 $M_C = -\dfrac{1 \times 2^2}{2} = -2$

$M_{BC} = -wL\left(x - \dfrac{L}{2}\right)$: (직선적 변화) $x = 4m$ 일 때 $M_B = -wL\left(4 - \dfrac{\ell_1}{2}\right)$

$= -1 \times (4-1) = -6$

06 길이 $\ell = 4.5m$인 단순보의 좌단에서 1.5m위치에 R = 1800kg 3.5m 위치에 반대방향으로 P_2 = 900 kg인 연직하중이 작용하고 있다. 이 보의 S.F.D 와 B.M.D를 그려라.

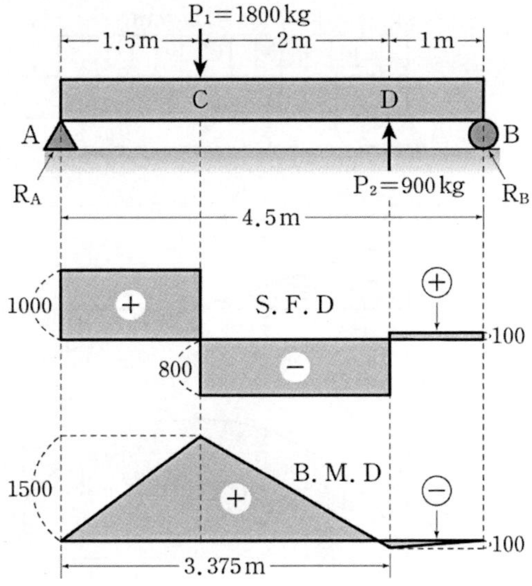

| 풀이 | i) 반력

$\Sigma F = 0$에서

$R_A + R_B = P_1 + P_2 = 1800 - 900 = 900\text{kg}$

$\Sigma F_B = 0$에서

$(R_A \times 4.5) - (1800 \times 3) + (900 \times 1) = 0$

$\therefore R_A = \dfrac{(1800 \times 3) - (900 \times 1)}{4.5} = 1000\text{kg}$

$\therefore R_B = 900 - R_A = -100\text{kg}$

ii) S.F.D

- AC구간 $F_{AC} = R_A = 1000\text{kg}$
- CD구간 $F_{CD} = R_A - P_1 = -800$
- DB구간 $F_{DB} = R_A - P_1 + P_2 = 100\text{kg}$

전 구간에 걸쳐 일정한 값이므로 S.F.D는 기준선에 평행하다.

iii) B.M.D

- AC구간 : $M_{AC} = R_A x = 1000x$ … (직선적 변화)
  - $x = 0$일 때 $M_A = 0$
  - $x = 15m$일 때 $M_C = 1500\text{kg} \cdot \text{m}$
- CD구간 : $M_{CD} = R_A x - P_1(x - 15) = 1000x - 1800(x - 15)$: 직선적 변화
  - $x = 3.5m$일 때 $M_D = -100\text{kg} \cdot \text{m}$
- DB구간 : $M_{DB} = R_B x_1 = -100x_1$ (직선적 변화) x_1 : 우단으로부터 임의 거리

* $M_{CD} = 1000x - 1800(x - 15) = 1000x - 1800x + (1800 \times 15)$

$M_{CD=0}$로 놓으면 $-800x + 2700 = 0$ $x = 3.375$

07 길이 $\ell = 100\text{cm}$의 단순보가 균일분포하중 $w = 5\text{kg/cm}$를 받고 있을 때의 전단력 선도와 굽힘모멘트선도를 구하여라.

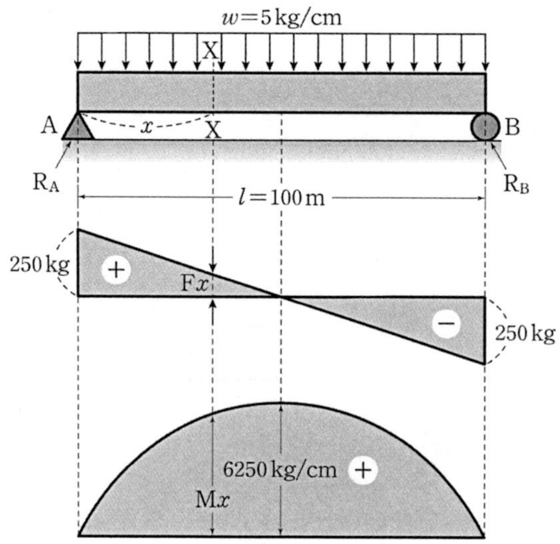

|풀이| i) 반력

대칭조건을 만족하므로

$$R_A = R_B = \frac{w\ell}{2} = 250\,(\text{kg})$$

ii) S.F.D

$Fx = R_A - wx = 250 - 5x$ (직선적 변화)

$x = 0$일 때 $F_A = R_A = \dfrac{w\ell}{2} = 250\,(\text{kg})$

$x = \ell$일 때 $F_B = -\dfrac{w\ell}{2} = -250\,(\text{kg})$ 전단력이 0인 단면은 $\dfrac{\ell}{2}$인 중앙점이다.

iii) B.M.D

$Mx = R_A x - wx \cdot \dfrac{x}{2} = \dfrac{w\ell}{2}x - \dfrac{wx^2}{2} = \dfrac{w}{2}x(\ell - x)$ (포물선이고 위로 볼록하다)

$x = 0$일 때 $M_A = 0$

$x = \ell$일 때 $M_B = 0$

$x = \dfrac{\ell}{2}$일 때 $M_{max} = \dfrac{w}{2}\left(\dfrac{\ell}{2}\right)\left(\ell - \dfrac{\ell}{2}\right) = \dfrac{w\ell^2}{4} - \dfrac{w\ell^2}{8} = \dfrac{w\ell^2}{8}$

$$\therefore M_{max} = \frac{w\ell^2}{8} = \frac{5 \times 100^2}{8} = 6250\,(\text{kg} \cdot \text{cm})$$

08 단순보의 A 점에 우력모우먼트 M_A 가 작용할 때의 S.F.D와 B.M.D를 그려라.

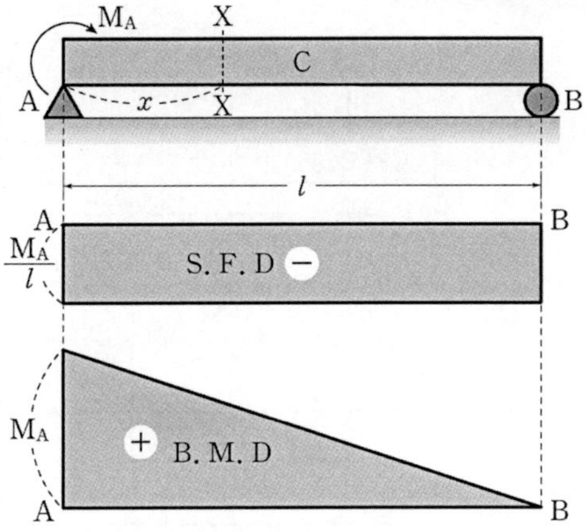

|풀이| i) 반력

$\Sigma Fy = 0$이므로 $R_A + R_B = 0$

$\Sigma F_B = 0$이므로 $M_A + R_A l = 0$

$\therefore R_A = -\dfrac{M_A}{\ell}$

$\therefore R_B = -R_A = \dfrac{M_A}{\ell}$

ii) S.F.D

$Fx = R_A = -\dfrac{M_A}{\ell}$ (일정한 값이므로 기준선에 평행하다.)

iii) B.M.D

$Mx = R_A \cdot x + M_A = -\dfrac{M_A}{\ell}x + M_A$ (직선적 변화)

$x = 0$ 일 때 $M_A = M_A$

$x = \ell$ 일 때 $M_B = 0$

09 M과 F의 관계?

|풀이| 전단력이 최대인 곳에서 굽힘모멘트는 0이 되며, 전단력이 0인 곳에서 굽힘모멘트가 최대가 된다.

10 길이 $\ell = 100\text{cm}$인 내다지보에서 그림과 같은 집중하중 $P_1 = 50\text{kg}$, $P_2 = 60\text{kg}$이 작용하고 있을 때 이 보의 S.F.D와 B.M.D를 그려라.

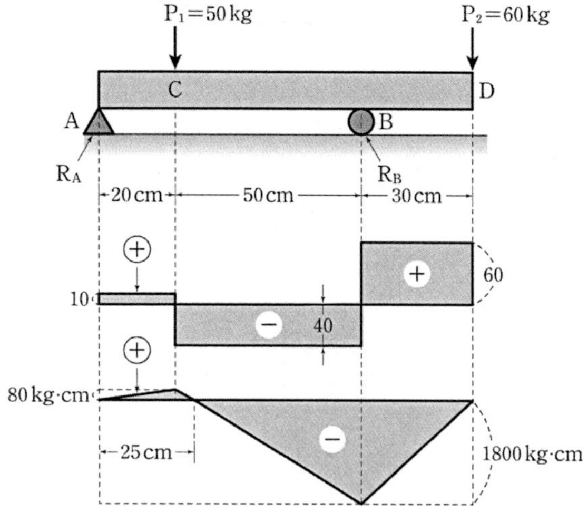

|풀이| i) 반력

$\Sigma F = 0$에서 $R_A + R_B - P_1 - P_2 = 0$

$\Sigma F = 0$에서 $(R_A \times 70) - (P_1 \times 50) + (P_2 \times 30) = 0$

$$\therefore R_A = \frac{(50 \times 50) - (60 \times 30)}{70} = 10\,(\text{kg})$$

$$\therefore R_B = P_1 + P_2 - R_A = 50 + 60 - 10 = 100\,(\text{kg})$$

ii) S.F.D

- $F_{AC} = R_A = 10\,(\text{kg})$
- $F_{CB} = R_A - P_1 = 10 - 50 = -40\,(\text{kg})$
- $F_{BD} = P_2 = 60\,(\text{kg})$

각 구간마다 일정한 값이므로 준선에 평행하다.

iii) B.M.D ; 전단력이 각 구간에서 일정한 값이므로 굽힘모멘트는 직선적 변화함.

- $M_A = M_D = 0$
- $M_B = -60 \times 30 = -1800\,(\text{kg} \cdot \text{cm})$
- $M_C = R_A \times 20 = 10 \times 20 = 200\,(\text{kg} \cdot \text{cm})$

모우먼트가 0인 단면은 CD구간에서 발생. Mx를 0라 놓으면

$$Mx = R_A x - P_1(x - 20) = 10x - 50(x - 20) = 10x - 50x + 1000$$

$$= -40x + 1000 = 0$$

$$\therefore x = 25(\text{cm})$$

평가문제

01 그림과 같은 내다지보의 자유 물체도의 B 지점의 반력은 얼마인가?

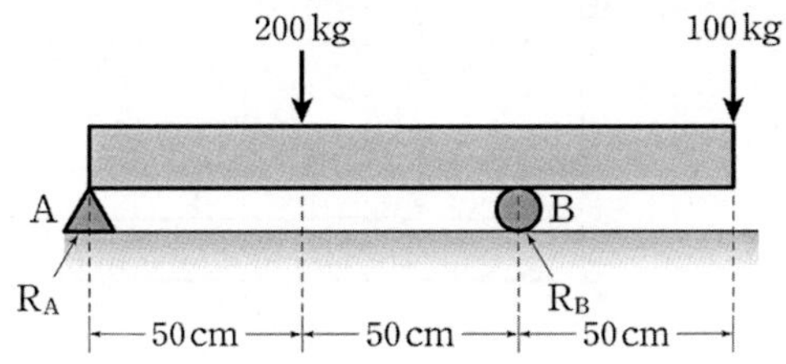

가. 100kg　　나. 200kg

다. 250kg　　라. 300kg

| 풀이 | 각 지점의 반력을 R_A, R_B 라고 하면 평형조건에 의해 A 지점에 관한 모든 힘의 모우먼트의 합은 0이다.

따라서 $(200 \times 50) - (R_B \times 100) + (100 \times 50) = 0$

$\therefore 100R_B = 10000 + 15000 = 25000$

$\therefore R_B = 250\text{kg}$

02 그림과 같은 외팔보에서 최대 굽힌모메트는?

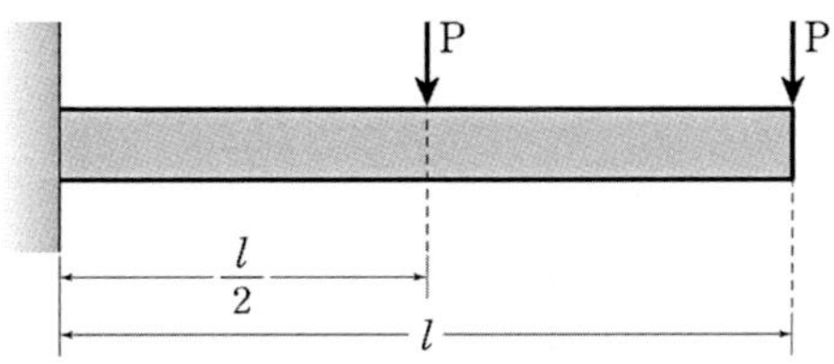

가. $\frac{2}{3}P\ell$　　나. $\frac{2}{5}P\ell$

다. $\frac{3}{2}P\ell$　　라. $\frac{5}{2}P\ell$

| 풀이 | M_{max} 은 고정단에 생기며 이 경우는 집중하중이 따로 적용할 때의 M_{max} 의 값을 합하면 된다. (중첩법)

$$M_{max} = P\ell + P \cdot \frac{\ell}{2} = P\ell\left(1 + \frac{1}{2}\right) = \frac{3}{2}P\ell$$

03 그림과 같이 외팔보에 생기는 최대굽힘모멘트는?

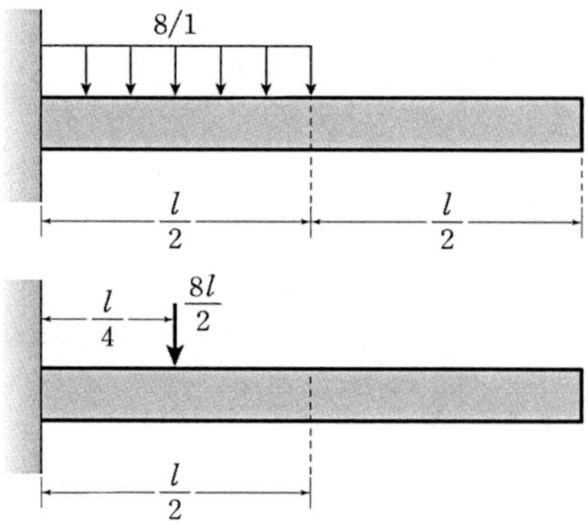

가. $8\ell^2/2$ 나. $8\ell^2/4$

다. $8\ell^2/8$ 라. $8\ell^2/12$

| 풀이 | M_{max}은 고정단에 생기며 전하중 $8\ell/_2$이 중앙에 적용한 것과 같으므로

$$M_{max} = \frac{8\ell}{2} \times \frac{\ell}{4} = \frac{8\ell^2}{8}$$

04 그림과 같이 균일분포하중과 자유단에 집중하중이 작용할 때 최대전단력은?

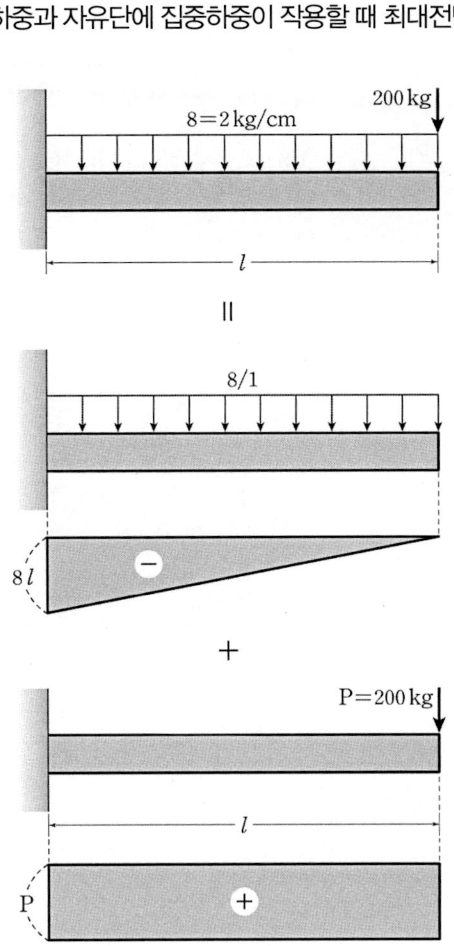

가. 220kg　　　　　나. 260kg

다. 320kg　　　　　라. 400kg

| 풀이 | 중첩법에 의하여 분포하중과 집중하중이 따로 적용할 때의 S.F.D를 그리고 합친다음 최대치를 구한다.

$F_{max} = 8\ell = 2 \times 60 = 120\,(kg)$

$F = P = 200\,(kg)$: 길이전체 일정

$\therefore$ 최대전단력은 고정단에 생기며 $F_{max} = 120 + 200 = 320\,(kg)$

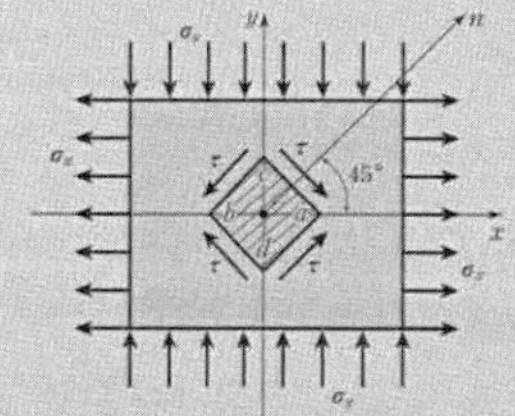

제 4 장 보속의 응력

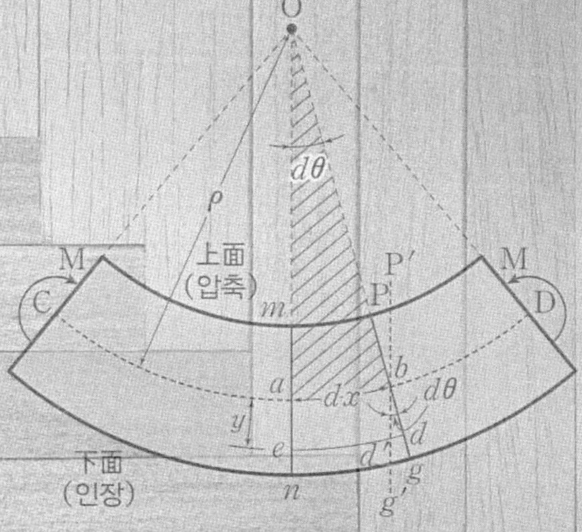

4-1 단면1차 모멘트와 도심

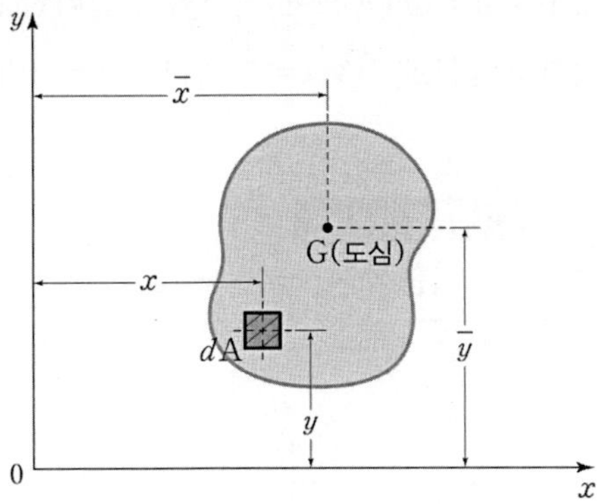

$$\left.\begin{array}{l} y \cdot dA \ : x\text{축에 관한 1차 모멘트} \\ x \cdot A \ : y\text{축에 관한 1차 모멘트} \end{array}\right\rangle \cdots ①$$

가) 단면1차 모멘트 (First moment area)

x, y축에 관한 1차모멘트를 전면적 A에 걸쳐 적분한 양

$$\left.\begin{array}{l} Gx = \int_A y \cdot dA \\ Gy = \int_A x \cdot dA \end{array}\right\rangle \cdots ②$$

나) 도심 : 단면 1차 모멘트가 0이 되는 점

x, y축이 한축 또는 양축이 도심 G 를 통과한다면 한축 또는 양축에 대한 각각의 단면1차모멘트는 $Gx = 0$, $Gy = 0$ 이다.

즉, 도심을 통과한 축에 관한 단면1차모멘트는 0이다.

> TIP
> 도형이 대칭을 이루면 그 축은 도심을 지나고, 그 축에 대한 단면1차모멘트는 0이다.

다) 도심 G 의 좌표 $(\bar{x}, \bar{y})$ 라면

$$\begin{cases} A \cdot \bar{x} = \int_A x\,dA = G_y \\ A \cdot \bar{y} = \int_A y\,dA = G_x \end{cases} \qquad \begin{cases} \bar{x} = \dfrac{\int_A x\,dA}{A} = \dfrac{\int_A x\,dA}{\int_A dA} = \dfrac{G_y}{A} \\ \bar{y} = \dfrac{\int_A y\,dA}{A} = \dfrac{\int_A y\,dA}{\int_A dA} = \dfrac{G_x}{A} \end{cases}$$

4-2 보 속의 굽힘응력

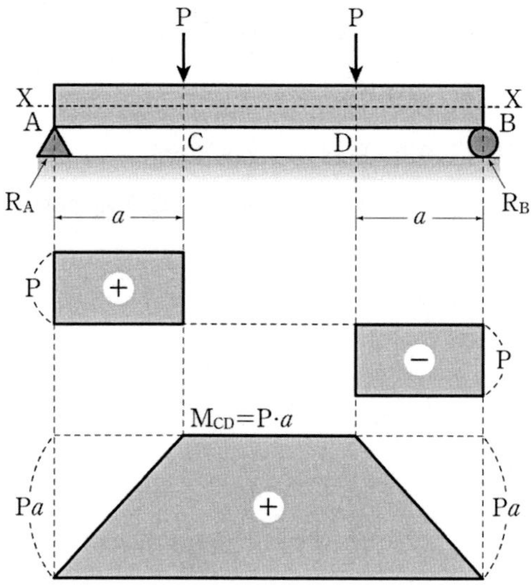

그림에서 중앙부분 CD에는 전단력이 걸리지 않고 균일한 굽힘모멘트 $Mx = P \cdot a$만 작용한다.

> **TIP** CD부분의 상태
> 순수 굽힙 상태(pure bending state)라 함

가 단면2차모멘트 : I

굽힘모멘트만 받는 순수굽힘 보로 가정하여 내부응력상태조사

; 그 부분의 재료의 변형상태 고찰하면

i) ┌ 균일단면의 보 (Hooke 법칙따름)
  └ 중앙축을 포함하는 대칭면 갖는 것 〉 가정

ii) ┌ 인장, 압축하중 : 탄성계수가 동일
  └ 굽힘변형도 균일 : 원호모양 굽힘 (CD 부분의 보) 〉 된다

• 변형 후 ┌ 블록한쪽 섬유 : 조금 늘어남 (인장)
  └ 오른쪽의 섬유 : 조금 줄어듬 (압축)

- 중립면(noutral surface) : 보의 상면과 하면사이 길이가 변하지 않는 섬유들이 이루는 면(C − D)
- 중립축(noutral axis)
  - 보의 중립축 : 한 보의 중립면과 대칭면이 교선(C − D)
  - 단면의 중립축 : 중립면과 각 단면과의 교선($m-n$)

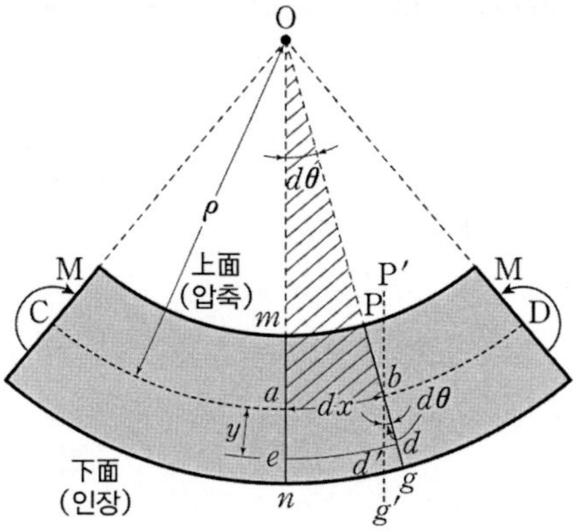

- $d\theta$: 미소각
- ρ : 곡률반경 (radius of Curvature)
- $\dfrac{1}{\rho}$: 탄성곡선의 곡률

$\widehat{ab} = dx = \rho d\theta$

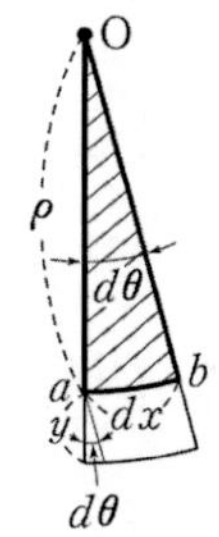

$$\therefore \frac{1}{\rho} = \frac{d\theta}{dx} \quad \cdots ①$$

중립면에서 임의거리 y만큼 떨어진 $\widehat{ed}$의 곳 변형률?

$$\varepsilon_x = \frac{(\rho+y)d\theta - \rho d\theta}{\rho \cdot d\theta} = \frac{\rho d\theta + y d\theta - \rho d\theta}{\rho d\theta} = \frac{y}{\rho} \quad \cdots ②$$

> **참고**
> 다른방법으로 $d'd = y d\theta \quad cd' = dx = \rho d\theta$
> $$\varepsilon_x = \frac{d'd}{ab} = \frac{d'd}{ed'} = \frac{y\,d\theta}{dx} = \frac{y\,d\theta}{\rho d\theta} = \frac{y}{\rho} \quad \cdots ②'$$

후크법칙에서 $\sigma_x = \varepsilon_x \cdot \mathrm{E} = \dfrac{y}{\rho}\mathrm{E} \quad \therefore \sigma_x = \dfrac{\mathrm{E}}{\rho} y \quad \cdots ③$

* **순수굽힘응력** σ_b : 중립면으로부터 거리 y에 비례

* **굽힘응력** σ_b : 중립면으로부터 가장 멀리 떨어진 곳
- 상면: 최대압축응력
- 하면: 최대인장응력

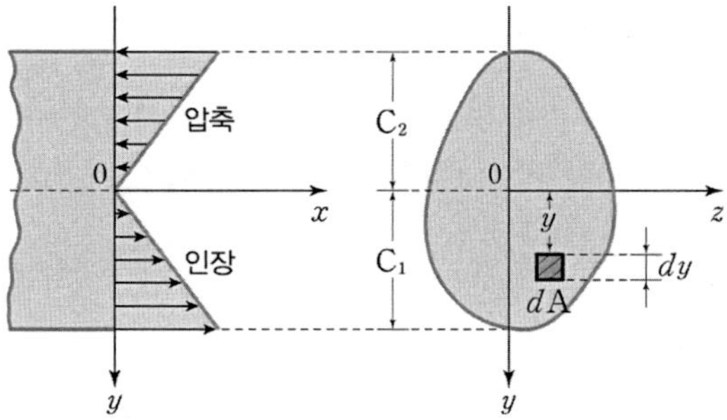

그림에서 중립축에서 y만큼 떨어진 면적요소 dA 에 작용하는 힘?

$$F = \sigma_x \cdot dA = \frac{E}{\rho} y \cdot dA \quad \cdots ④$$

전 단면에 대한 순수굽힘에서 굽힘응력 σ_b의 합은 0이다.

$$\int_A \frac{E}{\rho} y dA = 0 \quad \frac{E}{\rho}\int_A y dA = 0 \ (\frac{1}{\rho} \cdot E \text{는 상수})$$

$\therefore \int_A y dA = 0$ 　단면 1차모멘트가 0이다 ; 중립축은 단면의 도심을 지나며 단면의 한축이 된다.

$\quad \| $

$(A \cdot \bar{y})$

미소면적 dA 에 작용하는 힘 $\sigma_x \cdot d$A 에 중립축에 관한 모멘트 dM $= y \cdot \sigma_x d$A 　 중간고사

$$M = \int_A y\sigma_x dA = \int_A y \cdot \frac{E}{\rho} y dA = \frac{E}{\rho}\int_A y^2 dA = \frac{E \cdot I}{\rho} \quad \cdots ⑤$$

$$\therefore I = \int_A y^2 dA \ (\text{단면2차모멘트: 관성모멘트})$$

$$\therefore M = \frac{E \cdot I}{\rho} \rightarrow \frac{1}{\rho} = \frac{M}{E \cdot I} \quad \cdots ⑥$$

[M : 굽힘모멘트, $\frac{1}{\rho}$: 중립축 곡률, EI : 강성계수(굽힘)]

$\sigma_x = \varepsilon_x E = \frac{E}{\rho} y$와 $\frac{1}{\rho} = \frac{M}{EI}$에서

$$\sigma_x = \frac{E}{\rho} y = \frac{ME}{EI} y = \frac{My}{I} \quad \therefore \sigma_x = \frac{My}{I} (\text{굽힘공식})$$

$$M = \frac{\sigma_x I}{y} \text{이다.}$$

> TIP
> 최대(인장) 또는 최대(압축)의 굽힘응력은 중립축에서 가장 먼 곳에 생긴다.

$$\sigma_{max} = \frac{M}{I} \cdot e_1 = \frac{M}{Z_1}$$

$$\sigma_{min} = -\frac{M}{I} \cdot e_2 = -\frac{M}{Z_2}$$

$Z_1 = \frac{I}{e_1}$, $Z_2 = \frac{I}{e_2}$: 횡단면(Cross section)의 단면계수(Section modulus)라 함

> **TIP** 단면모양이 그 도심축에 관해 대칭이면 $e_1 = e_2 = e$에서 최대이장응력과 최대압축응력이 같다.

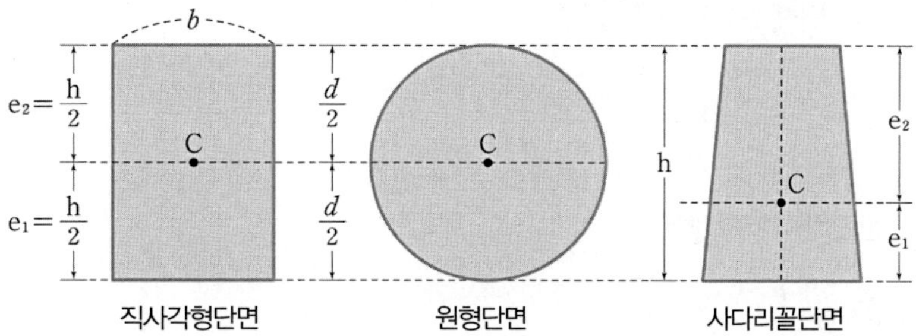

$e_1 = e_2 = \frac{h}{2}$

$I = \frac{bh^2}{12}$

$Z_1 = Z_2 = \frac{bh^2}{6}$

$e_1 = e_2 = \frac{d}{2}$

$I = \frac{\pi d^2}{64}$

$Z_1 = Z_2 = \frac{\pi d^2}{32}$

$e_2 > e_1 \quad Z_1 > Z_2$

상면압축응력 > 하면인장응력

∴ 인장보다 압축에 강한재료로 보를 만드는 경우 단면형에 유리(주철, 콘크리트)

가) 직사각형의 단면2차모멘트와 단면계수

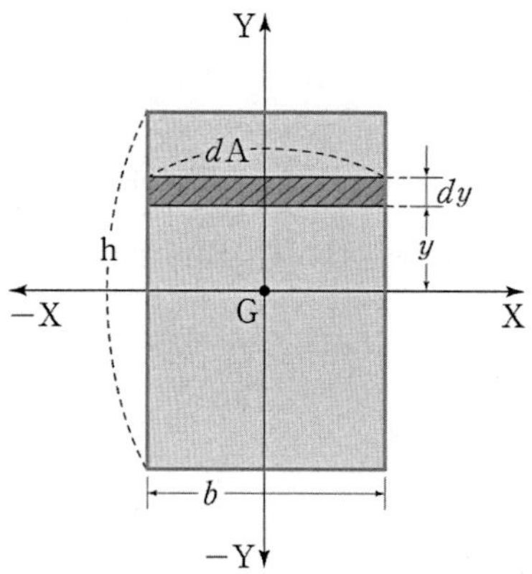

$$I = \int_A y^2 dA \quad (dA = b \cdot dy)$$

중심축에 관한 단면 2차모멘트

$$I_G = \int_A y^2 dA = \int_{-\frac{h}{2}}^{\frac{h}{2}} y^2 b dy$$

$$= b\int_{-\frac{h}{2}}^{\frac{h}{2}} y^2 dy = b\left[\frac{y^3}{3}\right]_{-\frac{h}{2}}^{\frac{h}{2}} = b\left[\frac{\left(\frac{h}{2}\right)^3}{3} - \frac{\left(-\frac{h}{2}\right)^3}{3}\right]$$

$$= b\left[\frac{\frac{h^3}{8}}{3} - \frac{-\frac{h^3}{8}}{3}\right] = b\left[\frac{h^3}{24} + \frac{h^3}{24}\right] = b\left[\frac{2h^3}{24}\right]$$

$$= \frac{bh^3}{12}$$

$$\therefore I_G = \frac{bh^3}{12} \quad \cdots ①$$

단면계수 $Z = \dfrac{I}{e} = \dfrac{\frac{bh^3}{12}}{\left(\frac{h}{2}\right)} = \dfrac{2bh^3}{12h} = \dfrac{bh^2}{6}$ ($e_1 = e_2 = e$ 이므로)

$$\therefore Z = \frac{bh^2}{6} \quad \cdots ②$$

나) 삼각형의 단면 2차모멘트와 단면계수

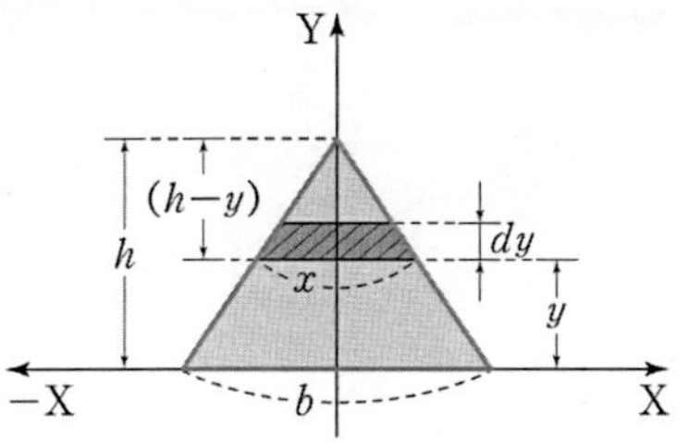

$$\mathrm{I} = \int_A y^2 d\mathrm{A} \text{ 에서}$$

$$d\mathrm{A} = x \cdot dy = \frac{b(h-y)}{h} dy$$

$$x : (h-y) = b : h$$
$$b(h-y) = x \cdot h$$
$$\therefore x = \frac{b(h-y)}{h}$$

밑면에 대한 단면2차모멘트이므로

$$\mathrm{I} = \int_0^h y^2 d\mathrm{A} = \int_0^h y^2 \frac{b(h-y)}{h} - dy = \frac{b}{h}\int_0^h (hy^2 - y^3) dy$$

$$= \frac{b}{h}\left[\frac{1}{3}hy^3 - \frac{1}{4}y^4\right]_0^h = \frac{b}{h}\left[\frac{1}{3}h^4 - \frac{1}{4}h^4\right] = \frac{b}{h}\left(\frac{1}{3}h^4 - \frac{h^4}{4}\right)$$

$$= \frac{b}{h}\left(\frac{4h^4}{12} - \frac{3h^4}{12}\right) = \frac{b}{h}\left(\frac{h^4}{12}\right) = \frac{bh^3}{12}$$

$$\therefore \mathrm{I} = \frac{bh^3}{12} \quad \cdots ①$$

$$\text{단면계수 } Z = \frac{\mathrm{I}}{e} = \frac{\frac{bh^3}{12}}{h} = \frac{bh^3}{12h} = \frac{bh^2}{12}$$

$$\therefore Z = \frac{bh^2}{12} \quad \cdots ②$$

삼각형 중심(G)에 관한 단면2차모멘트 I_G?

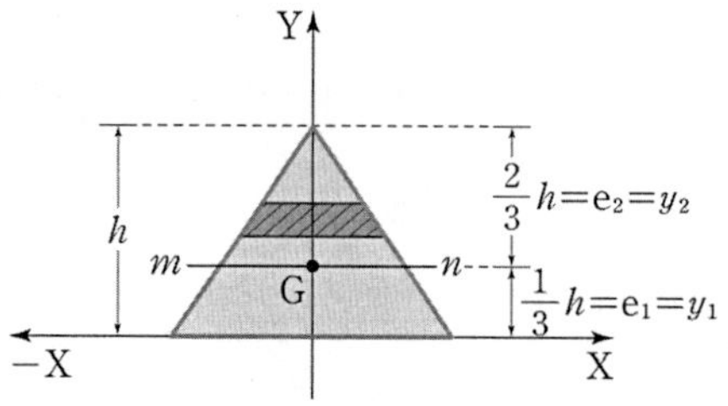

(I_G : 도심을 지나고 그 축에 평행한 직선의 단면2차모멘트, G : 도심, y_1 : 임의축에서 중립축까지 거리)

＊ 평행축 정리에서 $Ix = I_G + Ay_1^2$ 공식에서

$$I_G = I_x - Ay_1^2 = \frac{bh^3}{12} - \left(\frac{bh}{2}\right)\left(\frac{1}{3}h\right)^2 = \frac{bh^3}{12} - \left(\frac{bh}{2} \times \frac{h^2}{9}\right)$$

$$= \frac{bh^3}{12} - \frac{bh^3}{18} = \frac{3bh^3}{36} - \frac{2bh^3}{36} = \frac{bh^3}{36}$$

단면계수

$$Z_1 = \frac{I_G}{e_1} = \frac{\frac{bh^3}{3b}}{\frac{2}{3}h} = \frac{3bh^3}{(36 \times 2)h} = \frac{bh^2}{24} \text{ (압축측 상면)}$$

$$Z_2 = \frac{I_G}{e_2} = \frac{\frac{bh^3}{3b}}{\left(\frac{h}{3}\right)} = \frac{3bh^3}{36h} = \frac{bh^2}{12} \text{ (인장측 하면)}$$

다) 원형단면에 중심 0점 지나는 X, Y축에 대한 관성모멘트 (단면2차모멘트)와 단면계수

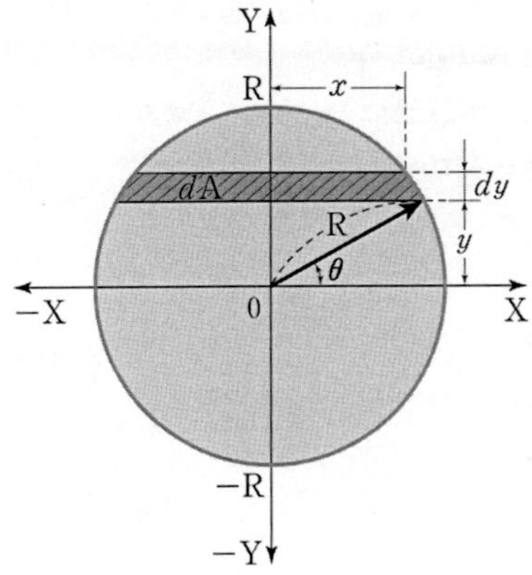

해칭부분 미소 단면적 dA

$$y = \mathrm{R}\sin\theta,\ \frac{dy}{d\theta} = \mathrm{R}\cos\theta$$

$$dy = \mathrm{R}\cos\theta\, d\theta$$

$$x = \mathrm{R}\cos(\theta + d\theta) \fallingdotseq \mathrm{R}\cos\theta$$

$$d\mathrm{A} = 2xdy$$

$$\mathrm{I}_x = \int_{\mathrm{A}} y^2 d\mathrm{A}$$

$$= \int_{-\mathrm{R}}^{\mathrm{R}} y^2 \cdot 2xdy = \int_{-\mathrm{R}}^{\mathrm{R}} y^2 \cdot 2\mathrm{R}\cos\theta \cdot \mathrm{R}\cos\theta\, d\theta = \int_{-\mathrm{R}}^{\mathrm{R}} y^2 \cdot 2\mathrm{R}^2\cos^2\theta\, d\theta$$

$$= 2\int_{0}^{\mathrm{R}} y^2 \cdot 2\mathrm{R}^2\cos^2\theta\, d\theta = 4\int_{0}^{\mathrm{R}} \mathrm{R}^2\sin^2\theta \cdot \mathrm{R}^2\cos^2\theta\, d\theta = 4\int_{0}^{\mathrm{R}} \mathrm{R}^2\sin^2\theta \cdot \cos^2 d\theta$$

$$= 4\int_{0}^{\mathrm{R}} \sin^2 \cdot \cos^2\theta\, d\theta = 4\mathrm{R}^4\int_{0}^{\frac{\pi}{2}} \boxed{\frac{1}{4}\sin^2 2\theta}\, d\theta = \mathrm{R}^4\int_{0}^{\frac{\pi}{2}} sin^2\, 2\theta\, d\theta$$

$$= (\sin\theta \cdot \cos\theta)^2 = \left(\frac{1}{2}\sin 2\theta\right)$$

$$= \mathrm{R}^4\int_{0}^{\frac{\pi}{2}} \left(\frac{1}{2} - \frac{1}{2}\cos 4\theta\right) d\theta = \mathrm{R}^4\int_{0}^{\frac{\pi}{2}} \frac{1}{2}(1 - \cos 4\theta)d\theta = \frac{\mathrm{R}^4}{2}\int_{0}^{\frac{\pi}{2}} (1 - \cos 4\theta)\, d\theta$$

$$= \frac{\mathrm{R}^4}{2}\left[\theta - \frac{\sin 4\theta}{4}\right]_{0}^{\frac{\pi}{2}} = \frac{\mathrm{R}^4}{2}\left(\frac{\pi}{2} - \frac{1}{4}sin4^2\right) \cdot \frac{\pi}{2}$$

$$= \frac{\pi\mathrm{R}^4}{4} = \frac{\pi\left(\frac{d}{2}\right)^4}{4} = \frac{\pi \cdot \frac{d^4}{16}}{4} = \frac{\pi d^4}{64}$$

단면계수 $\mathrm{Z} = \dfrac{\mathrm{I}_x}{e} = \dfrac{\frac{\pi d^4}{16}}{\left(\frac{d}{2}\right)} = \dfrac{\pi d^3}{32}$

참고

곱을 합으로 고치는 공식

신 · 신 = 코마코
i) $\sin x \cdot \sin y = \frac{1}{2}\cos(x-y) - \frac{1}{2}\cos(x+y)$ 코 · 코 = 코프코
신 · 코 = 신프신

ii) $\cos x \cdot \cos y = \frac{1}{2}\cos(x-y) + \frac{1}{2}\cos(x+y)$

iii) $\sin x \cdot \cos y = \frac{1}{2}\sin(\mathrm{x}-\mathrm{y}) + \frac{1}{2}\sin(\mathrm{x}+\mathrm{y})$ 중간고사

$$\sin^2 u = \frac{1}{2}0 - \frac{1}{2}\cos 2u$$

$x = y = u$이면
$$\cos^2 u = \frac{1}{2} + \frac{1}{2}\cos 2u$$
$$\sin u \cdot \cos u = 0 + \frac{1}{2}\sin 2u$$

$$\sin^2 u \cdot \cos^2 u = (\sin u \cdot \cos u)^2 = \left(\frac{1}{2}\sin 2u\right)^2 = \frac{1}{4}\sin^2 2u$$

$$\begin{cases} \int \sin u\, du = -\cos u + c \\ \int \cos u\, du = \sin u + c \end{cases}$$

$$* \int \cos 4\theta\, d\theta = \int \cos 4\theta \cdot \frac{1}{4} d(4\theta) = \frac{1}{4}\int \cos 4\theta = \frac{1}{4}[\sin 4\theta] + c$$

나 평행축의 정리

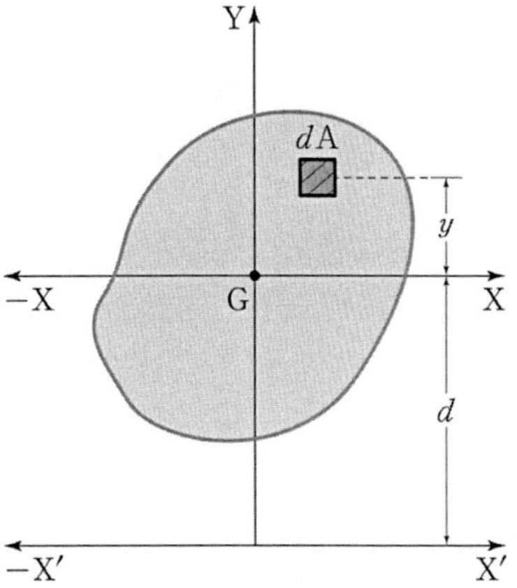

X′ − X′에 대한 관성모멘트 I_x'

$$I_x' = \int (y+d)^2 dA$$
$$= \int y^2 dA + 2d\int y\, dA + d^2\int dA$$
$$= I_x(I_G) + A \cdot d^2$$

$I_x = \int y^2 dA$: 도심을 지나는 x축의 관성모멘트 (단면2차모멘트)

$G_x = \int y\, dA = 0$: 도심을 지나는 x축의 단면1차모멘트

$$\therefore I_x' = I_x(I_G) + A \cdot d^2$$

d = 0일 때 $I_x' = I_x$(최소)
(d의 증가에 따라 I_x' 커짐)

∴ 평행축의 정리에 최소의 관성모멘트는 도심을 지나는 축의 관성모멘트와 같다.

다 **극관성모멘트** (Polar moment of inertia) ; I_P

x, y축의 0점을 극(pole)으로 할 때의 관성모멘트 (x, y축에 대한 두관성모멘트를 합한 것)

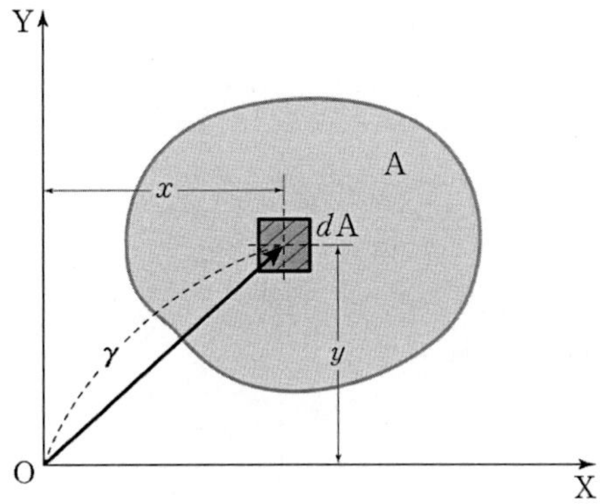

$$\therefore I_P = \int_A \gamma^2 dA \quad \cdots ①$$

$\gamma^2 = x^2 + y^2$이므로

$$I_P = \int_A (x^2 + y^2)\, dA = \int_A x^2 dA + \int_A y^2 dA = I_x + I_y$$

$$\therefore I_P = I_x + I_y \quad \cdots ②$$

원, 장방형 : 두 직교축에 대칭 ($I_x = I_y$)

$I_P = 2I_x = 2I_y$

$$I_x = I_y = \frac{I_P}{2} \quad \cdots ③$$

예제 1

원형단면에 중심 O점에 대한 극관성모멘트 (I_P)와 O점을 지나는 x, y축에 대한 관성모멘트를 구하라.

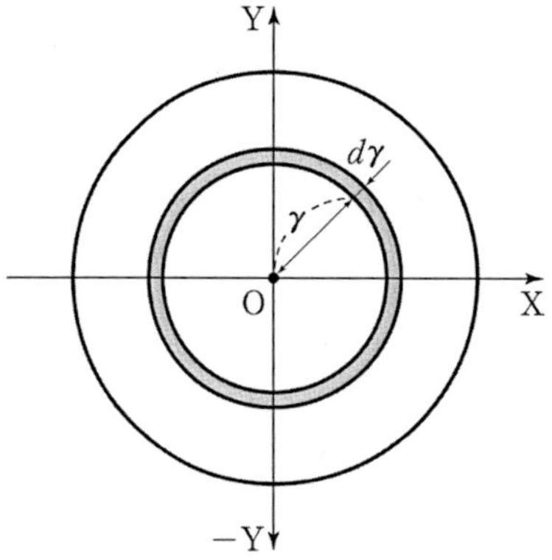

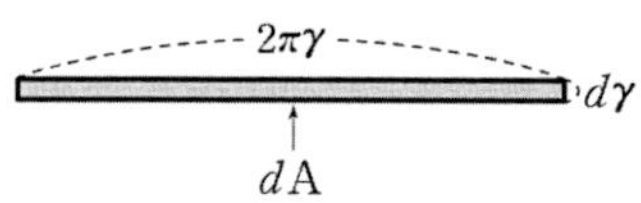

풀이 $I_P = \int_A r^2 dA = \int_0^{\frac{d}{2}} r^2 \cdot 2\pi r dr$

$$= \int_0^{\frac{d}{2}} 2\pi r^3 dr = 2\pi\left[\frac{r^4}{4}\right]_0^{\frac{d}{2}} = 2\pi\left[\frac{\left(\frac{d}{2}\right)^4}{4}\right] = 2\pi\left[\frac{\left(\frac{d^4}{16}\right)}{4}\right] = \frac{\pi d^4}{32}$$

$$\therefore\ I_x = I_y = \frac{I_P}{2} = \frac{\left(\frac{\pi d^4}{32}\right)}{2} = \frac{\pi d^4}{64}$$

예제 2

$d = 8mm = 0.8cm$을 $D = 500mm = 50cm$원통에 감았을 때 발생하는 최대굽힘응력(σ_{bmax})?
단, $E = 2.1 \times 10^6 kg/cm^2$이다.

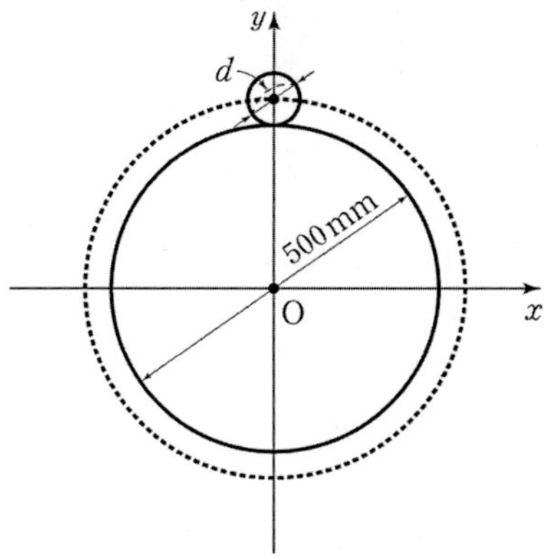

풀이 $\sigma_b = \dfrac{E}{\rho} y$ [ρ : 중립축까지 곡률반경($\rho = 25 + 0.8 = 25.8cm$)]

최대굽힘응력(σ_{bmax}) : 중심축에서 가장 먼 거리에 발생($y = 0.4cm$)

$\sigma_b = \dfrac{E}{\rho} y = \dfrac{2.1 \times 10^6}{25.4} \times 0.4 = 33070.9(kg/cm^2)$

$\therefore\ \sigma_{bmax} = 33070.9(kg/cm^2)$

4-3 보 속의 전단응력

❶ 전단응력 : $\tau = \dfrac{F \cdot G_x}{I \cdot Z_1}$ 방식 유도

❷ ┌ 보 외부면에 응력작용 않음:수평전단응력 ○
　 └ 보의 최상면 및 하부$(y = \pm \dfrac{h}{2})$에 수직전단응력 ○

❸ 공액 전단응력(Complementary shear stress) : 90°차이가 생김

┌ 수평면:수평전단응력
└ 수직면:수직전단응력
〉 이 작용하는 응력

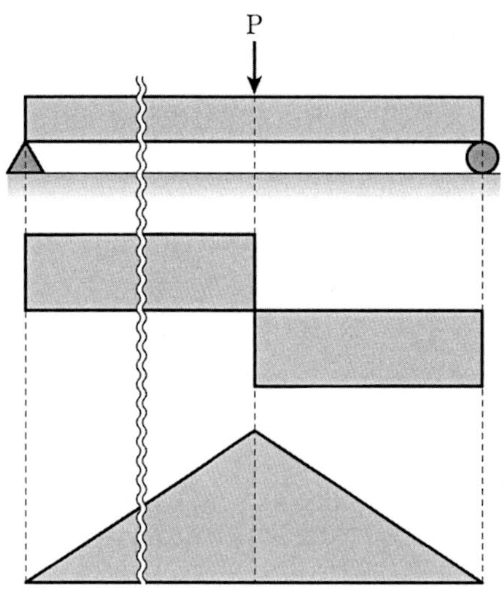

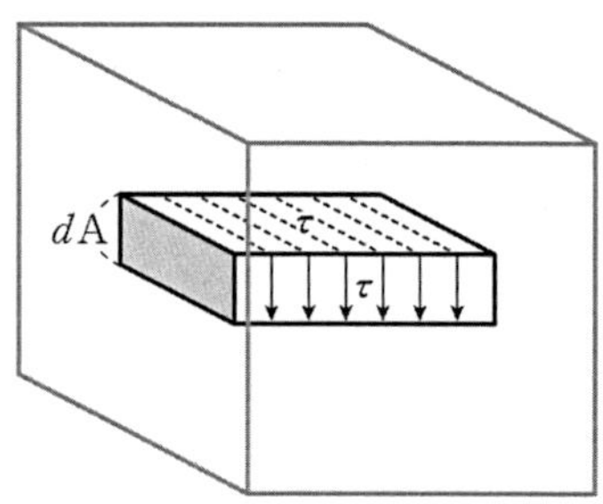

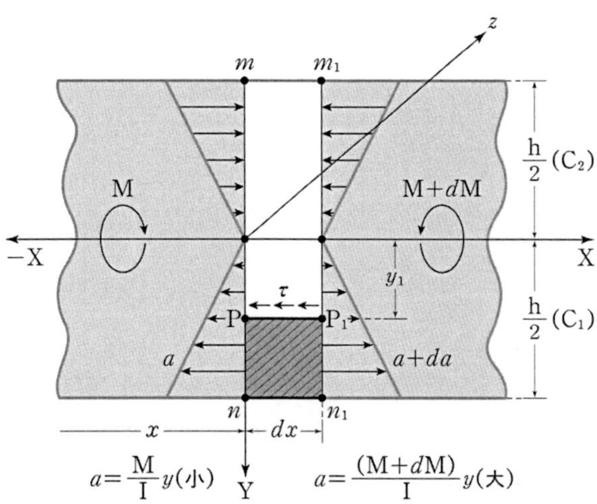

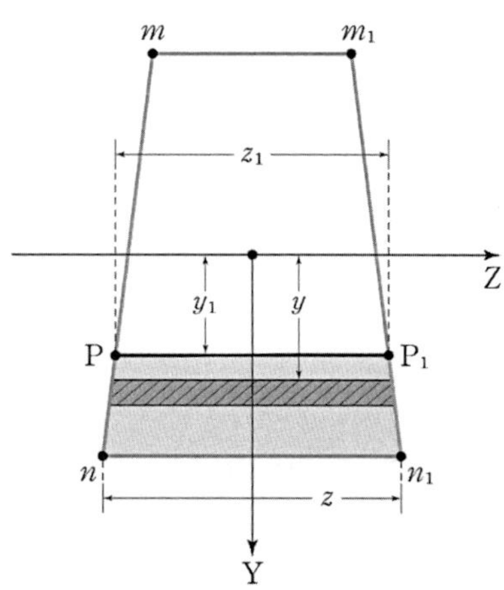

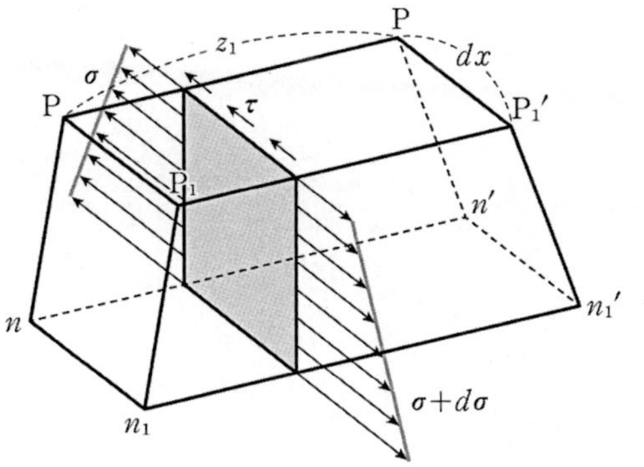

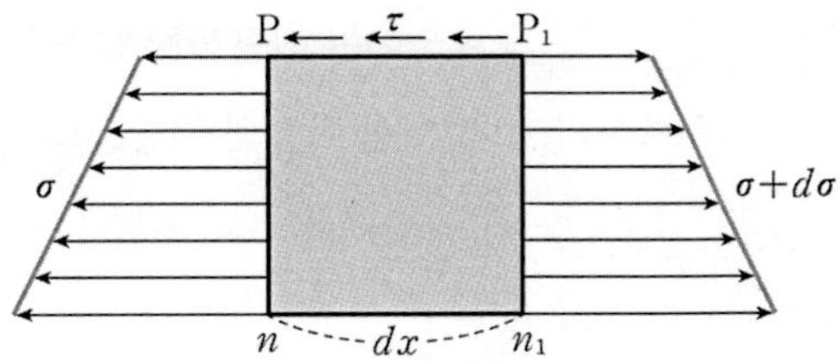

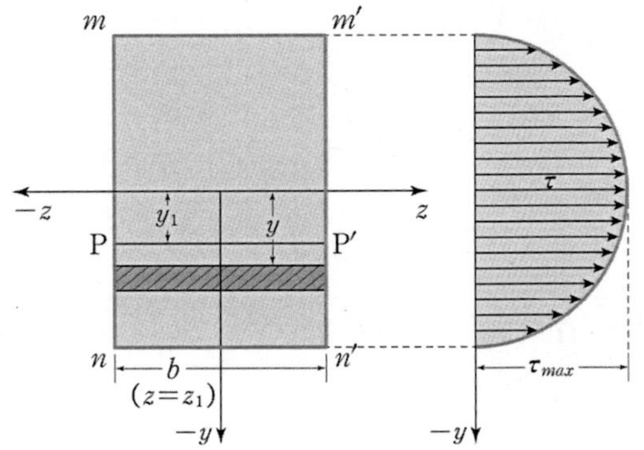

$\sigma \cdot A = P$에서 힘의 합은 0이다.

$$\sigma \cdot dA = \frac{My}{I} \cdot dA \text{에서}$$

i) 왼쪽 P, n 전체에 걸친 힘의 합력 : $\int_{y_1}^{\frac{h}{2}} \frac{My}{I} dA \quad \cdots ①$

ii) 오른쪽 P′, n'에 걸친 힘의 합력 : $\int_{y_1}^{\frac{h}{2}} \frac{(M+dM)}{I} dA \quad \cdots ②$

iii) 수평선 PP′에 작용하는 전단력 : $\tau \cdot b\,dx \quad \cdots ③$

평형조건에서 $\Sigma F = 0$ $\quad \int_{y_1}^{\frac{h}{2}} \frac{My}{I} dA + \tau \cdot \underset{\underset{Z_1}{\parallel}}{b}dx = \int_{y_1}^{\frac{h}{2}} \frac{(M+dM)y}{I} dA$

$$\tau \cdot b\,dx = \int_{y_1}^{\frac{h}{2}} \frac{(M+dM)y}{I} dA - \int_{y_1}^{\frac{h}{2}} \frac{My}{I} dA = \int_{y_1}^{\frac{h}{2}} \frac{dM \cdot y}{I} dA$$

$$\therefore \tau = \frac{dM}{b\,dx \cdot I} \int_{y_1}^{\frac{h}{2}} y\,dA = \underset{\underset{F}{\parallel}}{\boxed{\frac{dM}{dx}}} \cdot \frac{1}{\underset{\underset{Z_1}{\parallel}}{\boxed{b}} I} \underset{\underset{G_x}{\parallel}}{\boxed{\int_{y_1}^{\frac{h}{2}} y\,dA}} = \frac{F \cdot G_x}{b \cdot I}$$

G_x : 임의 높이 y_1 아래의 단면적에 관한 단면1차모멘트 $(y_1 \approx \frac{1}{2h})$

가 구형 (네 각이 다각형인 사각형)의 경우

장방형 단면의 보에 발생하는 전단응력

(중립축으로부터 y_1 떨어진 부분의 전단응력 τ?)

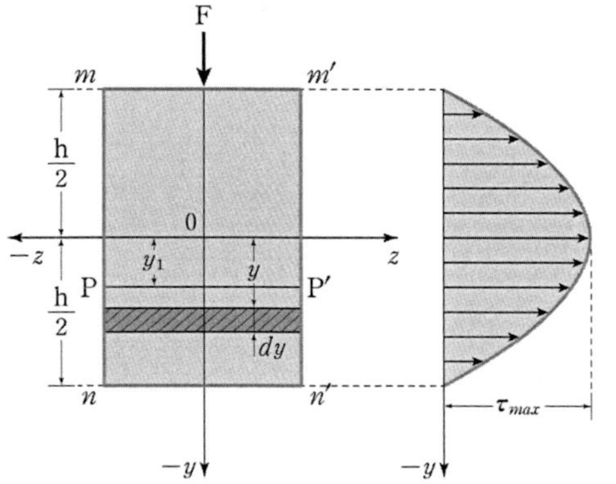

$$\left.\begin{aligned} &F = F \\ &I = \frac{bh^3}{12} \\ &Z_1 = Z = b \end{aligned}\right)\text{에서 } \tau = \frac{F \cdot G_x}{I \cdot Z_1} = ?$$

$$G_x = \int_{y_1}^{\frac{h}{2}} y\, dA, \ dA = b \cdot dy$$

$$G_x = \int_{y_1}^{\frac{h}{2}} y\, dA = \int_{y_1}^{\frac{h}{2}} y \cdot bdy = b\int_{y_1}^{\frac{h}{2}} y\, dy = b\left[\frac{y^2}{2}\right]_{y_1}^{\frac{h}{2}}$$

$$= b\left[\frac{\left(\frac{h}{2}\right)^2}{2} - \frac{(y_1)^2}{2}\right] = b\left[\frac{h^2}{8} - \frac{y_1^2}{2}\right] = \frac{b}{2}\left[\frac{h^2}{4} - y_1^2\right]$$

$$\tau = \frac{F \cdot G_x}{I \cdot Z_1} = \frac{F \cdot \frac{b}{2}\left(\frac{h}{4} - y_1^2\right)}{\frac{bh^3}{12} \cdot b} = \frac{6F}{bh^3}\left[\frac{h^2}{4} - y_1^2\right] = \frac{6F}{bh}\frac{h}{4}\left[1 - \frac{y_1^2}{\left(\frac{h^2}{4}\right)}\right]$$

$$= \frac{3F}{2bh}\left[1 - \left(\frac{2y_1}{y}\right)^2\right] = \frac{3F}{2A}\left[1 - \left(\frac{2y_1}{h}\right)^2\right]$$

i) $y_1 = \dfrac{h}{2}$ … $\tau = 0$

ii) $y_1 = 0$ … $\tau_{\max} = \dfrac{3}{2}\dfrac{F}{A} = \dfrac{3}{2}\tau_{\text{mean}}$

나 원형단면의 경우

중립축에서 y_1만큼 떨어진 부분의 전단응력(τ)?

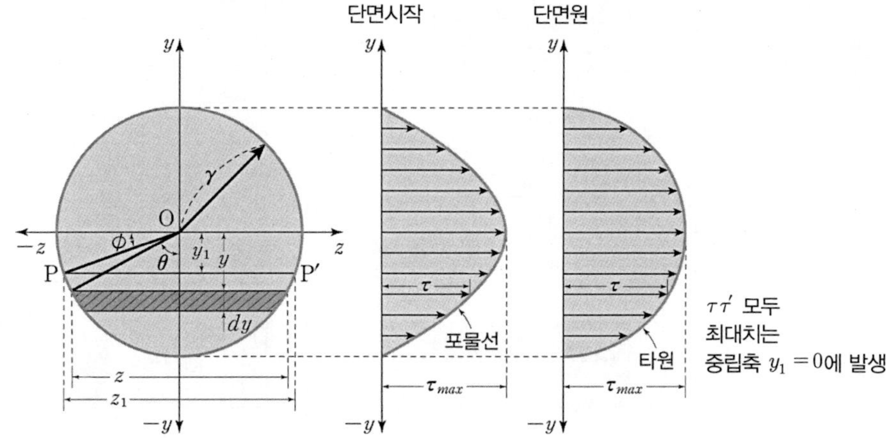

*피타고라스의 정리에서

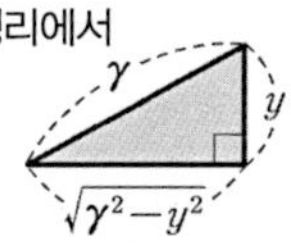

$$\tau=\frac{\mathrm{F}\cdot \mathrm{G}x}{\mathrm{I}\cdot \mathrm{Z}_1}\quad \begin{cases} \mathrm{I}=\dfrac{\pi d^4}{64}=\dfrac{\pi}{64}(2\gamma)^4=\dfrac{\pi\gamma^4}{4} \\ \mathrm{Z}=2\sqrt{\gamma^2-y^2} \\ \mathrm{F}=\mathrm{F} \qquad \mathrm{G}x=? \end{cases}$$

$$\mathrm{G}x=\int_{y_1}^{\gamma} y\,d\mathrm{A}=\int_{y_1}^{\gamma} yz\cdot dy=\int_{y_1}^{\gamma} y\cdot 2\sqrt{\gamma^2-y^2}\,dy=\int_{y_1}^{\gamma} y\,2t^{\frac{1}{2}}\left(-\frac{1}{2y}dt\right)$$

$$=\int_{y_1}^{\gamma} -t^{\frac{1}{2}}\,dt=\left[-\frac{2}{3}t^{\frac{3}{2}}\right]_{y_1}^{\gamma}=\left[-\frac{2}{3}\left(r^2-y^2\right)^{\frac{3}{2}}\right]_{y_1}^{r}=\frac{2}{3}\left(r^2-y_1^2\right)^{\frac{3}{2}}$$

$$\begin{pmatrix} r^2-y^2=t\text{ 라면} & 0-y\cdot y=t. & -(y'y+yy')=1 \quad -2yy'=1 \\ y'=-\dfrac{1}{2y} & \dfrac{dy}{dt}=-\dfrac{1}{2y} & \therefore dy=-\dfrac{1}{2y}dt \end{pmatrix}$$

$$\tau=\frac{\mathrm{F}\cdot \mathrm{G}x}{\mathrm{I}\cdot \mathrm{Z}_1}=\frac{\mathrm{F}\cdot\dfrac{2}{3}\left(\gamma^2-y_1^2\right)^{\frac{3}{2}}}{\dfrac{\pi\gamma^4}{4}\cdot 2\sqrt{\gamma^2-y_1^2}}=\frac{4}{3}\frac{\mathrm{F}}{\pi\gamma^2}\left(1-\left(\frac{y_1}{\gamma}\right)^2\right)$$

i) $y_1=r \cdots \tau=0$

ii) $y_1=0 \cdots \tau_{\max}=\dfrac{4}{3}\dfrac{\mathrm{F}}{\pi\gamma^2}=\dfrac{4}{3}\dfrac{\mathrm{F}}{\mathrm{A}} \qquad \therefore \tau_{\max}=\dfrac{4}{3}\tau_{\max}$

다 I형 단면의 경우

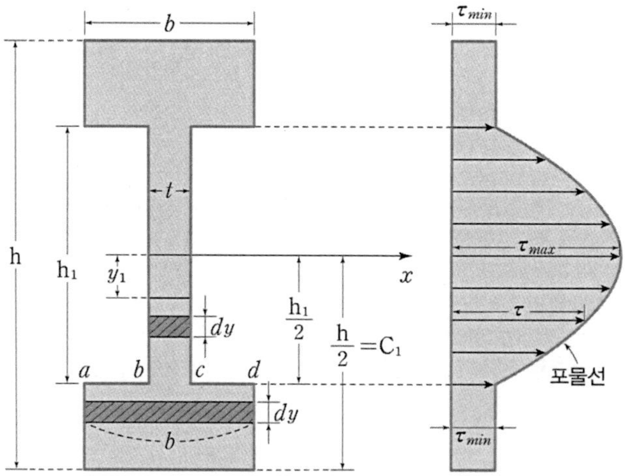

중립축으로부터 y_1만큼 떨어진 웨브(Web) 부분

$$Gx=\int_{y_1}^{c_1} y\,dA=\int_{y_1}^{\frac{h_1}{2}} yt\,dy+\int_{\frac{h_1}{2}}^{\frac{h}{2}} y\cdot b\,dy=t\left[\frac{y_2}{2}\right]_{y_1}^{\frac{h_1}{2}}+b\left[\frac{y^2}{2}\right]_{\frac{h_1}{2}}^{\frac{h}{2}}$$

$$=\frac{t}{2}\left(\frac{h_1^2}{4}-y_1^2\right)+\frac{b}{2}\left[\frac{h^2}{4}-\frac{h_1^2}{4}\right]$$

$$\tau=\frac{F\cdot Gx}{I\cdot Z_1}=\frac{F}{It}\cdot\left[\frac{t}{2}\left(\frac{h_1^2}{4}-y_1^2\right)+\frac{b}{2}\left(\frac{h^2}{4}-\frac{h_1^2}{4}\right)\right]$$

$\left(\begin{matrix} z_1=t \\ z=b \end{matrix}\right.$이므로

i) $y_1=0 \cdots \tau_{max}=\frac{F}{It}\left[\frac{th_1^2}{8}+\frac{bh^2}{8}-\frac{bh_1^2}{8}\right]$

ii) $y_1=\frac{h_1}{2} \cdots \tau_{min}=\frac{F}{It}\left[\frac{bh^2}{8}-\frac{bh_1^2}{8}\right]$

iii) $y_1=\frac{h}{2} \cdots$ (−값이 나오므로) 취하지 않음

> TIP
> 전단력은 웨브에 의해 지지되고 플랜지는 전단력을 지지하는데 아무 역할도 않음(설계상 지장 없다)

연습문제

01 사다리꼴 AB축선에 대한 단면 1차모멘트와 도심을 구하여라.

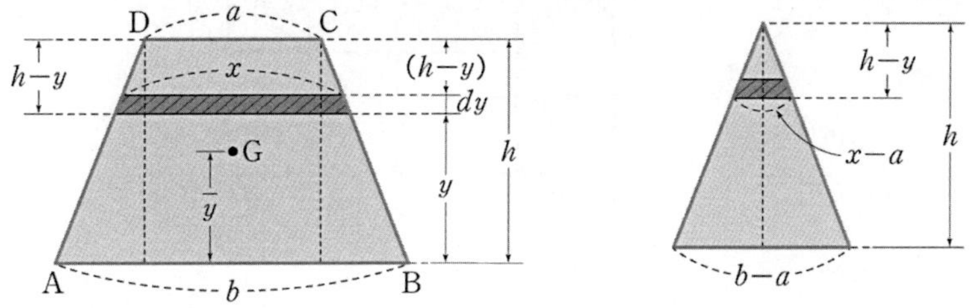

|풀이| $(x-a):(b-a)=(h-y):h$

$(b-a)(h-y)=h(x-a)$

$hx-ha=hb-by-ha+ya$

$hx=hb-ha-by+ya+ha$

$\quad =hb-by+ya$

$x=\dfrac{hb-by+ya}{h}=\dfrac{hb}{h}-\dfrac{y}{h}(b-a)$

$\therefore x=b-\dfrac{y}{h}(b-a)$

$$G_x=\int_0^h ydA=\int_0^h yxdy=\int_0^h y\left\{b-\frac{y}{h}(b-a)\right\}dy$$

$$=\int_0^h\left(by-\frac{y^2}{h}(b-a)\right)dy=\left[\frac{1}{2}by^2-\frac{y^3}{3h}(b-a)\right]_0^h$$

$$=\frac{bh^2}{2}-\frac{h^3}{3h}(b-a)=\frac{bh^2}{2}-\frac{h^2(b-a)}{3}=\frac{bh^2}{2}-\frac{bh^2}{3}+\frac{ah^2}{3}$$

$$=\frac{3bh^2}{6}-\frac{2bh^2}{6}+\frac{2ah^2}{6}=\frac{bh^2}{6}+\frac{2ah^2}{6}=\frac{h^2}{6}(b+2a)$$

$\therefore Gx=\dfrac{h^2}{6}(b+2a)$ $\qquad$ $A\cdot\bar{y}=\displaystyle\int_A ydA=Gx$에서

$$y=\frac{Gx}{A}=\frac{h^2}{6}(b+2a)\times\frac{2}{(a+b)\times h}=\frac{h^2(b+2a)}{6}\times\frac{2}{(a+b)h}=\frac{h(b+2a)}{3(a+b)}=\frac{h(2a+b)}{3(a+b)}$$

$\left(A=\dfrac{(\text{밑변}+\text{윗변})\times\text{높이}}{2}\right)$

02

그림과 같은 T형 단면의 도심을 구하여라.

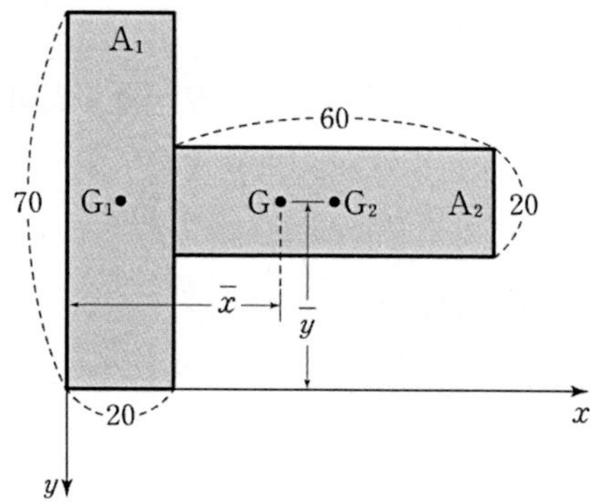

|풀이| 단면을 왼쪽・오른쪽의 두 지형 단면 나누어서 생각하면

$$\begin{cases} A_1 = 70 \times 20 = 1400(\mathrm{mm}^2) \\ A_2 = 60 \times 20 = 1200(\mathrm{mm}^2) \end{cases}$$

$$\begin{cases} x_1 = \dfrac{20}{2} = 10\mathrm{mm} \\ \mathrm{x}_2 = \dfrac{60}{2} + 20 = 50\mathrm{mm} \end{cases}$$ 이므로

$$\bar{x} = \frac{\int x dA}{A} = \frac{A_1 x_1 + A_2 x_2}{A_1 + A_2} = \frac{(1400 \times 10) + (1200 \times 50)}{1400 + 1200} = 28.46\,(\mathrm{mm})$$

상하대칭이므로 $\bar{y} = \dfrac{70}{2} = 35\,(\mathrm{mm})$

$\therefore\ \bar{x} = 28.5\mathrm{mm},\ \bar{y} = 35\mathrm{mm}$

03

한변이 60cm인 정방형 도형에 $d = 25\,\text{cm}$의 구멍이 있고, 이 원의 중심은 $\overline{\text{AC}}$ 대각선의 $\frac{1}{4}$인 지점에 있다. 도심의 위치를 구하여라.

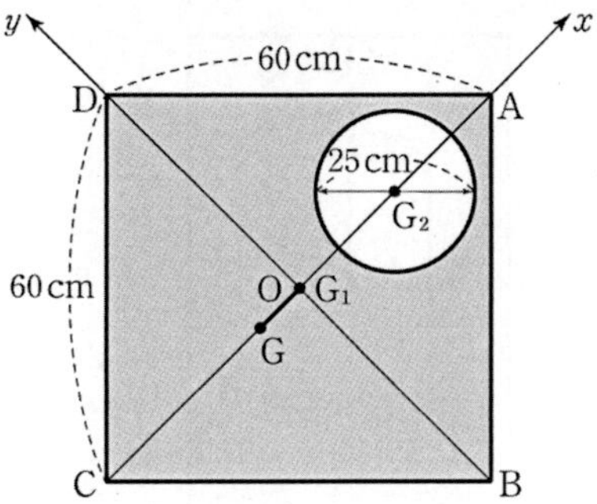

y축에 대한 중

$$\text{G}y = \int_{\text{A}} xdA$$

$$\therefore \bar{x} = \frac{\int_{\text{A}} x}{\text{A}} = \frac{\text{A}}{A}$$

| 풀이 |

$$\begin{cases} x_1 = 0 & : x\text{축 방향 } \text{A}_1 \text{ 면적의 도심거리} \\ x_2 = \overline{\text{G}_1\text{G}_2} = 21.2\text{cm} & : \text{A}_2 \text{ 면적의 } x\text{축방향 도심거리} \end{cases}$$

$$\begin{cases} \text{A}_1 = 60 \times 60 = 3600\,(\text{cm}^2) \\ \text{A}_2 = \frac{\pi}{4} \times 25^2 = 491\,(\text{cm}^2) \end{cases}$$

$$\therefore \underset{(\bar{x})}{\overline{\text{G}_1\text{G}}} = \frac{A_1x_1 - \text{A}_2x_2}{\text{A}_1 - \text{A}_2} = \frac{\text{A}_1 \times 0 - \text{A}_2 \times \overline{\text{G}_1\text{G}_2}}{\text{A}_1 - \text{A}_2} = \frac{(3600 \times 0) - (491 \times 21.2)}{3600 - 491} = -3.35\text{cm}$$

$\therefore$ 도심 G는 AC상의 G_1에서 구멍의 반대측 3.35cm 위치에 있다.

04 그림과 같은 도면의 단면2차모멘트를 구하여라.

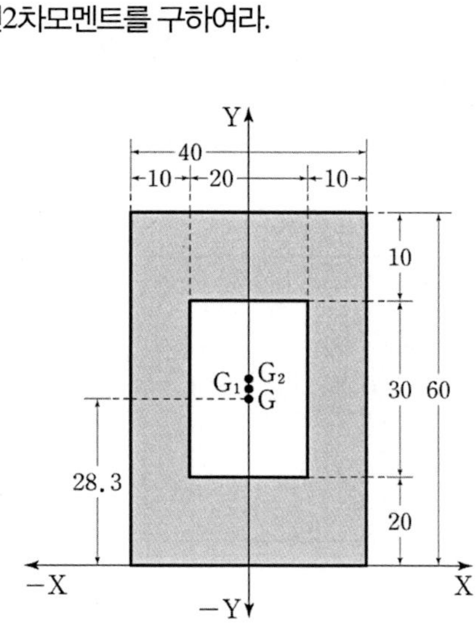

| 풀이 | 평행축 정리에 의해 관성모멘트를 구하기 위해 간단한 표를 만든다.

$I_x = I_0 + Ad^2$ (도심을 지나는 축의 2차모멘트)

- 전면적 $A_1 y_1 = 72000$
- 중심거리 $A_1 = 40 \times 60 = 2400\,(mm^2)$
- $y_1 = \dfrac{60}{2} = 30$

- 구멍내부면적 $20 \times 30 = 600\,(A_2)\,(mm^2)$
- 중심거리 $y_2 = \dfrac{30}{2} + 20 = 35$
- $A_2 y_2 = 21000$

$\Sigma A = A_1 - A_2 = 1800\,(mm^2)$

$\Sigma Ay = A_1 y_1 - A_2 y_2 = 51000$

- x축에 관한 도심을 구하면 ($A \cdot \bar{y} = \int_A y\,dA = Gx$ 에서)

$$\bar{y} = \frac{\int_A y\,dA}{A} = \frac{\Sigma A \cdot y}{\Sigma A} = \frac{51000}{1800} = 28.3mm$$

- $I_x = (I_{01} + A_1 d_1^2) - (I_{02} + A_2 d_2^2)$ □형 $I_0 = \dfrac{bh^3}{12}$ 이므로

- A_1 : 도심에서 y_1사이 거리
- A_2 : 도심 G에서 y_2까지 거리

- X−X축에 관한 과성모멘트는?

$$I_x = \left[\left(\frac{b_1 h_1^3}{12} + A_1 d_1^2\right) - \left(\frac{b_2 h_2^3}{12} + A_2 d_2^2\right)\right]$$

$$= \left[\left(\frac{40 \times 60^3}{12} + 2400 \times (30 - 28.3)^2\right) - \left(\frac{20 \times 30^3}{12} + 600 \times (35 - 28.3)^2\right)\right]$$

$$= (72 \times 10^4 + 0.69 \times 10^4) - (4.5 \times 10^4 + 2.69 \times 10^4) = 65.50 \times 10^4 mm^4$$

05 스팬 3m인 단순보가 중앙에 집중하중 P를 받을 때 P의 안전값을 구하여라. 단, 재료의 허용굽힘 응력 $\sigma_w = 500\text{kg/cm}^2$, 허용전단응력 $\sigma_w = 400\text{kg/cm}^2$, 단면은 $20 \times 30\text{cm}^2$인 도형이다.

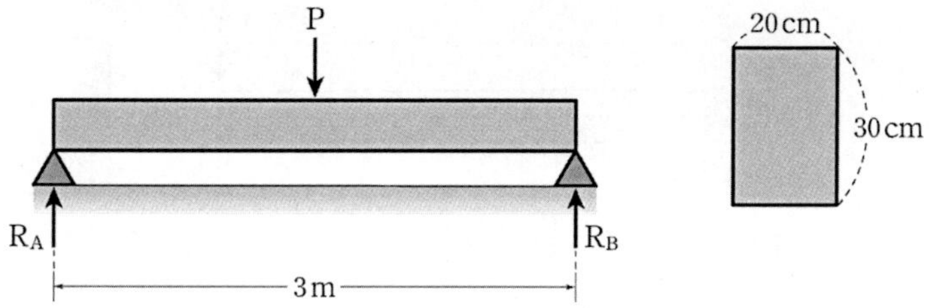

|풀이| 최대굽힘모우먼트는?

$R_A = R_B = \frac{P}{2}$ 이므로

$M_{max} = R_A \cdot \frac{300\text{cm}}{2} = \frac{P}{2}\frac{300}{2}\ (\text{kg} \cdot \text{cm})$

최대전단력은?

$F_{max} = \frac{P}{2}\ (\text{kg})$

$$\sigma_\omega(\max) = \frac{M_{max}}{Z} = \frac{\frac{P}{2} \times 150}{\frac{bh}{6}} = 500\ (\text{kg/cm}^2) \quad \therefore P = 20{,}000\ (\text{kg})$$

$$\tau_\omega(\max) = \frac{3}{2} \times \frac{F_{max}}{A} = \frac{3}{2}\frac{\frac{P}{2}}{bh} = 400\ (\text{kg/cm}^2) \quad \therefore P = 320{,}000\text{kg}$$

∴ 따라서 안전하중은 굽힘응력에 의한 20,000kg을 택한다.

06 그림과 같은 직사각형 단면의 외팔보에 발생하는 최대 굽힘응력 σ_b는 다음의 어느 식으로 표시되는가?

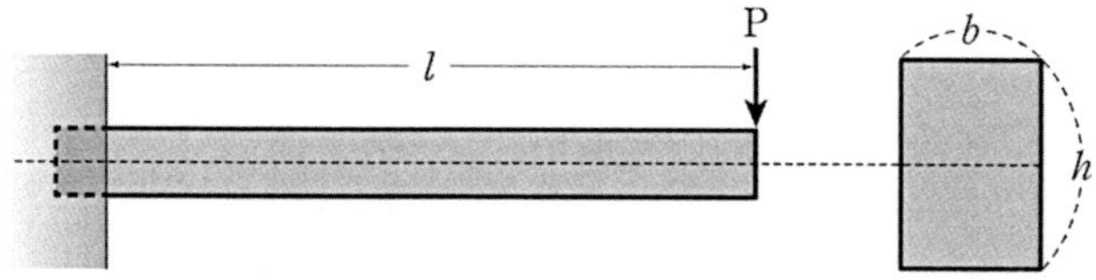

가. $12P\ell/bh^2$　　나. $6P\ell/b^2h$

다. $6P\ell/bh^2$　　라. $12P\ell/b^2h$

|풀이| 최대굽힘모멘트를 구하여 이것을 단면계수로 나누면 된다.

$M_{max} = P \cdot \ell$

$Z = \dfrac{bh^2}{6}$ 이므로 $\sigma_b = \dfrac{M_{max}}{Z} = P\ell \times \dfrac{6}{bh^2} = \dfrac{6P\ell}{bh^2}$

답 ㉰

07 길이 2m의 단순보가 중앙단면에서 집중하중 P를 받고 있다. 이 재료의 인장과 압축에 대한 허용응력은 $\sigma_a = 600$kg/cm²이고 허용전단응력은 $\tau_a = 100$ kg/cm²일 때 하중 P의 안전치를 구하여라.

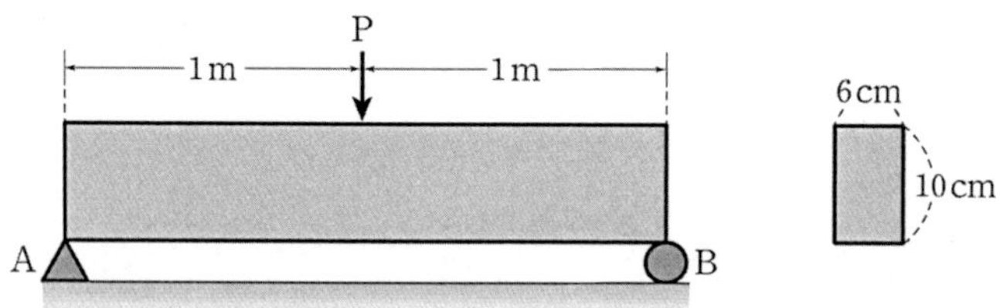

|풀이| $Z = \dfrac{bh^2}{6} = \dfrac{6 \times 10^2}{6} = 100\,(\text{cm}^3)$

$F_{max} = \dfrac{P}{2}$

$M_{max} = \dfrac{P \cdot \ell}{4} = \dfrac{P}{2}\dfrac{\ell}{2} = 0.5P\ (\text{kg/m}) = 50P\ (\text{kg} \cdot \text{cm})$

최대굽힘응력 $\sigma_{max} = \dfrac{M_{max}}{Z} = \dfrac{50P}{100} = 0.5P = 600$

$\therefore P = 1200(\text{kg})$

최대전단응력 $\tau_{max} = \dfrac{3}{2}\dfrac{F}{A} = \dfrac{3 \cdot \dfrac{P}{2}}{2bh} = \dfrac{3 \cdot P/2}{2 \times 6 \times 10} = \dfrac{P}{80} = 100$

$\therefore P = 8 \times 100 = 8000(\text{kg})$

따라서, 안전하중은 적은값인 1200kg이다.

08 길이 $\ell = 4\text{m}$ 의 단순보가 균일분포하중 $\omega = 4\text{kg/cm}$이 작용할 때 최대굽힘응력을 구하여라. 또, 최대전단응력 τ_{max}은 얼마인가? 이 보의 단면은 $b \times h = 8 \times 12\text{cm}$의 거형이다.

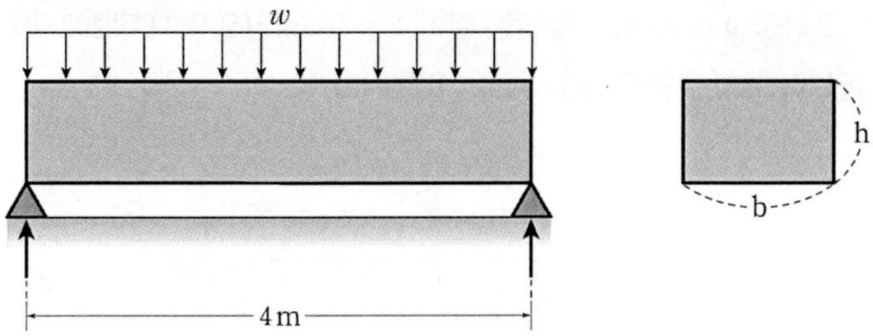

|풀이| $M_{max} = \frac{\omega\ell^2}{8} = \frac{4 \times 400^2}{8} = 80{,}000\,(\text{kg} \cdot \text{cm})$

$\therefore \sigma_{max} = \frac{M_{max}}{Z} = \frac{80{,}000}{bh^2/6} = \frac{80{,}000 \times 6}{8 \times 12^2} = 416.6(\text{kg/cm}^2)$

다음 $F_{max} = \frac{\omega\ell}{2} = \frac{4 \times 400}{2} = 800\,(\text{kg})$

$\therefore \tau_{max} = \frac{3}{2} \times \frac{F_{max}}{A} = \frac{3}{2} \times \frac{800}{8 \times 12} = 12.5(\text{kg/cm}^2)$

09 단면이 지지된 지름 6cm인 원형단면보에 집중하중 $P = 900\ \text{kg}$이 작용할 때 생기는 최대전단응력은 얼마인가?

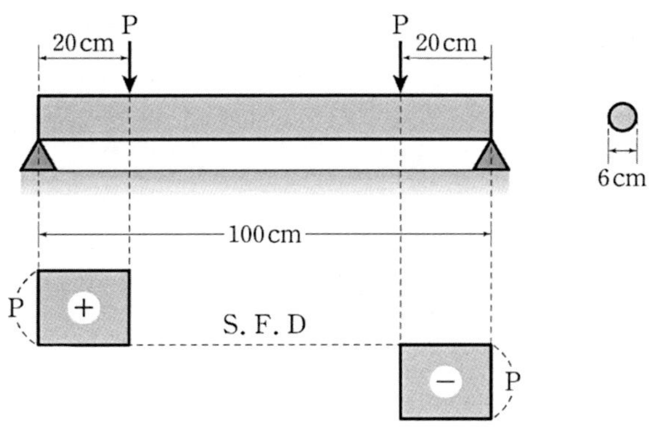

|풀이| S.F.D에서 $F_{max} = P$이다.

보에 생기는 전단응력(최대) $\tau_{max} = \frac{4}{3} \times \frac{F_{max}}{A}$이므로

$\therefore \tau_{max} = \frac{4}{3}\frac{P}{\pi\gamma^2} = \frac{4 \times 900}{3 \times \pi \times 3^2} = \frac{400}{3\pi} \fallingdotseq 42.5(\text{kg/cm}^2)$

$\therefore \tau_{max} = 42.5(\text{kg/cm}^2)$

평가문제

01 균일 분포하중 $\omega = 3\text{kg/cm}$를 받는 길이 $\ell = 50\text{cm}$인 양단지지보에 생기는 최대전단응력은 얼마인가? 단, 이 보의 단면은 지름 4cm인 원형이다.

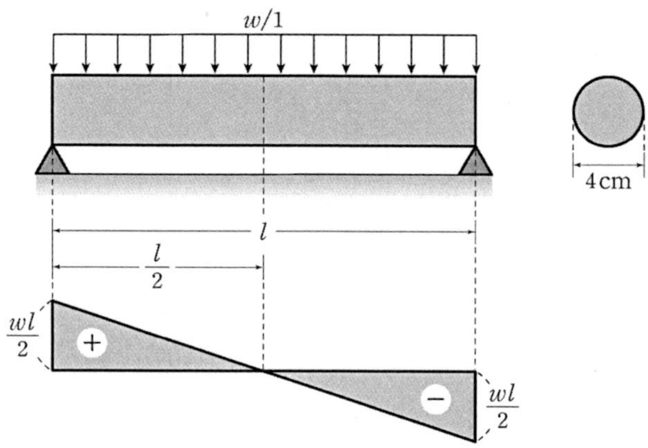

가. $6.25/\pi(\text{kg/cm}^2)$

나. $12.5/\pi(\text{kg/cm}^2)$

다. $25/\pi(\text{kg/cm}^2)$

라. $50/\pi(\text{kg/cm}^2)$

| 풀이 | $F_{max} = \dfrac{\omega\ell}{2}$

$$\tau_{max} = \frac{4}{3}\frac{F_{max}}{A} = \frac{4}{3}\times\frac{\frac{\omega\ell}{2}}{\pi\gamma^2} = \frac{2\omega\ell}{3\pi\gamma^2} = \frac{2\times30\times50}{3\times\pi\times2^2} = \frac{2.5}{\pi}(\text{kg/cm}^2)$$

02 반지름 γ인 원형단면을 가진 외팔보에 균일분모 하중 ω가 작용할 때 생기는 최대전단응력은 다음 중 어느 식으로 표시되는가?

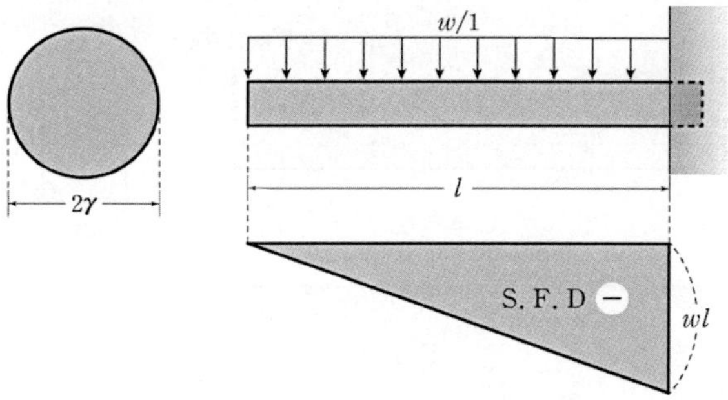

가. $2\omega\ell / 3\pi\gamma^2$　　나. $2\omega\ell^2 / 3\pi\gamma^2$

다. $4\omega\ell / 3\pi\gamma^2$　　라. $4\omega\ell^2 / 3\pi\gamma^2$

| 풀이 | 전단력 F가 작용하는 원형단면의 최대전단응력?

$$\tau_{max} = \frac{4}{3} \times \frac{F_{max}}{A} = \frac{4}{3} \times \frac{\omega\ell}{\pi\gamma^2} = \frac{4\omega\ell}{3\pi\gamma^2}$$

03 지름 d인 원형단면을 가진 양단지지보의 중앙에 집중하중 P가 작용할 때 생기는 최대전단응력을 나타내는 식은?

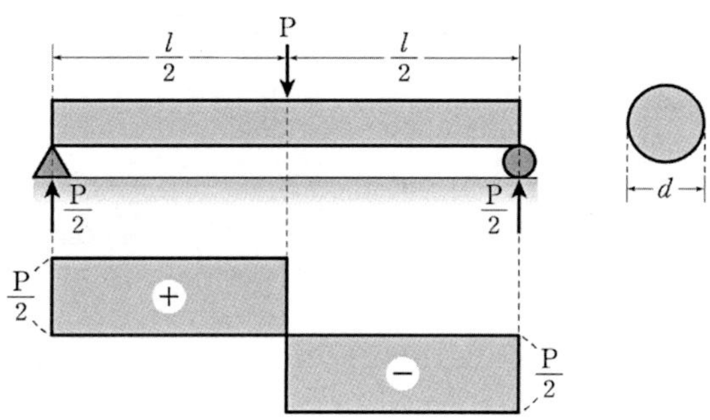

가. $4P / 3\pi d^2$　　나. $8P / 3\pi d^2$

다. $16P / 3\pi d^2$　　라. $32P / 3\pi d^2$

| 풀이 | 보의 원형단면의 최대전단응력은 중심축에 생기며 그 값은?

$$\tau_{max} = \frac{4}{3} \times \frac{F_{max}}{A} \quad A = \frac{\pi}{4}d^2 \quad F_{max} = \frac{P}{2} \text{ 이므로}$$

$$\therefore \tau_{max} = \frac{4}{3} \times \frac{4F_{max}}{4d^2} = \frac{4}{3} \times \frac{4}{\pi d^2} \times \frac{P}{2} = \frac{8}{3} \times \frac{P}{\pi d^2} = \frac{8P}{3\pi d^2}$$

04

최대전단응력은? (그림에서) $\tau_{max} = \frac{3}{2}\frac{F_{max}}{A} = \frac{3}{2}\frac{\frac{2}{3}P}{bh} = \frac{P}{bh}$ ⊙ 중간고사

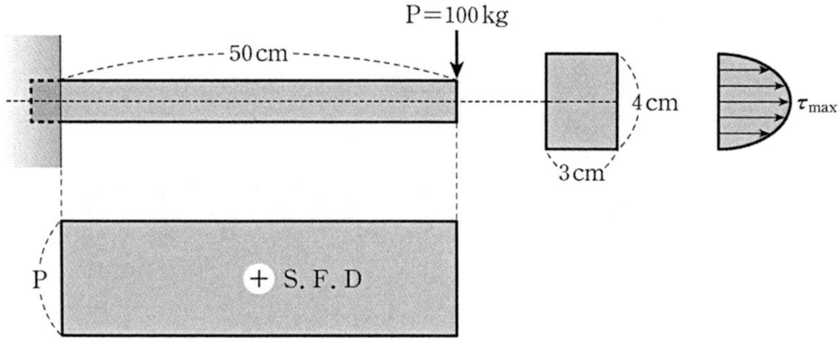

가. $\frac{1}{2}\times\frac{P}{bh}$

나. $\frac{P}{bh}$

다. $\frac{1}{3}\times\frac{P}{bh}$

답 ㉯

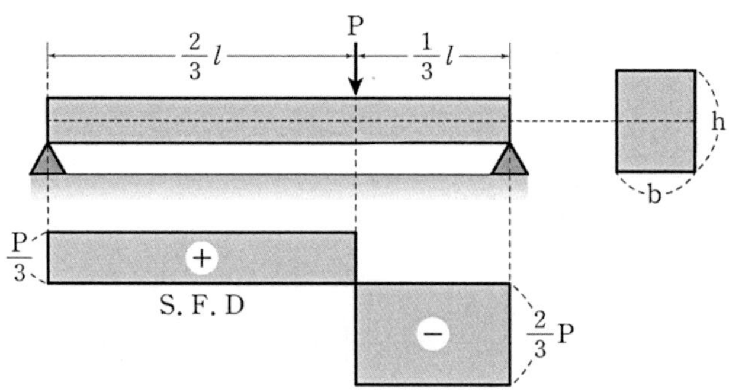

가. $4.15kg/cm^2$

나. $2.78kg/cm^2$

다. $12.5kg/cm^2$

답 ㉰

| 풀이 | $\tau_{max} = \frac{3}{2}\times\frac{F_{max}}{bh} = \frac{3}{2}\times\frac{100}{3\times 4} = 12.5(kg/cm^2)$

05

최대굽힘응력 σ_{max} 구하여라. $\sigma_{bmax} = \dfrac{M_{max}}{Z}$

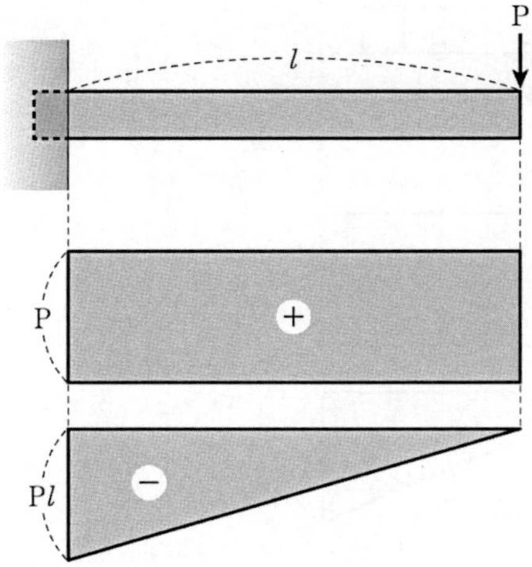

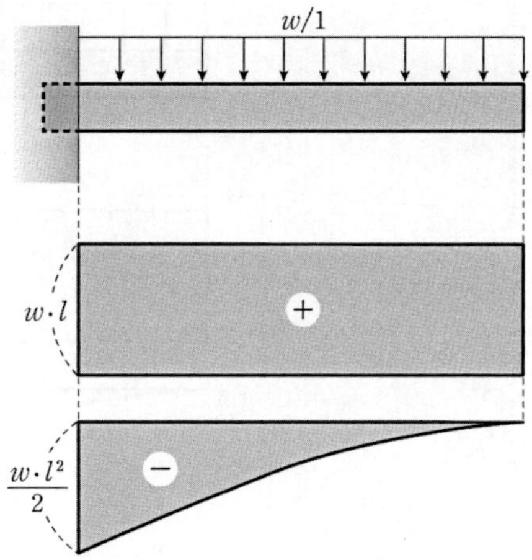

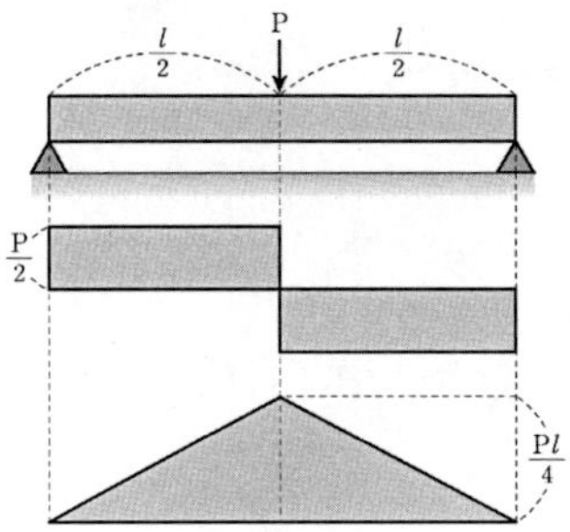

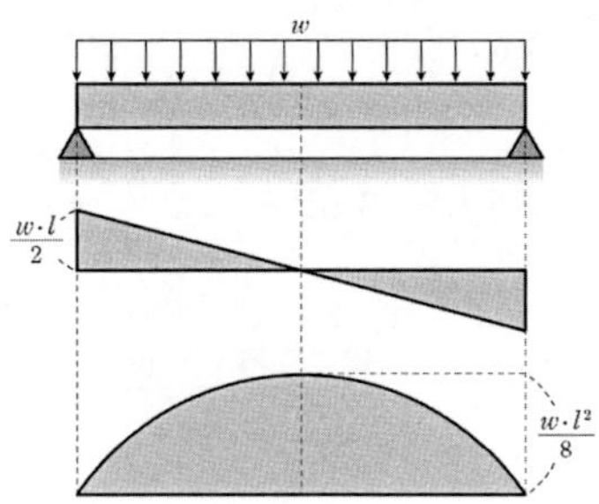

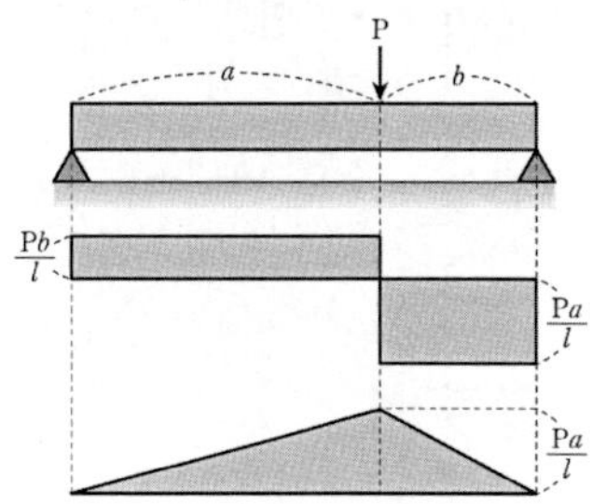

가. 균일분포하중 외팔보 : $M_{max} = \dfrac{\omega\ell^2}{2}$ ▨ $Z = \dfrac{bh^2}{6}$

나. 집중하중 외팔보 : $M_{max} = P \cdot \ell$

다. 중앙집중하중 단순보 : $M_{max} = \dfrac{P}{2} \cdot \dfrac{\ell}{2} = \dfrac{P\ell}{4}$

라. 균일분포하중 단순보 : $M_{max} = \dfrac{\omega\ell^2}{8}$

마. 집중하중 단순보 a > b : $M_{max} = \dfrac{Pa \cdot b}{\ell}$

06 최대전단응력을 구하시오. (τ_{max})

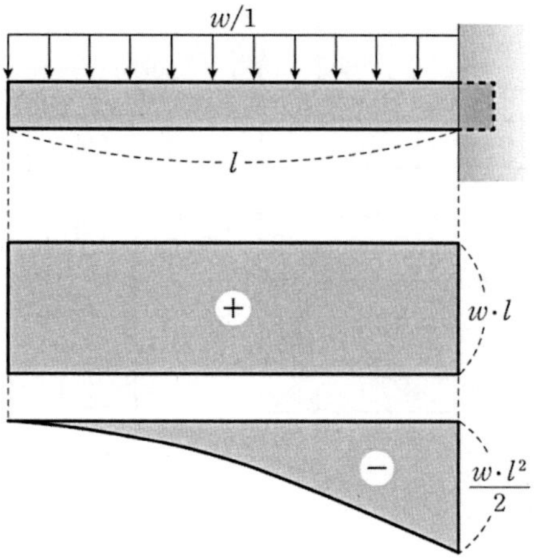

• 단면보 최대전단응력 $\tau_{max}=\frac{3}{2}\times\frac{F_{max}}{A}=\frac{3F_{max}}{2bh}$

• 단면보 $\tau_{max}=\frac{4}{3}\times\frac{F_{max}}{A}=\frac{4\times 4F_{max}}{3\pi d^2}=\frac{4}{3}\times\frac{F_{max}}{\pi\gamma^2}$

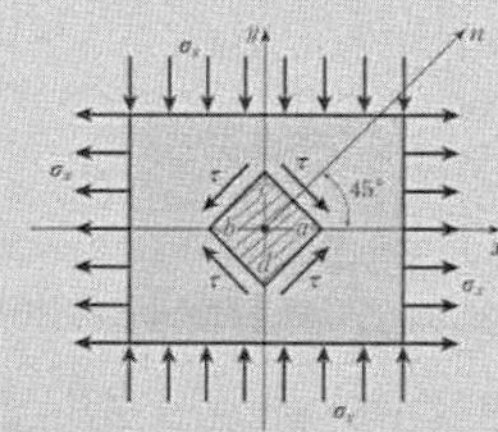

제 5 장

보의 처짐

(Deflection of beams)

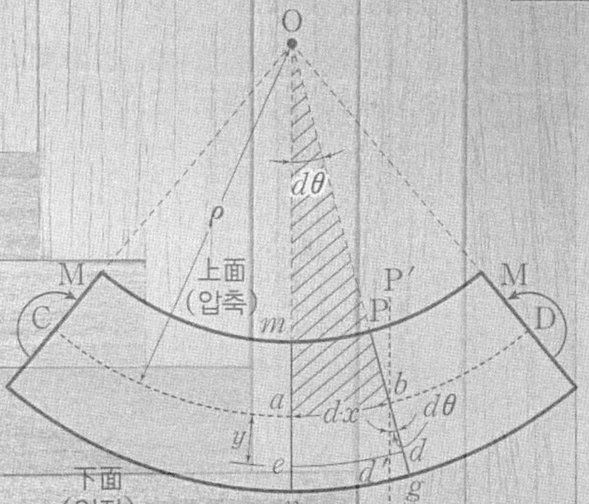

1. 보의 처짐곡선(탄성곡선) : Deflection curve = Elastic curve

; beam에 하중작용하면 보의 직선인 중심축이 곡선으로 되는

• 보의 처짐 (deflection of beams) : 원래 보의 중심선에서 처짐곡선에 이르는 수직변위량

처짐은 굽힘모멘트와 전단력에 의해 변형됨

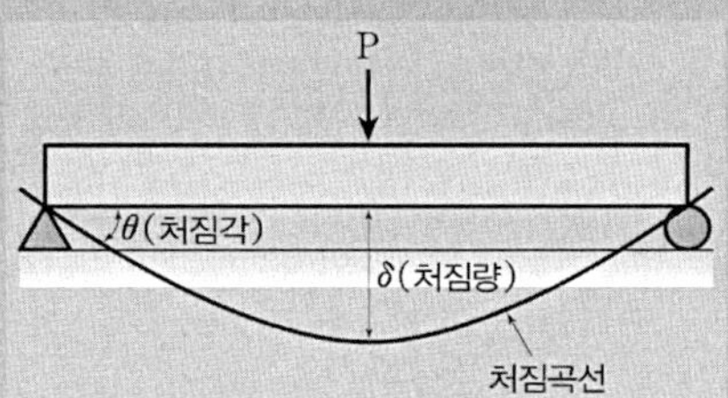

굽힘모멘트(大)
전단력(小) : 무시

굽힘모멘트에 의해 발생하는 보의 변형만 다룬다.

2. 보의 처짐을 구하는 방법 (method) : 3가지

① 탄성곡선의 미분방정식에 의한 방법 (differential eguation of the line) : 가장 일반적 사용

② 면적 모멘트법 (Moment area method)

③ 탄성 에너지법 (Energy method)

② ③ > 특정한 점의 처짐계산에 유

5-1 보의 처짐곡선

처짐곡선의 미분방정식에 의한 일반기초식 : 가장 일반적임

보의 변형전의 중심축에 일치시켜 ┌ 우방향 : x축
└ 직각방향으로 하방향 : y축

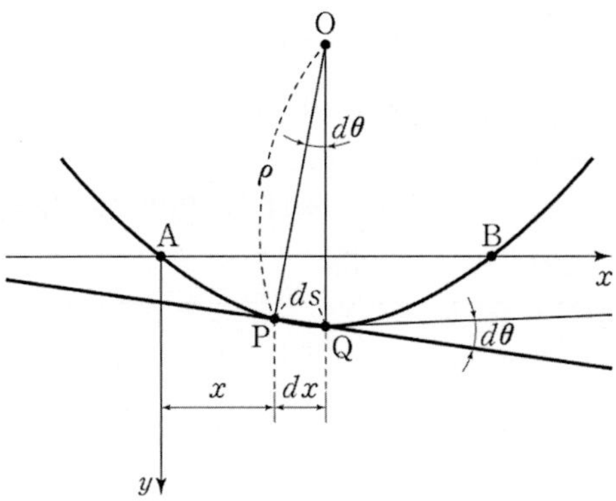

＊ 순수굽힘작용받는 균일봉의 탄성곡선의

곡률 $\dfrac{1}{\rho}$ $\quad \dfrac{1}{\rho}=\dfrac{\mathrm{M}}{\mathrm{EI}}$ $\quad \cdots$ ①

$\widehat{\mathrm{PQ}}=ds=\rho . d\theta \quad \dfrac{1}{\rho}=\dfrac{d\theta}{ds}\simeq\dfrac{d\theta}{dx}$

$\dfrac{d\theta}{dx}=\dfrac{d}{dx}\theta=\dfrac{d}{dx}\left(\dfrac{dy}{dx}\right)=\left|\dfrac{d^2y}{dx^2}\right| \quad \cdots$ ②

$ds\simeq dx \quad \tan\theta=\dfrac{dy}{dx}\fallingdotseq\theta\,(rad) \quad \theta$가 매우 작을 때 $\tan\theta\fallingdotseq\theta$

$\theta\simeq\dfrac{dy}{dx}$

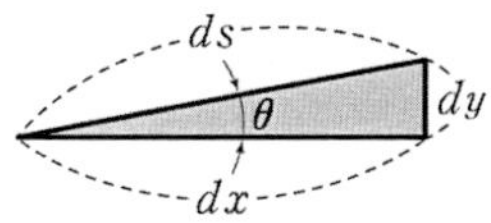

곡률$\left(\dfrac{1}{\rho}\right)$ < 상향일 때(+), 하향일 때(−)

$\therefore \dfrac{d^2y}{dx^2}=\pm\dfrac{\mathrm{M}}{\mathrm{EI}} \quad \cdots$ ③

$\dfrac{d^{2y}}{dx^2}$의 부호는 M 부호와 언제나 반대이다.

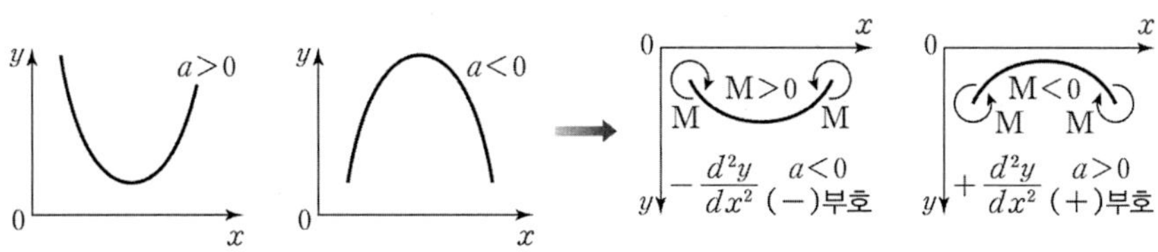

$y=ax^2+bx+c$에서

5-2 처짐곡선의 미분방정식

처짐곡선의 미분방정식 (differetial eguation of deflection curve) : 가장 일반적임

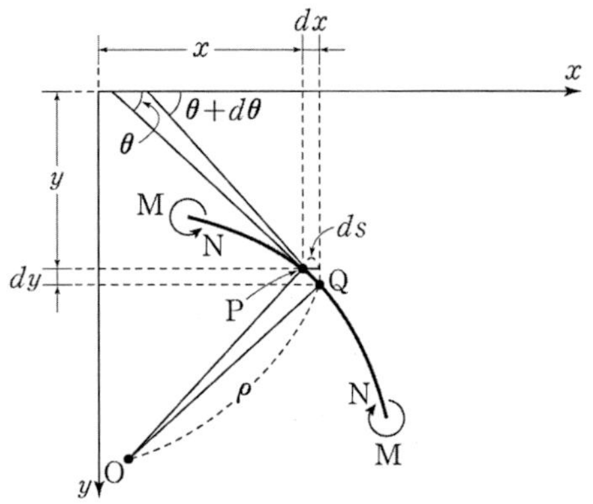

- P・Q : 처짐곡선상 인접하는 두 점
- P・Q 점의 처짐 : y・$y+dy$
- P・Q 점의 처짐각 : θ・$\theta+d\theta$

> **TIP** θ의 약속 : x의 (+)축과 시계방향으로 측정한 경사각을 (+)로 잡음

$\boxed{\tan\theta = \dfrac{dy}{dx}}$ ⋯ $*$　　$\rho d\theta = ds \Rightarrow \dfrac{1}{\rho} = \dfrac{d\theta}{ds}$

$d\theta/ds$을 구하기 위해 $*$ 식을 S로 양변을 미분하면

$$\sec^2\theta \cdot \frac{d\theta}{ds} = \frac{d^2y}{dx^2} \cdot \frac{dx}{ds} \quad \cdots ①$$

$\cos\theta = dx/ds$이므로 대입하면

$$\frac{d\theta}{ds} = \frac{1}{\sec^2\theta}\frac{d^2y}{dx^2} \cdot \frac{dx}{ds} = \frac{d^2y}{dx^2}\left(\frac{dx}{ds}\right)^3 \quad \cdots ②$$

$ds^2 = dx^2 + dy^2$이므로 $\dfrac{dx}{ds} = \dfrac{dx}{\sqrt{dx^2+dy^2}} = \dfrac{dx}{dx\sqrt{1+\left(\dfrac{dy}{dx}\right)^2}} = \dfrac{1}{\sqrt{1+(dy/dx)^2}}$

$$\therefore \frac{d\theta}{ds} = \frac{d^2y}{dx^2}\left(\frac{1}{\sqrt{1+(dy/dx)^2}}\right)^3 = \pm\frac{d^2y/dx^2}{[1+dy/dx]^{\frac{3}{2}}} \quad \cdots ③$$

$\boxed{\dfrac{1}{\rho} = \dfrac{\mathrm{M}}{\mathrm{EI}}}$ 이므로

$$\boxed{\therefore \frac{1}{\rho} = \frac{d\theta}{ds} = \frac{\mathrm{M}}{\mathrm{EI}} = -\frac{d^2y/dx^2}{[1+dy/dx]^{\frac{3}{2}}}}$$

(탄성곡선의 미분방정식)

TIP

우변에 (-)부호 붙인 이유

보에서 ⌒ 방향 작용 굽힘모멘트 (-)로 잡았으므로 (-)M의 작용에 대해 기울기(dy/dx)가 x증가에 따라 증가하므로 처짐곡선형태에 의해 결정되는 d^2y/dx^2은 항상 (+)가 됨. 양변에 부호 일치 위해 우변에 (-)부호 붙임.

* 처짐, 처짐각은 미소하므로 $(dy/dx)^2 \ll 1$이므로 무시하면

$$\therefore d^2y/dx^2 = -\frac{M}{EI} \quad \text{(처짐곡선의 미분방정식)}$$

↓

$$EI \cdot \frac{d^2y}{dx^2} = -M \quad \cdots ① \qquad \frac{dM}{dx} = -F\text{이므로 대입하면}$$

$$EI \cdot \frac{d^3y}{dx^3} = EI\frac{d}{dx}\left(\frac{d^2y}{dx^2}\right) = -\frac{dM}{dx} = -F \quad \cdots ②$$

$$EI \cdot \frac{d^4y}{dx^4} = EI\frac{d}{dx}\left(\frac{d^3y}{dx^3}\right) = -\frac{dF}{dx} = \omega \quad \cdots ③ \text{(균일분포하중)}$$

TIP

$\frac{d^2y}{dx^2} = -\frac{M}{EI}$ 에서 $\frac{d}{dx}\left(\frac{dy}{dx}\right) = -\frac{M}{EI}$ $\quad d\left(\frac{dy}{dx}\right) = -\frac{M}{EI}dx$

$\int d\left(\frac{dy}{dx}\right) = \int -\frac{M}{EI}dx$

$\therefore dy/dx = -\int \frac{M}{EI}dx + C_1 = \theta$ (처짐각) $\cdots ④$

$$\frac{dy}{dx} = -\int \frac{M}{EI}dx + C_1 \qquad \frac{d}{dx}(y) = -\int \frac{M}{EI}dx + C_1$$

$$d(y) = -\int \frac{M}{EI}dx + C_1 \qquad \int d(y) = -\iint \frac{Mdx}{EI}dx + C_1x + C_2$$

$$\therefore y = -\iint \frac{Mdx}{EI}dx + C_1x + C_2 = -\int \theta dx = \delta \text{ (처짐량)} \quad \cdots ⑤$$

$C_1 \cdot C_2$: 적분상수 (경제조건에 따라 정해짐)

$$\left\langle \begin{array}{l} -\dfrac{d^2y}{dx^2}=\dfrac{+\mathrm{M}}{\mathrm{EI}} \\ \\ +\dfrac{d^2y}{dx^2}=\dfrac{-\mathrm{M}}{\mathrm{EI}} \end{array} \right\rangle \therefore \frac{d^2y}{dx^2}=-\frac{\mathrm{M}}{\mathrm{EI}} \quad \cdots ④$$

식④는 대칭면에서 굽힙작용을 받는보의 처짐곡선의 미분방정식이다.

> 참고
>
> **유도에 2가지 제한조건 (순수굽힘보에서 전단변형의 처짐은 고려않음)**
>
> i) $\sigma_x=\varepsilon_x\cdot \mathrm{E}=\dfrac{\mathrm{E}}{\rho}y$에서 $\dfrac{1}{\rho}=\dfrac{\mathrm{M}}{\mathrm{EI}}$ 유도할 때 응력이 변형률에 비례한다고 가정했으므로 (Hooke 법칙 성립)
>
> ✱ 보속의 응력이 그 재료의 탄성역 안에 있는 경우에만 유효
>
> ii) 곡률이 미소하다고 가정하여 근사적으로 $ds\approx dx \quad \theta ≒ \dfrac{dy}{dx}$ 도입 : 처짐이 작은 경우에만 적용

> TIP
>
> 처짐곡선의 미분방정식에서 전길이에 대해 동질균일단면에 대해 여러 공식 성립됨
>
> ④식에서 $\dfrac{d^2y}{dx^2}=-\dfrac{\mathrm{M}}{\mathrm{EI}} \rightarrow \mathrm{EI}\dfrac{\mathrm{d^2y}}{\mathrm{dx^2}}=-\mathrm{M}$

- $\mathrm{EI}\dfrac{d^2y}{dx^2}=-\mathrm{M}$에서 $\dfrac{d\mathrm{M}}{dx}=\mathrm{F}$ 대입하면

$$\mathrm{EI}\frac{d^3y}{dx^3}=\mathrm{EI}\frac{d}{dx}\left(\frac{d^2y}{dx^2}\right)=-\frac{d\mathrm{M}}{dx}=-\mathrm{F}\ (\text{전단력}) \quad \cdots ⑤$$

- $\mathrm{EI}\dfrac{d^3y}{dx^3}=-\mathrm{F}$에서 $\dfrac{d\mathrm{F}}{dx}=-\omega$ 대입하면

$$\mathrm{EI}\frac{d^4y}{dx^4}=\mathrm{EI}\frac{d}{dx}\left(\frac{d^3y}{dx^3}\right)=-\frac{d\mathrm{F}}{dx}=+\omega\ (\text{균일분포하중}) \quad \cdots ⑥$$

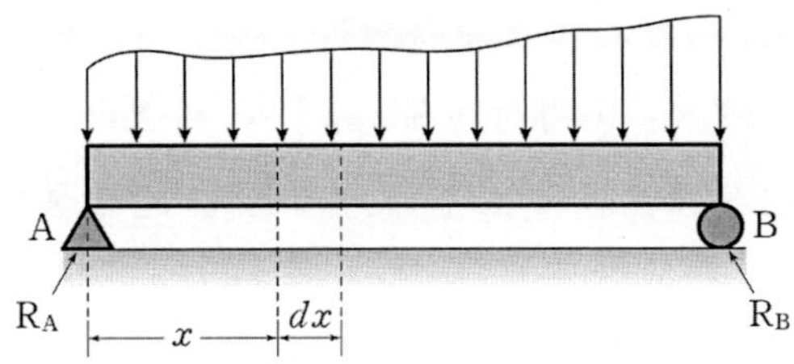

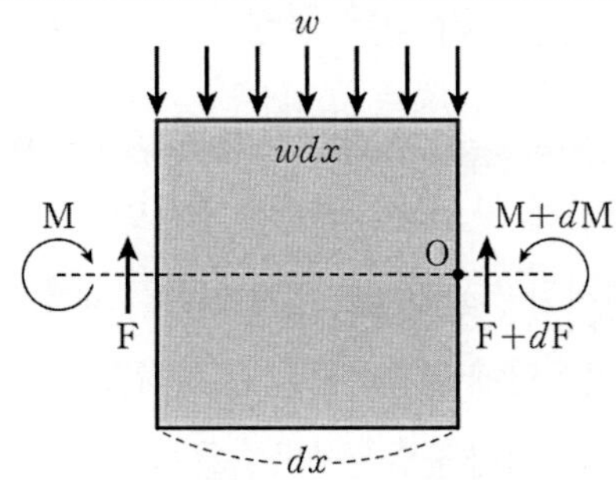

i) O 점에 관한 모멘트 평형으로부터

$$M-(M+dM)+F\,dx-\omega dx\left(\frac{dx}{2}\right)=0$$

$$M-M+dM+F\,dx-\frac{\omega}{2}(dx)^2=0 \qquad dM=F\,dx-\frac{\omega}{2}(dx)^2$$

(2차항 : 미소량이므로 생략)

$$\therefore dM=F\,dx \rightarrow \frac{dM}{dx}=F \quad \cdots ㉮$$

ii) 수직방향의 힘의 평형에서

$$F-(F+dF)-\omega dx=0 \qquad F-F-dF-\omega dx=0$$

$$dF=-\omega dx \quad \therefore \frac{dF}{dx}=-\omega \quad \cdots ㉯$$

• $\frac{d^2y}{dx^2}=-\frac{M}{EI}$ 에서 $\frac{d}{dx}\left(\frac{dy}{dx}\right)=-\frac{M}{EI}$ $\quad d\left(\frac{dy}{dx}\right)=-\frac{M}{EI}dx$

$$\int d\left(\frac{dy}{dx}\right)=-\int\frac{M}{EI}dx \quad \therefore \frac{dy}{dx}=-\int\frac{M\,dx}{EI}+C_1=\theta$$ (처짐각) ⋯ ⑦

• $\frac{dy}{dx}=-\int\frac{M\,dx}{EI}+C_1 \quad \frac{d}{dx}(y)=-\int\frac{M}{EI}dx+C_1 \quad d(y)=-\int\frac{M\,dx}{EI}+C_1$

$$\int d(y)=-\iint\frac{M\,dx}{EI}dx+C_1x+C_2$$

$$\therefore\ y=-\iint\frac{M\,dx}{EI}dx+C_1x+C_2=-\int\theta\,dx=\delta$$ (처짐량) ⋯ ⑧

C_1 · C_2 : 적분상수 (경제조건에 따라 정해짐)

(일반적으로) 최대처짐 $\delta max=C\frac{P\ell^3}{EI}$

C (하중종류 · 지지방법)에 따른 계수

가 외팔보의 경우 해법

탄성곡선의 미분방정식을 이용하여 처짐각 (θ) 및 처짐량 (δ)을 구해본다.

공작기계, 구조물의 보에는 강도(强度)와 강도(剛度)을 고려해서 설계하고 특히, 재 공작기계의 축을 최대처짐량 δmax을 얼마 이하로 설계해야 하는가 계산 할 수 있다. (탄성곡선의 미분방정식 이용)

i) 자유단에 집중하중을 받는 외팔보 경우

ii) 전길이에 균일분포하중을 받는 외팔보 경우

iii) 우력을 받는 외팔보

> 참고
>
> **단순보 (Simple beam)**
>
> i) 보의 전길이에 걸쳐 균일분포하중을 받는 단순보
>
> ii) 집중하중을 받는 단순보
>
> iii) 단순보 중앙 C에 모멘트 M이 작용하는 경우

1) 자유단에 집중하중을 받는 외팔보의 경우

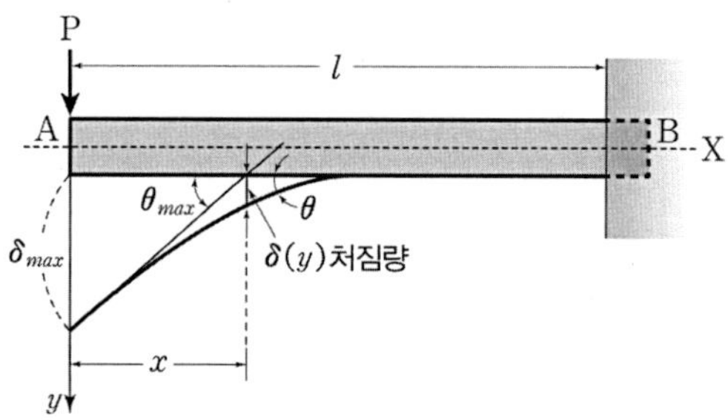

A 점에서 임의거리 x에 있는 임의단면의 굽힘모멘트 M?

$\mathrm{M}=-\mathrm{P}x \quad \cdots ①$

①식을 탄성곡선의 미분방정식에 대입

$$\frac{d^2y}{dx^2}=-\frac{\mathrm{M}}{\mathrm{EI}}=\frac{\mathrm{P}x}{\mathrm{EI}} \quad \cdots ②$$

②식을 두 번 적분하여 A 점에서 x만큼 떨어진 임의단면에 발생하는 처짐각과 처짐량을 구하면

$$\frac{d^2y}{dx}=\frac{\mathrm{P}\cdot x}{\mathrm{EI}} \quad \frac{d}{dx}\left(\frac{dy}{dx}\right)=\frac{\mathrm{P}\cdot x}{\mathrm{EI}} \quad d\left(\frac{dy}{dx}\right)=\frac{\mathrm{P}\cdot x}{\mathrm{EI}}dx$$

$$\int d\left(\frac{dy}{dx}\right)=\int\frac{\mathrm{P}\cdot x}{\mathrm{EI}}dx \quad \therefore \frac{dy}{dx}=\int\frac{\mathrm{P}\cdot x}{\mathrm{EI}}dx=\frac{\mathrm{P}x^2}{2\mathrm{EI}}+\mathrm{C}_1 \quad \cdots ③$$

$$\frac{d}{dx}(y) = \frac{\mathrm{P}x^2}{2\mathrm{EI}} + \mathrm{C}_1 \qquad d(y) = \frac{\mathrm{P}x^2}{2\mathrm{EI}}dx + \mathrm{C}_1 dx$$

$$\int d(y) = \int \frac{\mathrm{P} \cdot x^2}{2\mathrm{EI}}dx + \int \mathrm{C}_1 dx \qquad y = \int \frac{\mathrm{P}x^2}{2\mathrm{EI}}dx + \int \mathrm{C}_1 dx = \frac{\mathrm{P}x^3}{6\mathrm{EI}} + \mathrm{C}_1 x + \mathrm{C}_2$$

$$\therefore\ y = \delta = \frac{\mathrm{P}x^3}{6\mathrm{EI}} + \mathrm{C}_1 x + \mathrm{C}_2 \quad \cdots ④$$

적분상수 C_1, C_2을 구하기 위해 경계조건을 대입하면

i) $x = \ell$에서 기울기 $\frac{dy}{dx} = 0$이므로 $0 = \frac{\mathrm{P}\ell^2}{2\mathrm{EI}} + \mathrm{C}_1$

$$\mathrm{C}_1 = \frac{\mathrm{P}\ell^2}{2\mathrm{EI}} \quad \cdots ⑤$$

ii) $x = \ell$에서 처짐량 $\delta = 0$이므로

$$0 = \frac{\mathrm{P}\ell^3}{6\mathrm{EI}} - \frac{\mathrm{P}\ell^3}{2EI} + \mathrm{C}_2 \frac{\mathrm{P}\ell^3}{6\mathrm{EI}} - \frac{3\mathrm{P}\ell^3}{6EI} + \mathrm{C}_2 = 0$$

$$-\frac{2\mathrm{P}\ell^3}{6\mathrm{EI}} + \mathrm{C}_2 = 0 \quad \therefore\ \mathrm{C}_2 = \frac{\mathrm{P}\ell^3}{3\mathrm{EI}} \quad \cdots ⑥$$

⑤, ⑥식을 ③, ④식에 대입하면

$$\frac{dy}{dx} = \frac{\mathrm{P}\ell^2}{2\mathrm{EI}} + \left(-\frac{\mathrm{P}\ell^2}{2\mathrm{EI}}\right) \qquad \therefore\ \frac{dy}{dx} = \frac{\mathrm{P}}{2\mathrm{EI}}(x - \ell^2) \quad \cdots ⑦$$

$$y = \delta = \frac{\mathrm{P}\ell^3}{6\mathrm{EI}} + \left(-\frac{\mathrm{P}\ell^2}{2\mathrm{EI}}\right)x + \frac{\mathrm{P}\ell^3}{3\mathrm{EI}} = \frac{\mathrm{P}\ell^3}{6\mathrm{EI}} - \frac{3\mathrm{P}\ell^2}{6\mathrm{EI}}x + \frac{2\mathrm{P}\ell^3}{6\mathrm{EI}} = \frac{\mathrm{P}}{6\mathrm{EI}}(x^3 - 3\ell^3 x + 2\ell^3)$$

$$\therefore\ \delta = \frac{\mathrm{P}}{6\mathrm{EI}}(x^3 - 3\ell^2 x + 2\ell^3) \quad \cdots ⑧$$

최대처짐각 및 최대처짐량은 $x = 0$에서 일어나므로 ⑦, ⑧식에 $x = 0$ 대입하면

$$\theta_{\max} = \left.\frac{dy}{dx}\right|_{\max} = \frac{\mathrm{P}}{2\mathrm{EI}} + (0 - \ell^2) = \frac{-P\ell^2}{2EI} \quad \cdots ⑨$$

$$\delta_{\max} = \frac{\mathrm{P}}{6\mathrm{EI}} + (0^3 - 3\ell^2 \cdot 0 + 2\ell^3) = \frac{2P\ell^3}{6EI} \quad \cdots ⑩$$

2) 전 길이에 균일분포하중을 받는 외팔보

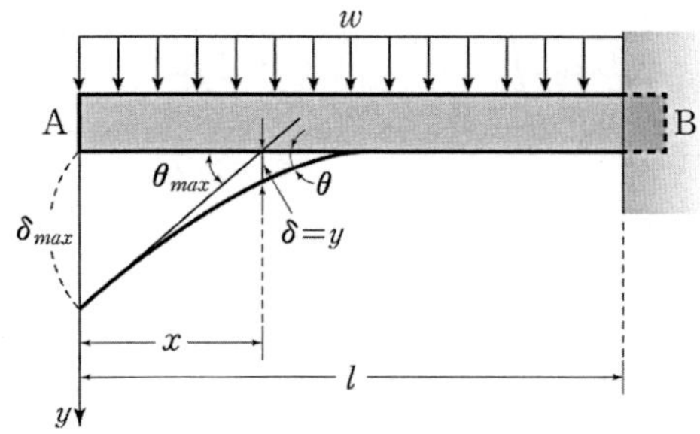

자유단A 에서 임의거리x만큼 떨어진 단면의 굽힘 모멘트 M?

$$M=-\omega x\cdot\frac{x}{2}=-\frac{\omega x^2}{2} \quad \cdots ①$$

①식을 탄성곡선의 미분방정식에 대입

$$\frac{d^2y}{dx^2}=-\frac{M}{EI}=\frac{\frac{\omega x^2}{2}}{EI}=\frac{\omega x^2}{2EI} \quad \cdots ②$$

②식을 x에 관해 두 번 적분하면

$$\frac{d}{dx}\left(\frac{dy}{dx}\right)=\frac{\omega x^2}{2EI} \qquad d\left(\frac{dy}{dx}\right)=\frac{\omega x^2}{2EI}dx \qquad \int d\left(\frac{dy}{dx}\right)=\int\frac{\omega x^2}{2EI}dx$$

$$\frac{dy}{dx}=\int\frac{\omega x^2}{2EI}dx=\frac{\omega x^3}{6EI}+C_1 \qquad \therefore \frac{dy}{dx}=\frac{\omega x^3}{6EI}+C_1 \quad \cdots ③$$

$$\frac{d}{dx}(y)=\frac{\omega x^3}{6EI}+C_1 \qquad d(y)=\frac{\omega x^3}{6EI}dx+C_1dx$$

$$\int d(y)=\int\frac{\omega x^3}{6EI}dx+\int C_1dx$$

$$y=\int\frac{\omega x^3}{6EI}dx+\int C_1dx=\frac{\omega x^4}{24EI}+C_1x+C_2$$

$$\therefore y=\delta=\frac{\omega x^4}{24EI}+C_1x+C_2 \quad \cdots ④$$

적분상수 C_1, C_2을 구하기 위해 경계조건에 대입하면

i) $x=\ell$에서 기울기 $\frac{dy}{dx}=0$이므로 $0=\frac{\omega\ell^3}{6EI}+C_1$

$$\therefore C_1=-\frac{\omega\ell^3}{6EI} \quad \cdots ⑤$$

ii) $x=\ell$에서 $\delta=0$이므로 $0=\frac{\omega\ell^4}{24EI}+\left(-\frac{\omega\ell^3}{6EI}\right)\ell+C_2$

$$\frac{\omega\ell^4}{24EI}-\frac{4\omega\ell^4}{24EI}+C_2$$

$$\therefore C_2=-\frac{\omega\ell^3}{6EI} \quad \cdots ⑥$$

C_1, C_2 값을 ③, ④에 대입하면

i) $\dfrac{dy}{dx}=\dfrac{\omega x^3}{6EI}-\dfrac{\omega x^3}{6EI}=\dfrac{\omega}{6EI}(x^3-\ell^3)$ … ⑦

ii) $y=\delta=\dfrac{\omega x^4}{24EI}-\dfrac{\omega x^3}{6EI}x+\dfrac{\omega x^4}{8EI}=\dfrac{\omega x^4}{24EI}-\dfrac{4\omega\ell^3x}{24EI}+\dfrac{3\omega\ell^4}{24EI}$

$=\dfrac{\omega}{24EI}(x^4-4\ell^3x+3\ell^4)$ … ⑧

$x=0$에서 처짐각$\left(\dfrac{dy}{dx}\right)$과 처짐량($\delta$)가 최대값이므로

⑦, ⑧식에 대입하면

i) $\theta_{max}=\dfrac{dy}{dx}\Big|_{max}=\dfrac{\omega}{6EI}(0^3-\ell^3)=-\dfrac{\omega\ell^3}{6EI}$ $\quad\therefore \theta_{max}=\dfrac{\omega\ell^3}{6EI}$ … ⑨

ii) $\delta_{max}=y_{max}=\dfrac{\omega}{24EI}(0^4-4\ell^3\cdot 0+3\ell^4)=\dfrac{3\omega\ell^4}{24EI}$

$\therefore \delta_{max}=\dfrac{3\omega\ell^4}{24EI}$ … ⑩

3) 우력을 받는 외팔보 경우

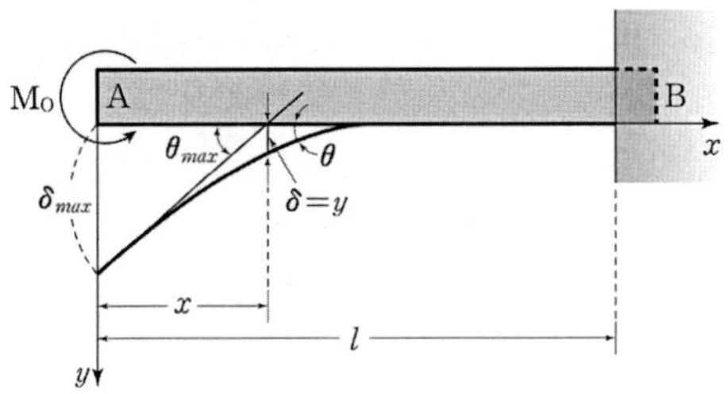

외팔보 자유단A 에 우력 M_0가 작용할 경우

: 축방향의 전 길이에 걸쳐 굽힘.

모멘트가 일정하다.

즉, 시점에서 임의거리 x만큼 떨어진 단면의 굽힘 Moment $M=-M_0$이다.

$M=-M_0$ … ①

①식을 탄성곡선의 미분방정식에 대입하면

$\dfrac{d^2y}{dx}=-\dfrac{M}{EI}=\dfrac{M_0}{EI}$ … ②

②식을 x에 관해서 두 번 적분하면

i) $\dfrac{dy}{dx}=\displaystyle\int\dfrac{M_0}{EI}dx=\dfrac{M_0x}{EI}+C_1$ … ③

ii) $y=\dfrac{M\cdot x^2}{2EI}+C_1x+C_2$ … ④

C_1, C_2 적분상수를 구하기 위해 경계조건에 대입하면

i) $x = \ell$에서 $\dfrac{dy}{dx} = 0$이므로 $0 = \dfrac{M_o\ell}{EI} + C_1$

$\therefore C_1 = -\dfrac{M_o\ell}{EI}$ ⋯ ⑤

ii) $x = \ell$에서 $\delta = 0$이므로

$$0 = \frac{M_o\ell^2}{2EI} + \left(-\frac{M_o\ell}{EI}\right)\ell + C_2 \qquad \frac{M_o\ell^2}{2EI} - \frac{2M_o\ell^2}{2EI} + C_2 = 0$$

$$-\frac{M_o\ell^2}{2EI} + C_2 = 0 \qquad \therefore C_1 = -\frac{M_o\ell}{EI} \quad \cdots ⑥$$

C_1, C_2을 ③, ④식에 대입하면

i) $\dfrac{dy}{dx} = \dfrac{M_o x}{EI} + \left(-\dfrac{M_o\ell}{EI}\right) = \dfrac{M_o x}{EI} - \dfrac{M_o\ell}{EI} = \dfrac{M_o}{EI}(x - \ell)$ ⋯ ⑦

ii) $y = \dfrac{M_o x^2}{2EI} + \left(-\dfrac{M_o\ell}{EI}\right)x + \dfrac{M_o\ell^2}{2EI}$

$= \dfrac{M_o x^2}{2EI} - \dfrac{2M_o\ell x}{2EI} + \dfrac{M_o\ell^2}{2EI} = \dfrac{M_o}{2EI}(x^2 - 2\ell x + \ell^2)$ ⋯ ⑧

$x = 0$인 A 점 자유단에서 처짐각과 처짐량이 최대이므로

i) $\theta_{max} = \left.\dfrac{dy}{dx}\right|_{max} = \dfrac{M_o}{EI}(0 - \ell) = -\dfrac{M_o\ell}{EI}$ ⋯ ⑨

ii) $\delta_{max} = y_{max} = \dfrac{M_o}{2EI}(0^2 - 2\ell.0 + 2\ell^2) = \dfrac{M_o\ell^2}{2EI}$

$\therefore \delta_{max} = \dfrac{M_o\ell^2}{2EI}$ ⋯ ⑩

나 단순보의 경우 해법 (Simple beam)

1) 보의 전길이에 걸쳐 균일분포하중을 받는 단순보

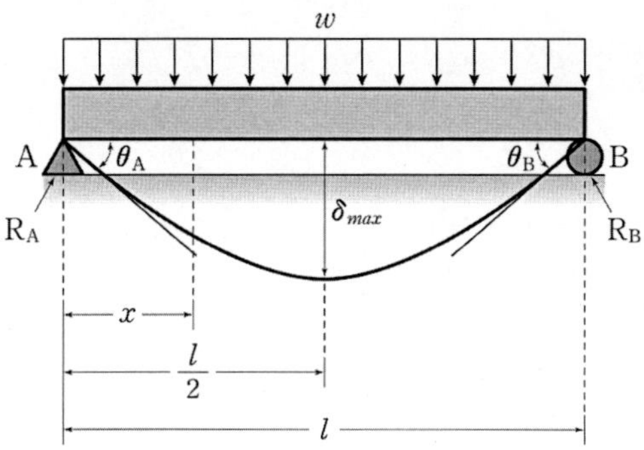

보의 전 길이에 균일분포하중 ω가 작용할 때 A 점에서 임의거리 x만큼 떨어진 임의 단면에 발생하는 굽힘모멘트 M?

$$M = R_A \cdot x - \omega x \times \frac{x}{2}$$

$$= \frac{\omega\ell}{2}x - \frac{\omega x^2}{2} \quad \cdots ①$$

M의 값을 탄성곡선의 미분방정식에 대입하면

$$\frac{d^2y}{dx^2} = -\frac{\left(\frac{\omega\ell}{2}x - \frac{\omega x^2}{2}\right)}{EI} = \frac{\frac{-\omega\ell x + \omega x^2}{2}}{EI} = \frac{\omega x^2 - \omega\ell x}{2EI}$$

$$\therefore \frac{d^2y}{dx^2} = \frac{\omega x^2 - \omega\ell x}{2EI} \quad \cdots ②$$

②식을 x에 관하여 두 번 적분하면

i) $\frac{dy}{dx} = -\frac{\omega x^3}{6EI} - \frac{\omega\ell x^2}{4EI} + C_1 \quad \cdots ③$

ii) $y = \delta = \frac{\omega x^4}{24EI} - \frac{\omega\ell x^3}{12EI} + C_1 x + C_2 \quad \cdots ④$

적분상수 C_1, C_2를 구하기 위해 경계조건에 대입하면

i) $x = \frac{\ell}{2}$에서 기울기 $\frac{dy}{dx} = 0$이므로 $0 = \frac{\omega\left(\frac{\ell}{2}\right)^3}{6EI} - \frac{\omega\ell\left(\frac{\ell}{2}\right)^2}{4EI} + C_1$

$$0 = \frac{\omega\left(\frac{\ell^3}{8}\right)}{6EI} + \frac{\omega\left(\frac{\ell^2}{4}\right)}{4EI} + C_1 \qquad \frac{\omega\ell^3}{48EI} - \frac{\omega\ell^3}{16EI} + C_1 = 0$$

$$\frac{\omega\ell^3}{48EI} - \frac{3\omega\ell^3}{48EI} + C_1 = 0 \qquad \therefore C_1 = -\frac{\omega\ell^3}{24EI} \quad \cdots ⑤$$

ii) $x = \ell$에서 $\delta = 0$이므로 $0 = \frac{\omega \cdot o^4}{24EI} - \frac{\omega\ell \cdot o^3}{12EI} + C_2 \cdot o + C_2$

$\therefore C_2 = 0 \cdots ⑥$

C_1, C_2을 ③, ④식에 대입하면

i) $\dfrac{dy}{dx}=\dfrac{\omega x^3}{6EI}-\dfrac{\omega \ell x^2}{4EI}+\dfrac{\omega \ell x^3}{24EI}=\dfrac{4\omega x^3}{24EI}-\dfrac{6\omega \ell x^2}{24EI}+\dfrac{\omega \ell^3}{24EI}$

$$=\frac{\omega}{24EI}(4x^3-6\ell x^2+\ell^3) \quad \cdots ⑦$$

ii) $y=\delta=\dfrac{\omega x^4}{24EI}-\dfrac{\omega \ell x^3}{12EI}+\dfrac{\omega \ell x^3}{24EI}x+0$

$$=\frac{\omega x^4}{24EI}-\frac{2\omega \ell x^3}{24EI}+\frac{\omega \ell^3 x}{24EI}=\frac{\omega x}{24EI}(x^3-2\ell x^2+\ell^3) \quad \cdots ⑧$$

iii) 최대최짐각 $(\theta_{max})=\left.\dfrac{dy}{dx}\right|_{max}$ 는 보 양끝 A 및 B점에서 나타나므로

$x=0$ 또는 $x=\ell$을 ⑦식에 대입하면

$$\left.\frac{dy}{dx}\right|_{max}=\theta_{max}=\frac{\omega \cdot o^3}{6EI}-\frac{\omega \ell \cdot o^2}{4EI}+\frac{\omega \ell^3}{24EI}$$

$$\therefore \theta_{max}=\frac{\omega \ell^3}{24EI} \quad \cdots ⑨$$

iv) 최대처짐 δ_{max}은 보의 중앙 $x=\dfrac{\ell}{2}$에서 일어나므로 ⑧식에 대입하면

$$y_{max}=\delta_{max}=\frac{\omega\left(\frac{\ell}{2}\right)}{24EI}\left(\left(\frac{\ell}{2}\right)^3-2\ell\left(\frac{\ell}{2}\right)^2+\ell^3\right)$$

$$=\frac{\omega \ell}{48EI}\left[\frac{\ell^3}{8}-\frac{\ell^3}{2}+\ell^3\right]=\frac{\omega \ell}{48EI}\left[\frac{\ell^3}{8}-\frac{4\ell^3}{8}+\frac{8\ell^3}{8}\right]$$

$$=\frac{\omega \ell}{48EI}\left(\frac{5\ell^3}{8}\right)=\frac{5\omega \ell^4}{48EI}=\frac{5\omega \ell^4}{348EI}$$

$$\therefore \delta_{max}=\frac{5\omega \ell^4}{348EI} \quad \cdots ⑩$$

2) 집중하중을 받는 단순보

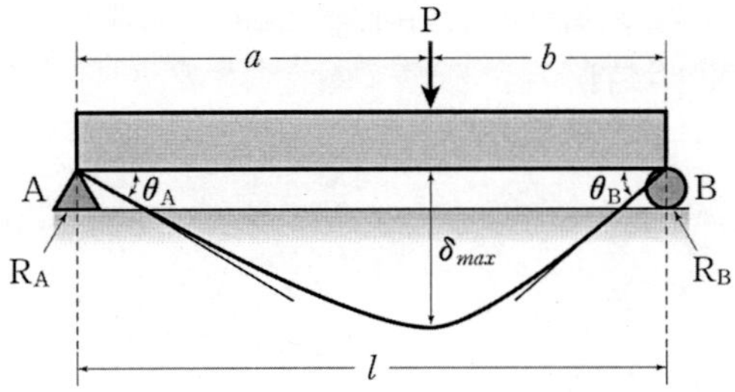

$R_A + R_B = P \quad \cdots ㉮$

$R_A \ell - P \cdot b = 0$

$R_A \ell = P \cdot b \qquad \therefore R_A = \dfrac{Pb}{\ell} \quad \cdots ㉯$

$\therefore R_B = \dfrac{P \cdot a}{\ell} \quad \cdots ㉰$

단순보 AB에서 C점에 집중하중 P가 작용할 경우 굽힙모멘트 M?

$0 \leqq x \leqq a$ 구간 $M = R_A \cdot x = \dfrac{Pb}{\ell}x \quad \cdots ①$

①식을 탄성곡선의 미분방정식에 대입하면

$$\frac{d^2y}{dx^2} = -\frac{M}{EI} = \frac{-\dfrac{Pb}{\ell}x}{EI} = -\frac{Pbx}{EI\ell} \quad \cdots ②$$

②식을 두 번 적분하여 처짐각 θ와 처짐량 δ을 구하면

i) $\dfrac{d}{dx}\left(\dfrac{dy}{dx}\right) = -\dfrac{Pbx}{EI\ell} \qquad d\left(\dfrac{dy}{dx}\right) = -\dfrac{Pbx}{EI\ell} \qquad \displaystyle\int d\left(\frac{dy}{dx}\right) = -\int \frac{Pbx}{EI\ell}$

$\dfrac{dy}{dx} = -\displaystyle\int \frac{Pbx}{EI\ell} = -\frac{Pbx^2}{2EI\ell} + C_1 \qquad \therefore \frac{dy}{dx} = -\frac{Pbx^2}{2EI\ell} + C_1 \quad \cdots ③$

ii) $\dfrac{d}{dx}(y) = -\dfrac{Pbx^2}{2EI\ell} + C_1 \qquad d(y) = -\dfrac{Pbx^2}{2EI\ell}dx$

$\displaystyle\int d(y) = -\int \frac{Pbx^2}{2EI\ell}dx = \int C_1 dx$

$y = -\displaystyle\int \frac{Pbx^2}{2EI\ell}dx + \int C_1 dx = -\frac{Pbx^3}{6EI\ell} + C_1 x + C_2 \quad \cdots ④$

$a \leqq x \leqq \ell$ 구간 $\quad M = \dfrac{Pb}{\ell}x - P(x-a) \cdots ①'$

①식을 탄성곡선의 미분방정식에 대입하면

$$\frac{d^2y}{dx^2} = -\frac{M}{EI} = -\frac{1}{EI}\left(\frac{Pb}{\ell}x - P(x-a)\right) = -\frac{Pbx}{EI\ell} + \frac{P(x-a)}{EI} \quad \cdots ②'$$

②식을 x에 관하여 2번 적분하여 처짐각, 처짐량을 구하면

i) $\dfrac{dy}{dx} = -\dfrac{Pbx^2}{2EI\ell} + \dfrac{P(x-a)^2}{2EI} + D_1 \quad \cdots ③'$

ii) $y = -\dfrac{Pbx^3}{6EI\ell} + \dfrac{P(x-a)^3}{6EI} + D_1 x + D_2 \quad \cdots ④'$

적분상수 C_1, C_2, D_1, D_2을 결정하기 위해 경계조건에 대입하면

$x=a$에서 두 곡선은 연속(공통점선)이므로 기울기, 처짐량은 같아야 함.

〈연속조건〉

$C_1 = D_1$ $C_2 = D_2$가 된다.

③식을 $x=0$일 때 $\delta = 0$이어야 하므로 $D_2 = C_2 = 0$ ⋯ ⑤′

④식에서 $x=\ell$일 때 $\delta = 0$이 되므로

$$0 = -\frac{Pb\ell^3}{6EI\ell} + \frac{Pb^3}{6EI} + D_1\ell + 0 \qquad D_1\ell = \frac{Pb\ell^3}{6EI\ell} - \frac{Pb^3\ell}{6EI\ell}$$

$$\therefore D_1 = -\frac{Pb}{6EI\ell}(\ell^2 - b^2) \quad \cdots ⑥$$

‖

(C_1)

(적분상수값)⑤, ⑥식을 ③, ④식에 대입하면

$$\text{i)}\ \theta = \frac{dy}{dx} = -\frac{Pbx^2}{2EI\ell} + \frac{Pb}{6EI\ell}(\ell^2 - b^2) = \frac{-3Pbx^3}{6EI\ell} + \frac{Pb}{6EI\ell}(\ell^2 - b^2)$$

$$= \frac{Pb}{6EI\ell}(\ell^2 - b^2 - 3x^2) \quad \cdots ⑦$$

$$\text{ii)}\ \delta = \frac{-Pbx^3}{6EI\ell} + \frac{Pb}{6EI\ell}(\ell^2 - b^2)x + 0 = \frac{-Pbx^3}{6EI\ell} + \frac{Pbx}{6EI\ell}(\ell^2 - b^2)$$

$$= \frac{Pbx}{6EI\ell}(\ell^2 - b^2 - x^2) \quad \cdots ⑧$$

지점 A의 기울기 θ_A는 ⑦식에서 $x=0$로 놓고 구하면

$$\theta_a = \frac{Pb}{6EI\ell}(\ell^2 - b^2 - 3.0^2) = \frac{Pb}{6EI\ell}(\ell^2 - b^2) \quad \cdots ⑨$$

(전분상수값)⑤, ⑥식을 ③, ④식에 대입하면

$$\text{i)}\ \frac{dy}{dx} = -\frac{Pbx^2}{2EI\ell} + \frac{P(x-a)^2}{2EI} + \frac{Pb}{6EI\ell}(\ell^2 - b^2)$$

$$= \frac{-Pbx^2}{2EI\ell} + \frac{P(x-a)^2\ell}{2EI\ell} + \frac{Pb}{6EI\ell}(\ell^2 - b^2)$$

$$= \frac{3Pbx^2}{6EI\ell} + \frac{3Pb\ell\frac{(x-a)^2b}{b}}{6EI\ell} + \frac{Pb}{6EI\ell}(\ell^2 - b^2)$$

$$= \frac{Pb}{6EI\ell}\left[(\ell^2 - b^2) + \frac{3(x-a)^2\ell}{b} - 3x^2\right]$$

$$\therefore \frac{dy}{dx} = \frac{Pb}{6EI\ell}\left[(l^2 - b^2) + \frac{3(x-a)^2 l}{b} - 3x^2\right] \quad \cdots ⑪$$

ii) $\delta = -\dfrac{Pbx^3}{6EI\ell} + \dfrac{P(x-a)^3}{6EI} + \dfrac{Pb}{6EI\ell}(\ell^2 - b^2)x + 0$

$$= -\frac{Pbx^3}{6EI\ell} + \frac{\frac{P(x-a)^3}{b}}{6EI\ell} + \frac{Pbx}{6EI\ell}(\ell^2 - b^2)$$

$$= \frac{Pb}{6EI\ell}\left[\frac{\ell}{b}(x-a)^3 + (\ell^2 - b^2)x - x^3\right] \quad \cdots ⑫$$

지점 B에서 기울기 θ_B는 ⑪에서 $x = \ell$로 놓고 풀면

$$\theta_B = \frac{dy}{dx} = \frac{Pb}{6EI\ell}\left[(\ell^2 - b^2) + \frac{3(\ell-a)^2\ell}{b} - 3\ell^2\right]$$

$$= \frac{Pb}{6EI\ell}\left[(\ell+b)(\ell-b) + \frac{3b^2\ell}{b} - 3\ell^2\right] = \frac{Pb}{6EI\ell}\left[(\ell+b)(\ell-b) + 3b\ell - 3\ell^2\right]$$

$$= -\frac{Pba}{6EI\ell}(\ell + a) \quad \cdots ⑬$$

> **TIP**
>
> $(\ell+b)(\ell-b) + 3b\ell - 3\ell^2 = (\ell+b)a - 3\ell(\ell - 2\ell)$
> $= (\ell+b)a - 3\ell a = a(\ell + b - 3\ell) = a(b - 2\ell)$
> $= -a(2\ell - b) = -a(\ell + \ell - b) = -a(\ell + a)$

하중의 작용점 C에서 처짐은 ⑧ 또는 ⑫식에 $x = a$ 대입하면

$$\delta_C = \frac{Pba}{6EI\ell}(\ell^2 - b^2 - a^3) = \frac{Pba}{6EI\ell}\left[(\ell-b) + (\ell-b) - a^2\right]$$

$$= \frac{Pba}{6EI\ell}(2ab) = \frac{Pb^2a^2}{3EI\ell} \quad \cdots ⑭$$

$(\ell+b)(\ell-b) - a^2 = (\ell+b)a - a^2 = \ell a + ba - a^2 = a(\ell + b - a) = a(b+b) = 2ab$

$$\delta_C = \frac{Pb}{6EI\ell}\Big[\underbrace{\frac{\ell}{b}(a-a)^3 + (\ell^2 - b^2)a - a^3}_{☆}\Big]$$

$$= \frac{Pba}{6EI\ell}(2ba^2) = \frac{2Pb^2a^2}{6EI\ell} = \frac{Pb^2a^2}{3EI\ell} \quad \cdots ⑭'$$

> **TIP**
>
> ☆는 $(\ell^2 - b^2)a - a^3 = (\ell+b)(\ell-b)a - a^3 = (\ell+b)a^2 - a^3$
> $= \ell a^2 + ba^2 - a^3 = a^2(\ell + b - a) = a^2(b+b) = 2ba^2$

$a > 0$일 때 최대처짐 위치가 $0 < x < a$구간에서 일어남.

⑦식을 0으로 놓고 풀면 $\ell^2 - b^2 - 3x^2 = 0$

$$x = \frac{-b \pm \sqrt{b^2 - 4ac}}{2a} = \frac{-0 \pm \sqrt{0^2 - 4\times(-3)(\ell^2 - b^2)}}{2\times(-3)} \frac{-\sqrt{12(\ell^2 + b^2)}}{-6}$$

$$= \frac{\pm\sqrt{\frac{3b(\ell^2 - b^2)}{3}}}{-6} = \frac{-6\sqrt{\frac{\ell^2 - b^2}{3}}}{-6} = \sqrt{\frac{\ell^2 - b^2}{3}}$$

최대처짐은 ⑧식에 x의 값을 대입하면

$$\delta_{max} = \frac{P \cdot b\sqrt{\frac{\ell^2 - b^2}{3}}}{6EI\ell}\underbrace{\left[\ell^2 - b^2 - \left(\sqrt{\frac{\ell^2 - b^2}{3}}\right)^2\right]}_{☆} = \frac{Pb\sqrt{\ell^2 - b^2}(2\ell^2 - 2b^2)}{18\sqrt{3}EI\ell}$$

$$= \frac{Pb(\ell^2 - b^2)^{\frac{1}{2}} - 2(\ell^2 - b^2)}{18\sqrt{3}EI\ell} = \frac{Pb(\ell^2 - b^2)^{\frac{3}{2}}}{9\sqrt{3}EI\ell} = \frac{Pb\sqrt{(\ell^2 - b^2)^3}}{9\sqrt{3}EI\ell} \quad \cdots ⑮$$

> TIP
>
> ☆는 $\ell^2 - b^2 - \left(\sqrt{\frac{\ell^2 - b^2}{3}}\right)^2 = \ell^2 - b^2 - \frac{\ell^2 - b^2}{3} = \frac{3\ell^2}{3} - \frac{3b^2}{3} - \frac{\ell^2 - b^2}{3}$
>
> $= \frac{3\ell^2 - 3b^2 - \ell^2 + b^2}{3} = \frac{2\ell^2 - 2b^2}{3} = \frac{2(\ell^2 - b^2)}{3}$

if $a = b = \frac{\ell}{2}$인 중심점에 하중작용하면 C점에서 최대처짐이 생김.

⑮식에 $b = \frac{\ell}{2}$을 대입하면

$$\delta_{max} = \delta_C = \frac{P\left(\frac{\ell}{2}\right)}{9\sqrt{3}EI}\sqrt{\left[\ell^2 - \left(\frac{\ell}{2}\right)^2\right]^3} = \frac{P}{18\sqrt{3}EI}\underbrace{\sqrt{\left(\ell^2 - \frac{\ell^2}{4}\right)}}_{☆}$$

$$= \frac{P}{18\sqrt{3}EI} \cdot \frac{3\sqrt{3}\ell^3}{8} = \frac{P\ell^3}{48EI} \quad ⑯$$

> TIP
>
> ☆는 $\sqrt{\left(\ell^2 - \frac{\ell^2}{4}\right)^3} = \sqrt{\left(\frac{4\ell^2}{4} - \frac{\ell^2}{4}\right)^3} = \sqrt{\left(\frac{3\ell^2}{4}\right)^3} = \sqrt{\frac{27\ell^6}{64}}$
>
> $= \frac{3\sqrt{3}\ell^3}{8}\left(\sqrt{\ell^6} = \ell^{\frac{6}{2}} = \ell^3\right)$

$a > b$인 보에서 중앙점 C 의 처짐은 ⑧식에 $x = \frac{\ell}{2}$ 대입하면

$$\delta_{a>b} = \delta_{x=\frac{\ell}{2}} = \frac{Pb\left(\frac{\ell}{2}\right)}{6EI\ell}\left(\ell^2 - b^2 - \left(\frac{\ell}{2}\right)^2\right) = \frac{Pb}{12EI}\underbrace{\left(\ell^2 - b^2 - \frac{\ell^2}{4}\right)}_{☆}$$

$$= \frac{Pb}{12EI}\frac{(3\ell^2 - 4b^2)}{4} = \frac{Pb}{48EI}(3\ell^2 - 4b^2) \quad ⑰$$

> **TIP**
> ☆는 $\ell^2 - b^2 - \frac{\ell^2}{4} = \frac{4\ell^2}{4} - \frac{4b^2}{4} - \frac{\ell^2}{4} = \frac{3\ell^2}{4} - \frac{4b^2}{4} = \frac{1}{4}(3\ell^2 - 4b^2)$

3) 단순지지보 C에 모멘트 M이 작용하는 경우 : 처짐, 처짐각? (단, 전단력에 의한 영향은 고려 않음)

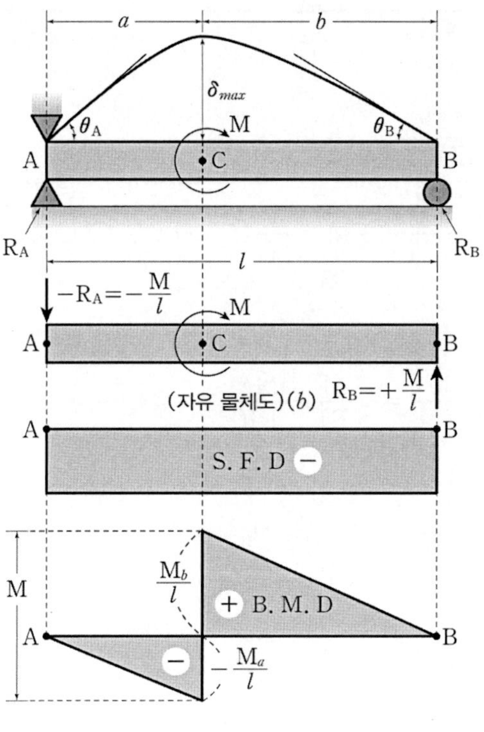

B점에 모멘트의 평형에서

$R_A \cdot \ell + M = 0$

$R_A \cdot \ell = -M$

$\therefore R_A = -\frac{M}{\ell} \quad \cdots ①$ (실제 : 역방향)

연직방향의 힘평형에서

$R_A + R_B = 0$

$\therefore R_A = -R_A = \frac{M}{\ell} \quad \cdots ②$

보의 자유물체도를 그리면 (b)

i) 전단력 (F)?

$$0 \leq x \leq \ell \; F_{AB} = -R_A = -\frac{M}{\ell} \quad \cdots ③$$

ii) 굽힘모멘트 M (단면위치에 따라 다르다)

$$\begin{cases} M_{AC} = -R_A \cdot x = -\frac{M}{\ell}x & \cdots ③ \\ M_{CB} = -R_A x + M = -\frac{M}{\ell} + M = -\frac{Mx}{\ell} + \frac{M\ell}{\ell} = \frac{M}{\ell}(\ell - x) & \cdots ④ \end{cases}$$

$$M_A = M_B = 0$$

$$\begin{cases} M_{C-} = -\dfrac{M}{\ell} & \text{(③식에서)} \\ M_{C+} = \dfrac{M}{\ell}a & \text{(④식에서)} \end{cases} \quad x = a\text{일 때}$$

반력 $R_A = -\dfrac{M}{\ell}$ $R_B = \dfrac{M}{\ell}$에서

i) $0 \leqq x \leqq a$ 구간에서 $M_{AC} = -\dfrac{M}{\ell}x$ $\cdots$ ①

①식을 탄성곡선의 미분방정식에 대입하면

$$\frac{d^2y}{dx^2} = -\frac{M}{EI} = -\frac{\left(-\dfrac{Mx}{\ell}\right)}{EI} = \frac{Mx}{EI\ell} \quad \cdots ②$$

②식을 2번 적분하여 처짐각, 처짐량을 구하면

$$\begin{cases} \theta_{AC} = \left.\dfrac{dy}{dx}\right|_{AC} = \dfrac{Mx^2}{2EI\ell} + C_1 & \cdots ③ \\ \delta_{AC} = y_{AC} = \dfrac{Mx^3}{6EI\ell} + C_1x + C_2 & \cdots ④ \end{cases}$$

ii) $a \leqq x \leqq \ell$ 구간에서 $M_{CB} = -R_Ax + M = -\dfrac{Mx}{\ell} + M = \dfrac{M}{\ell}(\ell - x)$ $\cdots$ ①′

①식을 처짐곡선의 미분방정식에 대입하면

$$\frac{d^2y}{dx^2} = -\frac{M}{EI} = -\frac{\left(-\dfrac{M}{\ell}(\ell - x)\right)}{EI} = -\frac{M\ell - Mx}{EI\ell} = -\frac{M}{EI} + \frac{Mx}{EI\ell} \quad \cdots ②'$$

②식을 2번 적분하여 처짐각, 처짐량을 구하면

$$\theta_{CB} = \left.\frac{dy}{dx}\right|_{CB} = -\frac{Mx}{EI} + \frac{Mx^2}{2EI\ell} + D_1 \quad \cdots ③'$$

$$\delta_{CB} = y_{CB} = -\frac{Mx^2}{2EI} + \frac{Mx^3}{6EI\ell} + D_1x + D_2 \quad \cdots ④'$$

적분상수 C_1, C_2, D_1, D_2를 구하기 위해 ┌ 경계조건(2) / └ 연속조건(2) 〉 대입

i) $x = 0$에서 $\delta_{AC} = 0$ ii) $x = \ell$에서 $\delta_{CB} = 0$ …… 경계조건

iii) $x = a$에서 $\theta_{AC} = \theta_{CB}$ iv) $x = a$에서 $\delta_{AC} = \delta_{CB}$ …… 연속조건

경계조건, 연속조건을 ③ ④ ③′ ④′에 대입하면(식 4개, 미지수 4개)

i) $0=\dfrac{M\cdot 0^3}{6EI\ell}+C_1\cdot 0+C_2 \qquad \therefore C_2=0$ … ㉮

ii) $0=-\dfrac{M\ell^2}{2EI\ell}+\dfrac{M\ell^3}{6EI\ell}+D_1\ell+D_2 \qquad D_1\ell+D_2=\dfrac{M\ell^2}{2EI}-\dfrac{M\ell^3}{6EI\ell}$

$$D_1\ell+D_2=\frac{3M\ell^3}{6EI}-\frac{M\ell^3}{6EI}=\frac{2M\ell^2}{6EI}=\frac{M\ell^2}{3EI}$$

$\therefore D_1\ell+D_2=\dfrac{M\ell^3}{3EI}$ … ㉯

iii) $\dfrac{Ma^2}{2EI\ell}+C_1=-\dfrac{Ma}{EI}+\dfrac{Ma^2}{2EI\ell}+D_1$

$\therefore\ C_1-D_1=\dfrac{Ma}{EI}$ … ㉰

iv) $\dfrac{Ma^3}{6EI\ell}+C_1a+C_2=-\dfrac{Ma^2}{2EI}+\dfrac{Ma^3}{6EI\ell}+D_1a+D_2$

$C_1a-D_1a-D_2=-\dfrac{Ma^2}{2EI} \qquad \therefore a(C_1-D_1)-D_2=-\dfrac{Ma^2}{2EI}$ … ㉱

㉰㉱에서 $a\left(-\dfrac{Ma}{EI}\right)-D_2=-\dfrac{Ma^2}{2EI} \qquad -\dfrac{Ma^2}{EI}-D_2=\dfrac{Ma^2}{2EI}$

$$D_2=\frac{Ma^2}{2EI}-\frac{Ma^2}{EI}=\frac{Ma^2}{2EI}-\frac{2Ma^2}{2EI}=-\frac{Ma^2}{2EI}$$

$\therefore D_2=-\dfrac{Ma^2}{2EI}$ … Ⓐ

Ⓐ ㉯에서 $D_1\ell-\dfrac{Ma^2}{2EI}=\dfrac{M\ell^2}{2EI}$

$$D_1\ell=\frac{M\ell^2}{3EI}+\frac{Ma^2}{2EI}=\frac{M\ell^2}{6EI}+\frac{3Ma^2}{6EI}=\frac{3M}{6EI}\left(a^2+\frac{2}{3}\ell^2\right)$$

$\therefore D_1=-\dfrac{M}{EI\ell}\left(a^2+\dfrac{2}{3}\ell^2\right)$ … Ⓑ

Ⓑ ㉰에서 $C_1-D_1=-\dfrac{Ma}{EI} \qquad C_1-\dfrac{M}{2EI\ell}\left(a^2+\dfrac{2}{3}\ell^2\right)=-\dfrac{Ma}{EI}$

$$C_1=\frac{M}{2EI\ell}\left(a^2+\frac{2}{3}\ell^2\right)-\frac{Ma}{EI}=\frac{M}{2EI\ell}\left(a^2+\frac{2}{3}\ell^2\right)-\frac{2Ma\ell}{2EI\ell}$$

$$=\frac{M}{2EI\ell}\left(a^2+\frac{2}{3}\ell^2-2a\ell\right)$$ … Ⓒ

정리하면

$$\begin{cases} C_1 = \dfrac{M}{2EI\ell}\left(a^2\dfrac{2}{3}\ell^2 - 2a\ell\right) \\ C_2 = 0 \\ D_1 = \dfrac{M}{2EI\ell}\left(a^2\dfrac{2}{3}\ell^2 - 2a\ell\right) \\ D_1 = -\dfrac{Ma^2}{2EI} \end{cases}$$

C_1, C_2, D_1, D_2를 ③ ④ ③′ ④′에 대입하면

$$\text{i)}\ \theta_{AC} = \left.\frac{dy}{dx}\right|_{AC} = \frac{Mx^2}{2EI\ell} + \frac{M}{2EI\ell}\left(a^2 - 2a\ell + \frac{2}{3}\ell^2\right\}$$

$$= \frac{M}{2EI\ell}\underbrace{\left(a^2 - 2a\ell + \frac{2}{3}\ell^2 + x^2\right)}_{☆} = \frac{M}{2EI\ell} \cdot \frac{-1}{3}(\ell^2 - 3b^2 + 3x^2)$$

$$= -\frac{M}{6EI\ell}(\ell^2 - 3b^2 + 3x^2)$$

$$\therefore\ \theta_{AC} = \left.\frac{dy}{dx}\right|_{AC} = -\frac{M}{6EI\ell}(\ell^2 - 3b^2 + 3x^2) \quad \cdots ⑤$$

> **TIP**
>
> ☆는 $a^2 - 2a\ell + \ell^2 - \ell^2 + \dfrac{2}{3}\ell^2 + x^2 = (\ell - a)^2 - \dfrac{1}{3}\ell^2 + x^2 = b^2 - \dfrac{\ell^2}{3} + x^2$
>
> $= -\dfrac{1}{3}(\ell^2 - 3b\ell - 3x^2)$

$$\text{ii)}\ \delta_{AC} = y_{AC} = \frac{Mx^3}{6EI\ell} + C_1x + C_2 = \frac{Mx^3}{6EI\ell} + \frac{M}{2EI\ell}\left(a^2 - 2a\ell + \frac{2}{3}\ell^2\right)x$$

$$= \frac{Mx^3}{6EI\ell} + \frac{3Mx}{6EI\ell}\left(a^2 - 2a\ell + \frac{2}{3}\ell^2\right) = \frac{M}{6EI\ell}\underbrace{\left[x^3 + 3x\left(a^2 - 2\ell a + \frac{2}{3}\ell^2\right)\right]}_{☆}$$

$$= \frac{M}{6EI\ell} - [(\ell^2 - 3b^2)x - x^3] = -\frac{M}{6EI\ell}[(\ell^2 + 3b^2)x - x^3]$$

> **TIP**
>
> ☆는 $x^3 + 3x\left(a^2 - 2\ell a + \dfrac{2}{3}\ell^2\right) = x^3 + 3x\left(a^2 - 2\ell a + \ell^2 - \ell^2 + \dfrac{2}{3}\ell^2\right)$
>
> $= x^3 + 3x\left((\ell - a)^2 + \dfrac{\ell^2}{3}\right) = x^3 + 3x\left(b^2 + \dfrac{\ell^2}{3}\right)$
>
> $= x^3 + 3x - \dfrac{1}{3}(\ell^2 + 3b^2) = x^3 - x(\ell^2 + 3b^2) = -[(\ell^2 + 3b^2)x - x^3]$

$$\text{iii) } \theta_{CB} = \frac{dy}{dx}\bigg|_{CB} = -\frac{Mx}{EI} + \frac{Mx^2}{2EI\ell} + D_1$$

$$= -\frac{Mx}{EI} + \frac{Mx^2}{2EI\ell} + \frac{M}{2EI\ell}\left(a^2 + \frac{2}{3}\ell^2\right) = -\frac{2Mx\ell}{2EI\ell} + \frac{Mx^2}{2EI\ell} + \frac{M}{2EI\ell}\left(a^2 + \frac{2}{3}\ell^2\right)$$

$$= \frac{M}{2EI\ell}\underbrace{\left[x^2 - 2x\ell + \left(a^2 + \frac{2}{3}\ell^2\right)\right]}_{☆} = \frac{M}{2EI\ell} \cdot \frac{-1}{3}\left[\ell^2 + 6\ell(x-a) - 3b^2 - 3x^2\right]$$

$$= -\frac{M}{6EI\ell}\left[\ell^2 + 6\ell(x+a) + 3b^2 - 3x^2\right] \quad \cdots ⑤'$$

> **TIP**
>
> $$☆\text{는 } x^2 - 2x\ell + \left(a^2 + \frac{2}{3}\ell^2\right) = x^2 - 2x\ell + \ell^2 + \frac{2}{3}\ell^2 + a^2$$
>
> $$= x^2 - 2x\ell - \frac{\ell^2}{3} + (a+\ell)^2 = \frac{\ell^2}{3} - 2x\ell + 2a\ell + b^2 + x^2$$
>
> $$= -\frac{\ell^2}{3} - 2\ell(x+a) + b^2 + x^2 = -\frac{1}{3}\left[\ell^2 + 6\ell(x+a) - 3b^2 - 3x^2\right]$$

$$\text{iv) } \delta_{CB} = y_{CD} = -\frac{Mx^2}{2EI} + \frac{Mx^3}{6EI\ell} + D_1 x + D_2$$

$$= -\frac{Mx^2}{2EI} + \frac{Mx^3}{6EI\ell} + \frac{Mx}{2EI\ell}\left(a^2 + \frac{2}{3}\ell^2\right) - \frac{Ma^2}{2EI}$$

$$= -\frac{3Mx^2\ell}{6EI\ell} + \frac{Mx^3}{6EI\ell} + \frac{3Mx}{6EI\ell}\left(a^2 + \frac{2}{3}\ell^2\right) - \frac{3Ma^2\ell}{6EI\ell}$$

$$= \frac{M}{6EI\ell}\underbrace{\left[x^2 - 3x^2\ell + 3x\left(a^2 + \frac{2}{3}\ell^2\right) - 3a\ell^2\right]}_{☆}$$

$$= -\frac{M}{6EI\ell} - \left[(\ell^2 - 3b^2)x + 3\ell(x+a)^2 - x^3\right]$$

$$= -\frac{M}{6EI\ell}\left[(\ell^2 - 3b^2)x + 3\ell(x-a)^2 - x^3\right] \quad \cdots ⑥'$$

> **TIP**
>
> $$☆\text{는 } x^3 - 3x^2\ell + 3x\left(a^2 + \frac{2}{3}\ell^2\right) - 3a^2\ell = x^3 - 3x^2\ell + 3a^2x + 2\ell^2x + 3a^2\ell$$
>
> $$= x^3 - 3x^2\ell + 3(\ell-b)^2x + 2\ell^2x - 3a^2\ell$$
>
> $$= x^3 - 3x^2\ell + 3x(\ell^2 - 2b\ell + b^2) + 2\ell^2x - 3$$
>
> $$= x^3 - 3x^2\ell + 3\ell^2x - 6b\ell x + 3b^2x + 2\ell^2x - 3a^2\ell$$
>
> $$= x^3 - 3x^2\ell + 5\ell^2x + 6b\ell x + 3b^2x - 3a^2\ell$$
>
> $$= x^3 - 3x^2\ell + 5\ell^2x + 6b\ell x(\ell - a) + 3b^2x - 3a^2\ell$$
>
> $$= x^3 - 3x^2\ell - \ell^2x + 6a\ell x + 3b^2x - 3a^2\ell$$
>
> $$= -x\ell^2 + 3b^2x + 3\ell x^2 + 6a\ell x - 3a^2\ell + x^3$$
>
> $$= -\left[x\ell^2 - 3b^2x + 3\ell(x^2 - 2ax + a^2) - x^3\right]$$
>
> $$= -\left[(\ell^2 - 3b^2)x + 3\ell(x-a)^2 - x^3\right]$$

정리하면

$$\theta_{AC} = \frac{dy}{dx}\bigg|_{AC} = -\frac{M}{6EI\ell}(\ell^2 - 3b^2 - 3x^2) \quad \cdots ⑤$$

$$\delta_{AC} = y_{AC} = -\frac{M}{6EI\ell}[(\ell^2 + 3b^2 x - x^3)] \quad \cdots ⑥$$

$$\theta_{CB} = \frac{dy}{dx}\bigg|_{CB} = -\frac{M}{6EI\ell}[\ell^2 + 6\ell(x+a) - 3b^2 - 3x^2] \quad \cdots ⑤'$$

$$\delta_{CB} = y_{CB} = -\frac{M}{6EI\ell}[(\ell^2 - 3b^2)x + 3\ell(x-a)^2 - x^3] \quad \cdots ⑥'$$

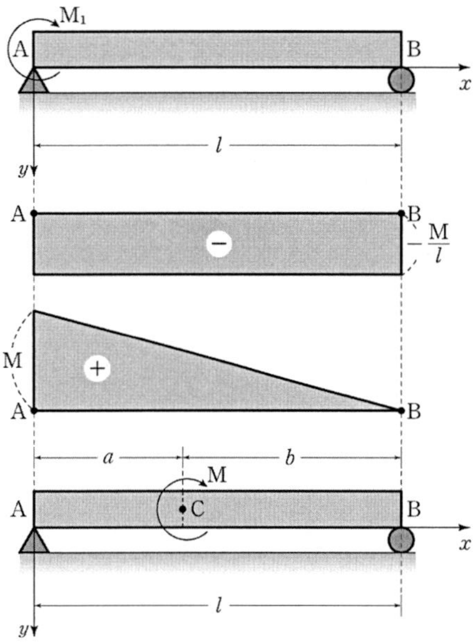

가) 좌단에 우력 M_1을 받는 단순보의 처짐각?

(a)그림에서 $a = 0$, $b = \ell$, $M = M_1$이라 놓으면

$\theta_{AC} = -\frac{M}{6EI\ell}(\ell^2 - 3b^2 - 3x^2)$에서 위 조건을 대입하면

$$\theta_{AC} = -\frac{M_1}{6EI\ell}(\ell^2 - 3\ell^2 - 3x^2) \quad \cdots ①$$

①식에 $x = 0$ 대입하면

$$\theta_A = -\frac{M_1}{6EI\ell}(\ell^2 - 3\ell^2 - 3.0^2)$$

$$= -\frac{M_1}{6EI\ell}(-2\ell^2) = \frac{M_1\ell}{3EI\ell} \quad \cdots ②$$

$$\theta_{CB} = -\frac{M_1}{6EI\ell}[\ell + LSUP26\ell(x-0) - 3\ell^2 - 3x^2]$$

$$= -\frac{M_1}{6EI\ell}[6\ell x - 2\ell^2 - 3x^2] \quad \cdots ①'$$

①식에 $x = \ell$ 대입하면

$(\ell^2 + 6\ell(\ell + a) - 3\ell^2 - 3\ell^2 = \ell^2$

$$\theta_B = \frac{M_1}{6EI\ell} = -\frac{M_1\ell}{6EI} \quad \cdots ③$$

$$\therefore \theta_A = \frac{M_1\ell}{3EI} \quad \therefore \theta_B = \frac{M_1\ell}{6EI}$$

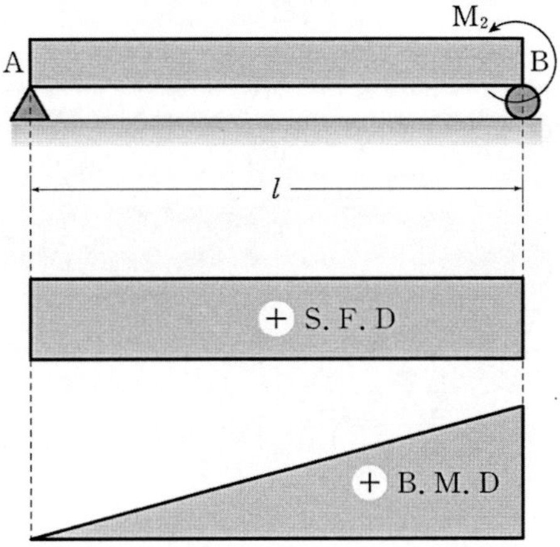

나) 우단에 우력 M_2을 받는 단순지지보 경우 처짐각?

$M = -M_2 \ a = \ell, b = 0$

위 조건을 $\theta_{AC} = -\dfrac{M}{6EI\ell}(\ell^2 - 3b^2 - 3x^2)$에 대입

$$\theta_{AC} = -\frac{M_2}{6EI\ell}(\ell^2 - 3b^2 - 3x^2)$$

$$= \frac{M_2}{6EI\ell}(\ell^2 - 3x^2) \quad \cdots ①'$$

$x = 0$에서

$$\theta_A = \frac{M_2}{6EI\ell}(\ell^2 - 3\ell^2) = \frac{M_2\ell^2}{6EI\ell} = \frac{M_2\ell}{6EI} \quad \cdots ②'$$

$x = \ell$에서

$$\theta_B = \frac{M_2}{6EI\ell}(\ell^2 - 3\ell^2) = \frac{M_2}{6EI\ell}(-2\ell^2) = -\frac{M_2\ell}{3EI} \quad \cdots ③'$$

$$\therefore \theta_A = \frac{M_2\ell}{6EI} \quad \therefore \theta_B = \frac{M_2\ell}{3EI}$$

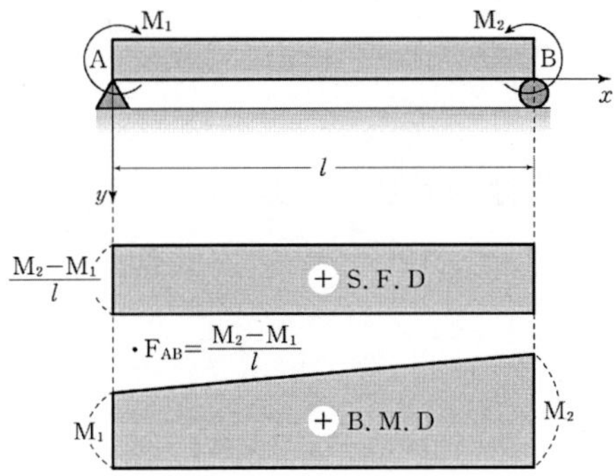

다) 양단에 우력 M_1, M_2가 작용하는 경우 처짐각은 가) 나)가 겹친것과 같다.

$\theta_A = ② + ②' \quad \theta_B = ③ + ③'$

$$\left(\begin{array}{l} \therefore \theta_A = \dfrac{M_1\ell}{3EI} + \dfrac{M_2\ell}{6EI} \\ \therefore \theta_B = \dfrac{M_1\ell}{6EI} - \dfrac{M_2\ell}{3EI} \end{array}\right)$$

$$M_{AB} = M_1 + \frac{M_2 - M_1}{\ell}x$$

5-3 면적모멘트법

특정한 점의 처짐각(θ)와 처짐량 (δ) 구하는데 사용

- 제1정리 : 처짐각 (θ)
- 제2정리 : 처짐량 (δ)

＊ $dM = y\sigma_x dA$

$$M = \int \sigma_x y dA = \int \frac{Ey}{\rho} y dA = \int y^2 dA = \frac{EI}{\rho}$$

$$\therefore \frac{1}{\rho} = \frac{M}{EI}$$

$$(\sigma_x = \varepsilon_x \cdot E = E \cdot \frac{y}{\rho} = \frac{E \cdot y}{\rho})$$

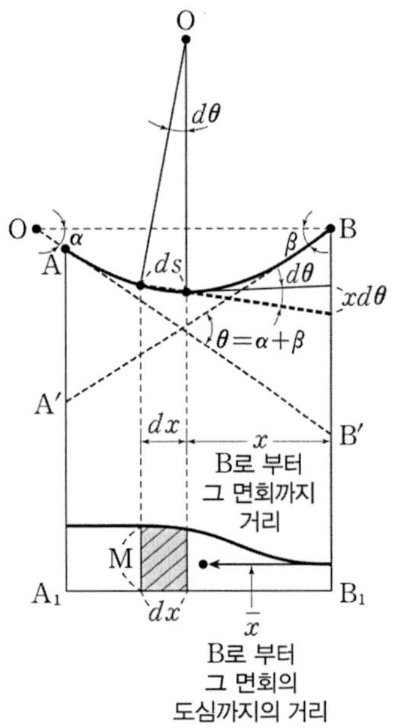

탄성곡선에서 임의요소 ds
탄성곡선에서 ds 의 점선사이와 $d\theta$ 라면

$$\frac{1}{\rho} = \frac{M}{EI}$$

$$\frac{d\theta}{ds} = \frac{1}{\rho} \quad (\rho d\theta = ds \text{에서})$$

$$\frac{d\theta}{ds} = \frac{M}{EI} \quad \cdots ①$$

처짐곡선이 편평하다고 가정하면

$ds \approx dx$

$$\therefore d\theta = \frac{M\,dx}{EI} \quad \cdots ②$$

②식을 적분하면 $\theta = \int_A^B \frac{M\,dx}{EI} = \frac{1}{EI}\int_A^B M\,dx = \frac{Am}{EI}$

> **TIP**
> ＊ 처짐각 (θ) = B · M · D 전체면적 ($\int_A^B M\,dx$)/EI

가 면적모멘트 제1정리

* 탄성곡선 위의 임의의 두점 A와 B에서 그은 두점선 사이의 각 θ는 그 두 점 사이에 있는 B, M, D의 면적을 EI로 나눈값과 같다.

미소길이 ds의 양끝에서 그은 두 점선이 만드는 B 점 밑에서의 거리 $x \cdot d\theta$이고 점 A에서의 점선에 대한 B 점의 처짐에 수직거리 $BB' = \delta$을 구하자면

$$d\delta = x \cdot d\theta = x \cdot \frac{M\,dx}{EI} \text{ (적분하면)}$$

$$BB' = \delta = \int_A^B x \cdot d\theta = \int_A^B \frac{Mx\,dx}{EI} = \frac{1}{EI}\int_A^B Mx\,dx = \frac{\bar{x} \cdot Am}{EI}$$

$$\left(A \cdot \bar{x} = \int_A x\,dA \text{ 에서}\right)$$

- $M\,dx$: B · M · D의 빗금친 부분의 면적 (dA)
- x : B 로부터 그 면적까지의 거리
- $\bar{x}$: B_1부터 그 면적의 도심까지 거리

이므로

즉, 처짐량 (δ)은 A와 B사이 B · M · D의 전체면적의 B에 관한 면1차 모멘트를 EI로 나눈값과 같다.

$$\text{A점에 대한 B점의 처짐량 } \delta(BB') = \frac{\text{A와 B사이 B · M · D 전체면적의 B에 관한 단면 1차모멘트}}{EI}$$

나 면적모멘트 제2정리

$$BB' = \delta = \frac{Am}{EI} \cdot \bar{x} \quad \left(A \cdot \bar{x} = \int_A x\,dA \text{ : 단면 1차 모멘트}\right)$$

탄성곡선위에 임의 두점 A와 B에서 그은 두 접선이 B 밑에서 만나는 BB'가 처짐량이라면 처짐량 (δ)은 두 점사이의 B · M · D의 전체면적의 단면1차 Moment를 EI로 나눈값과 같다.

다 탄성곡선에 변곡점이 있는 경우

B · M · D가 두 부분으로 갈라서 [도심C_1이 있는 양의 부분 (A_1D_1) / 도심C_2이 음의 양의 부분 (D_1B_1)] 된다.

탄성곡선 위의 두점 A, B에서 두 점선 사이각 θ?

$$\theta=\int_A^D \frac{M\,dx}{EI}-\int_D^B \frac{M\,dx}{EI}=\left[\frac{A_1D_1\text{면적}}{EI}\right]-\left[\frac{D_1B_1\text{면적}}{EI}\right]$$

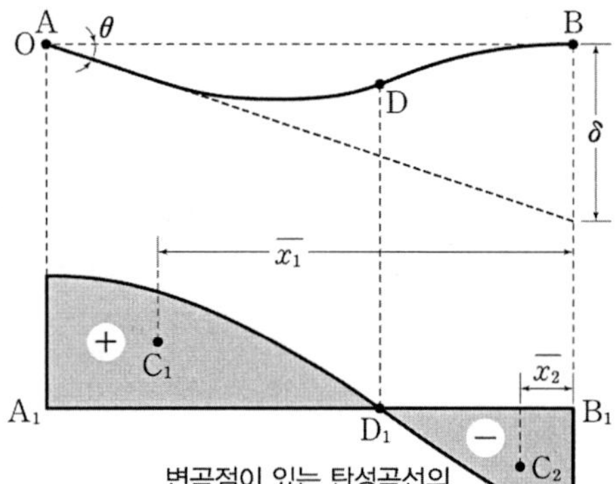

변곡점이 있는 탄성곡선의 굽힘모멘트법

A 점에서 탄성곡선의 점선이 B 점에서 처짐 δ?

$$\delta=\int_A^D \frac{Mx\,dx}{EI}-\int_D^B \frac{M\,x dx}{EI}$$

$$=\left[\frac{A_1D_1\text{면적}}{EI}\right]\cdot\overline{x_1}-\left[\frac{D_1B_1\text{면적}}{EI}\right]\cdot\overline{x_2}$$

$\overline{x_1}$, $\overline{x_2}$: B_1에서 A_1D_1 및 D_1B_1 면적요소의 도심까지의 거리

> **TIP**
>
> **B · M · D의 면적 : 사각형, 삼각형, 포물선형 등**
>
> 면적 Moment 법에 적용하려면
>
> i) 도형의 면적
>
> ii) 기준점에서 도심까지의 거리
>
> 을 알아야 함

TIP

도형의 면적과 기준점에서 도심까지의 거리

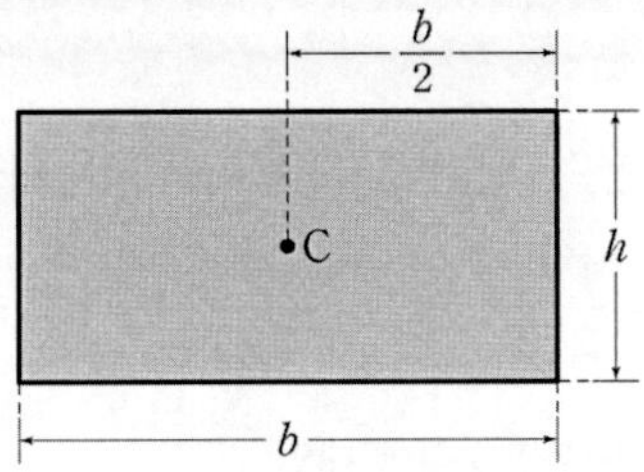

면적$=b \cdot h$

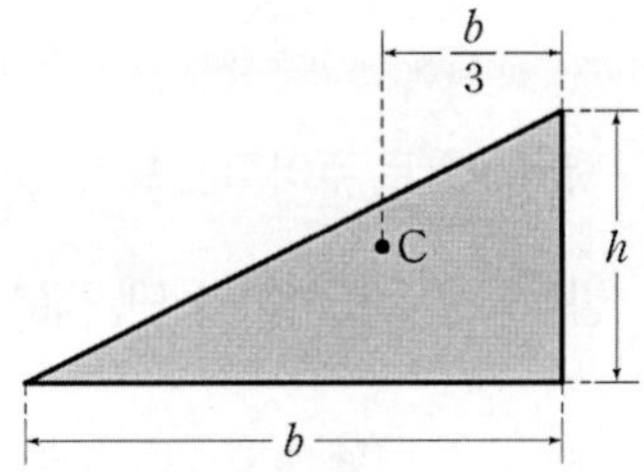

면적$=bh/2$

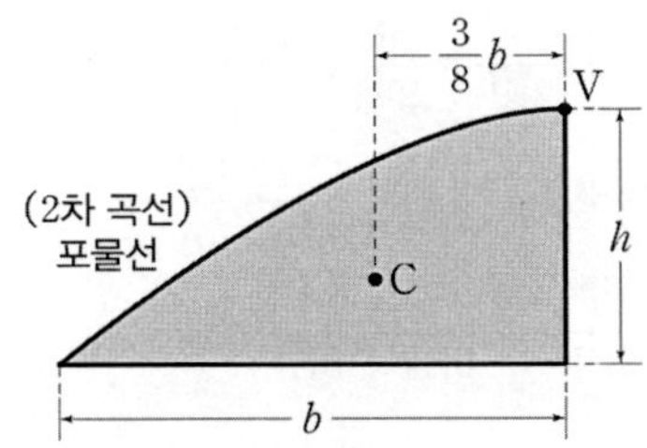

면적$=\dfrac{2bh}{3}$

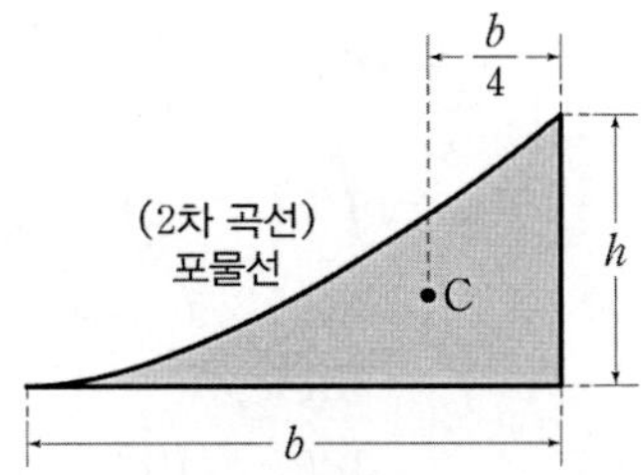

면적$=\dfrac{bh}{3}$

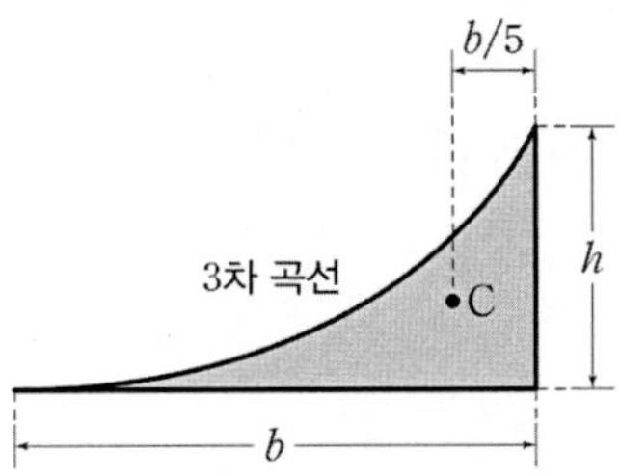

면적$=\dfrac{bh}{4}$

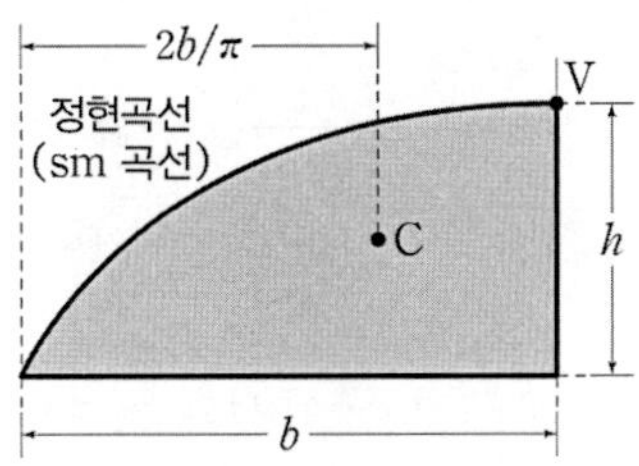

면적$=2bh/\pi$

도형 그림에서 [C : 빗금친 부분의 도심 / V : 곡선의 변곡점(경계점)] 나타냄

연습문제

01 $M = Px$로 주어지는 보가 있다. 처짐곡선의 미분방정식을 이용하여 처짐각과 처짐량을 구하는 방정식을 유도하여라. 단, 적분상수 $C_1 = \frac{P\ell^2}{2EI}$, $C_2 = \frac{-P\ell^3}{3EI}$이다.

|풀이| $M = Px$ 및 C_1, C_2 값을 처짐곡선의 미분방정식에 대입

$$\frac{d^2y}{dx^2} = -\frac{M}{EI} = -\frac{Px}{P} \text{ (적분하면 처짐각이 된다)}$$

$$\frac{dy}{dx} = \theta = -\int \frac{Px}{EI}dx + C_1 = -\frac{Px^2}{2EI} + \frac{Px^2}{2EI} = \frac{P}{2EI}(\ell^2 - x^2) \text{ (다시 적분하면 처림량이 된다)}$$

$$\delta = -\int \theta dx = -\int \frac{P}{2EI}(\ell^2 - x^2)dx + C_2$$

$$= -\frac{P}{2EI}\left(-\ell^2 x + \frac{x^3}{3}\right) - \frac{Px^3}{3EI} = \frac{-P\ell^2 x}{2EI} + \frac{Px^3}{6EI} - \frac{P\ell^3}{3EI}$$

$$= -\frac{3P\ell^2 x}{6EI} + \frac{Px^3}{6EI} - \frac{2P\ell^3}{6EI} = \frac{P}{6EI}(x^3 - 3\ell^2 x - 2\ell^3)$$

$x = 0$일 때 최대처짐각 및 최대처짐량을 가진다면

$$\theta_{max} = \frac{P}{2EI}(\ell^2 - x^2) = \frac{P}{2EI}(\ell^2 - 0^2) = \frac{P\ell^2}{2EI}$$

$$\delta_{max} = \frac{P}{6EI}(x^3 - 3\ell^3 x - 2\ell^3) = \frac{P}{6EI}(0^3 - 3\ell^2 \cdot 0 - 2\ell^3)$$

$$= \frac{2P\ell^3}{6EI} = -\frac{P\ell^3}{3EI}$$

02 외팔보의 자유단에 800kg의 집중하중을 작용시키면 최대처짐각 및 최대처짐량은 얼마인가? 단, 보의 단면의 지름은 8cm, 세로탄성계수 $E = 2.1 \times 10^6 kg/cm^3$, 보의 길이는 50cm이다.

|풀이| $P = 800kg$, $\ell = 50cm$, $E = 2.1 \times 10^6 kg/cm^3$, $I = \frac{\pi d^4}{64} < \frac{\pi \cdot 8^4}{64} = 200.96cm^4$을 외팔보의 최대 처짐각 θ_{max}. 최대처짐량 δ_{max}에 대입

$$\theta_{max} = -\frac{P\ell^2}{3EI} = \frac{-\quad 800 \times 50^2}{2 \times 2.1 \times 10^6 \times 200.96} = -0.00237 rad.$$

$$\delta_{max} = \frac{P\ell^3}{3EI} = \frac{800 \times 50^2}{3 \times 2.1 \times 10^6 \times 200.96} = 0.0789cm$$

03 보의 길이 300mm, 지름 50mm인 도형단면의 외팔보가 있다. 이 보에 생기는 최대처짐을 0.2mm 이하로 보의 자유단에 작용시킬 수 있는 집중하중은 최대로 얼마까지 할 수 있는가? 단, 세로탄성계수 $E = 2.1 \times 10^4 kg/mm^2$이다.

|풀이| 원형단면의 단면2차모멘트는 $I = \frac{\pi d^4}{64} < \frac{3.14 \times 50^4}{64} = 3.6640\,mm^4$

자유단에 집중하중이 작용할 때 최대처짐량식 $\delta_{max} = \frac{P\ell^3}{3EI}$ 이므로 $\delta_{max} \leqq 0.2mm$ 로 제한할 때 자유단에 작용시킬 수 있는 최대하중 P는

$$P \leqq \frac{3EI\delta_{max}}{\ell^3} = \frac{3 \times 2 \times 10^4 \times 306640 \times 0.2}{300^3} = 136.3kg$$

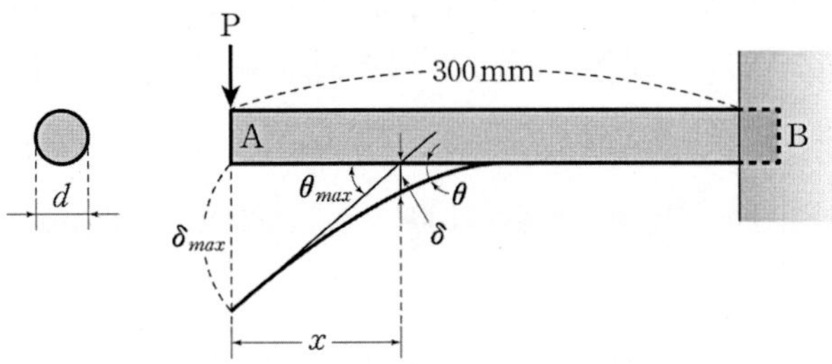

$$\theta_{max} = -\frac{P\ell^2}{2EI}$$

$$\delta_{max} = \frac{P\ell^3}{3EI}$$

04 길이 100cm되는 외팔보에 균일분포하중 10kg/cm이 작용할 때 자유단에서 40cm되는 단면의 처짐각 및 차짐량을 구하여라. 단, 사각단면보의 나비 × 높이 = 5cm × 10cm, 세로탄성계수 $E = 2.1 \times 10^6 kg/cm^2$이다.

|풀이| 사각단면보이 관성모멘트 $I = \frac{bh^3}{12} = \frac{5 \times 10^3}{12} = 416.7\,cm^4$

$\omega = 10kg/cm$, $\ell = 100cm$, $E = 2.1 \times 10^6 kg/cm^2$, $x = 40cm$ 을 대입

$$\frac{dy}{dx} = \frac{\omega}{6EI}(x^3 - \ell^3) = \frac{10(40^3 - 100^3)}{6 \times 2.1 \times 10^6 \times 416.7} = -0.00178\,rad.$$

$$\delta = \frac{\omega}{24EI}(x^4 - 4\ell^3 x + 3\ell^4) = \frac{10(10^4 - 4 \times 100^3 \times 40 + 3 \times 100^4)}{24 \times 2.1 \times 10^6 \times 416.7} \fallingdotseq 0.068cm$$

05

문제4에서 최대처짐량을 0.2mm 이하로 하기 위해서 보의 길이는 최대 얼마까지 할 수 있는가.

|풀이| $\delta_{max} = \dfrac{\omega\ell^4}{8EI}$ 에서 $\ell = \sqrt[4]{\dfrac{8EI\delta_{max}}{\omega}}$

$= \sqrt[4]{\dfrac{8\times 2.1\times 10^6\times 416.7\times 0.02}{10}} = 61.2cm$

|참고| 균일분포하중받는 외팔보에서

$\theta_{max} = -\dfrac{\omega\ell^3}{6EI}$, $\delta_{max} = \dfrac{\omega\ell^4}{8EI}$

06

나비 8cm, 높이 15cm인 직사각형 단면을 가진 길이 4m의 단순보가 있다. 이 보의 자중이 25kg/m이고, 중앙에 2000kg의 집중하중을 받는다면 최대 처짐은 얼마인가? 단, 세로탄성계수 $E = 2,150,000$kg/cm²

|풀이| 자중에 의한 최대처짐 δ_1, 집중하중에 의한 최대처짐 δ_2는 다같이 보의 중앙에서 같은 방향으로 일어나므로 이때의 처짐은?

$\delta_{max} = \delta_1 + \delta_2$, 단면2차모멘트 $I = \dfrac{bh^3}{12} = \dfrac{8\times 15^3}{12} = 2250\,cm^4$

$\therefore\ \delta_{max} = \dfrac{5\omega\ell^4}{384EI} + \dfrac{P\ell^3}{48EI} = \dfrac{5\times 0.25\times 400}{384\times 2150000\times 2250} + \dfrac{2000\times 400^3}{48\times 2150000\times 2250} = 0.568cm$

07

단면 나비 10cm, 높이 27cm, 길이 3cm의 목재 단순보가 있다. 보의 전길이에 걸쳐서 균일분포하중을 받는다면 최대처짐은 얼마인가? 또, 왼쪽지점에서 100cm 떨어진 단면의 처짐각은 얼마인가? 단, 세로탄성계수 $E = 78000$kg/cm²이다.

|풀이| ▨형 단면의 단면2차모멘트 $I = \dfrac{bh^3}{12} = \dfrac{10\times 27^3}{12} = 16402.5\,cm^4$

균일분포하중이 전길이에 작용하는 단순보의 최대처짐은?

$\therefore \delta_{max} = \dfrac{5\omega\ell^4}{384EI} = \dfrac{5\times 8\times 300^4}{384\times 78000\times 16402.5} = 0.6594cm \fallingdotseq 6.59mm$

$x = 100cm$ 인 지점의 처짐각은

$\theta = \dfrac{\omega}{24EI}(4x^3 - 6\ell x + \ell^3) = \dfrac{8(4\times 100^3 - 6\times 300\times 100\times 300^3)}{24\times 78000\times 16405.8}$

$= 0.00803\,rad = 0.46°$

08 길이가 2m인 단순보의 중앙에 집중하중을 작용시켜 최대처짐을 0.2cm로 제한하려면 몇 kg의 하중을 작용시켜야 하는가? 단, 지름이 10cm인 도형단면이고, 재료의 세로탄성계수는 $E = 2\times10^6 kg/cm^2$이다.

|풀이| ▨단면보의 단면2차모멘트 $I = \frac{\pi d^4}{64} = \frac{3.14\times10^4}{64} = 490.6\,cm^4$

$\delta_{max} = \frac{P\ell^3}{48EI}$ 공식에서 $P = \frac{48EI\delta_{max}}{\ell^3}$ 이므로

$\therefore P = \frac{48EI\delta_{max}}{\ell^3} = \frac{48\times2\times10^6\times490.6\times0.2}{200^3} = 1177.4kg$

09 아래 그림과 같이 외팔보의 자유단 A점에 집중하중 P가 작용할 경우 A점의 처짐 δ와 처짐각 θ를 구하여라.

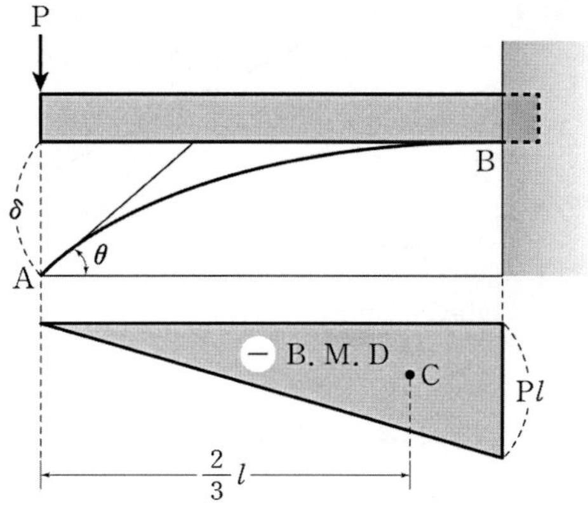

|풀이| 모어의 면적모멘트법을 이용하면

i) $\delta = \frac{1}{EI}\int_A^B Mx\,dx$

$= \frac{\bar{x}\cdot Am}{EI}$ (제2정리)에서

$Am = \ell\times P\cdot\ell\times\frac{1}{2} = \frac{P\ell^2}{2}$

$\therefore \delta = \frac{\bar{x}\cdot Am}{EI} = \frac{P\ell^2}{2EI}\times\frac{2}{3}\ell = \frac{P\ell^3}{3EI}$

ii) $\theta = \int_A^b \frac{M\,dx}{EI} - \frac{1}{EI}\int_A^B M dx = \frac{Am}{EI}$ (제1정리)에서

$$\therefore \theta = \frac{Am}{EI} = \frac{-P\ell^2}{2EI}$$

$$\therefore \begin{cases} \delta = \dfrac{P\ell^3}{3EI} \\ \theta = -\dfrac{P\ell^3}{2EI} \end{cases}$$

10 외팔보 중앙에 집중하중 P가 작용할 경우 최대처짐을 구하여라.

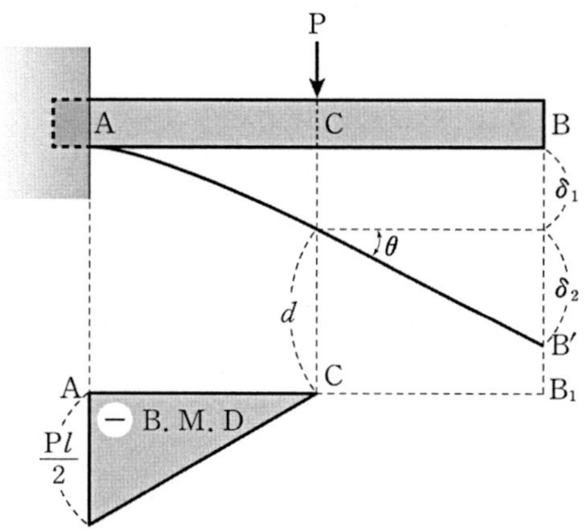

| 풀이 | 모어의 면적모멘트법을 이용하면

i) $\delta = \frac{1}{EI}\int_A^B Mx dx$

$= \frac{\bar{x} \cdot Am}{EI}$ (제2정리)에서

$$Am = \ell \times P \cdot \ell \times \frac{1}{2} = \frac{P\ell^2}{2}$$

$\therefore \delta = \frac{\bar{x} \cdot Am}{EI} = \frac{P\ell^2}{2EI} \times \frac{2}{3}\ell = \frac{P\ell^3}{3EI}$ 보의 최대처짐은 자유단에 생기며

i) 집중하중 P에 의한 처짐 δ_1과 하중점의 최대회전각 θ에 의한 처짐 δ_2을 합하면 된다.

$\delta_1 = \frac{P\ell^3}{3EI}$ 에서 (ℓ에 $\frac{\ell}{2}$ 대입)

$$\diamond\ \delta_1 = \frac{P}{3EI}\left(\frac{\ell}{2}\right)^3 \theta = \frac{P}{2EI}\left(\frac{\ell}{2}\right)^2$$

$$\diamond\ \delta_2 = \theta \cdot \frac{\ell}{2} = \frac{P}{2EI}\left(\frac{\ell}{2}\right)^2 \cdot \frac{\ell}{2} = \frac{P}{2EI}\left(\frac{\ell}{2}\right)^3$$

$\therefore$ 최대처짐 $\delta_{max} = \delta_1 + \delta_2 = \theta \cdot \dfrac{\ell}{2} = \dfrac{P}{3EI}\left(\dfrac{\ell}{2}\right)^3 + \dfrac{P}{2EI}\left(\dfrac{\ell}{2}\right)^3$

$$= \frac{P\ell^3}{24EI} + \frac{P\ell^3}{16EI} = \frac{2P\ell^3}{48EI} + \frac{3P\ell^3}{48EI} = \frac{5P\ell^3}{48EI}$$

ii) 면적모멘트법에 의하면

B · M · D의 면적 $Am = \dfrac{P\ell}{2} \times \dfrac{\ell}{2} \times \dfrac{1}{2} = \dfrac{P\ell^2}{8}$ 이고

도심까지 거리 $\bar{x} = \dfrac{5}{6}\ell$ 이므로

$$\therefore \delta = \frac{\bar{x} \cdot Am}{EI} = \frac{1}{EI}\left(\frac{P\ell^2}{8}\right) \times \left(\frac{5}{6}\ell\right) = \frac{5P\ell^3}{48EI}$$

$$\therefore \delta = \frac{5P\ell^3}{48EI}$$

11 단순보가 (AB) 집중하중 P를 받고 있다. A점에서 접선이 현 AB와 이루는 각 θ_A를 구하여라. 그리고, 현 AB로부터 이탈한 처짐량 δ를 구하여라.

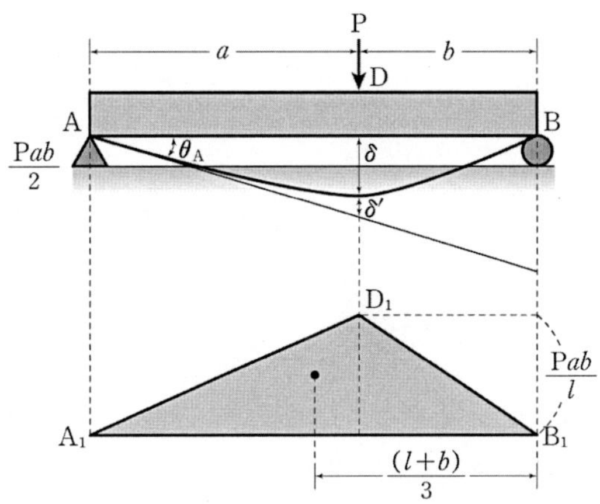

풀이 | 굽힘모멘트선도의 면적 :

B부터 도심 C까지의 거리는 $\dfrac{(\ell+b)}{3}$ 이다.

$$BB' = \delta = \frac{1}{EI}\int_A^B Mx\,dx$$

$$= \frac{\bar{x} \cdot Am}{EI} = \frac{Pab}{EI} \times \frac{(\ell+b)}{3} = \frac{Pab}{6EI}(\ell+b)$$

$\therefore \theta_A = BB' \div \ell$이므로 $\theta_A = \dfrac{Pab}{6EI}(\ell+b)$이다.

현 AB로부터 D점의 처짐 δ을 구하면 $\delta = a \cdot \theta_A - \delta^1$

A_1D_1부분 면적모멘트 사용. $Am = a \times \frac{Pb}{\ell} \times \frac{1}{2} = \frac{Pa^2b}{2\ell}$

D_1으로부터 도심까지거리 : $\frac{a}{3}$

$\therefore \delta' = \frac{Pa^2b}{2\ell} \times \frac{a}{3} = \frac{Pa^3b}{6EI\ell}$ 이다. $\delta = a \cdot \theta_A - \delta'$ 에 대입하면

$\therefore \delta' = \frac{Pa^2b}{6EI\ell}(\ell+b) - \frac{Pa^3b}{6EI\ell} = \frac{Pa^3b}{6EI\ell}(\ell+b-a)$

$= \frac{Pa^2b}{6EI\ell}((\ell-a)+b) = \frac{Pa^2b}{6EI\ell}(2b) = \frac{Pa^2b^2}{3EI\ell}$

$\therefore \delta = \frac{Pa^2b^2}{3EI\ell}$

평가문제

01 보의 탄성곡선이란 무엇인지 바르게 말한 것은?

가. 굽힘모멘트 선도　　나. 굽어진 보 자체의 곡선

다. 전단력선도　　라. 곡률 곡선

02 보의 처짐은 어떻게 변하는가?

$$\left(\frac{d^2y}{dx^2}=-\frac{\mathrm{M}}{\mathrm{EI}}\right)$$

가. 단면2차 모멘트에 비례　　나. 단면계수 Z에 비례한다.

다. 강성도 EI ㅇ 반비례다.　　라. 굽힘모멘트 M에 반비례한다.

03 보의 처짐을 작게하려면 같은 단면적의 단면모양을 어떻게 취하는 것이 좋은가?

가. 정사각형　　나. 높이가 짧은 직사각형

다. 높이가 긴 직사각형　　라. 원형

| 풀이 | $\mathrm{I}=\frac{bh^3}{12}=\frac{\pi d^4}{64}$ 에서 I를 크게하려면 h가 크면된다.

04 보가 굽었을 때 곡률반지름은 어떻게 변하는가?

가. 보의 모든점은 곡률반지름이 변하지 않는다.

나. 세로탄성계수가 클수록 작아진다.

다. 하중에 비례한다.

라. 굽힘모우먼트에 반비례한다.

| 풀이 | $\frac{1}{\rho}=\pm\frac{\mathrm{M}}{\mathrm{EI}}=\frac{d^2y}{dx^2}$

05 보의 탄성곡선의 차수가 가장 높은 것은 어떤 하중이 작용할 때인가?

가. 집중하중
나. 등분포하중
다. 변화분포하중
라. 이동하중

06 길이가 2ℓ 인 외팔보의 중앙에 집중하중 P 가 작용했을 때, 자유단의 처짐은 얼마인가?

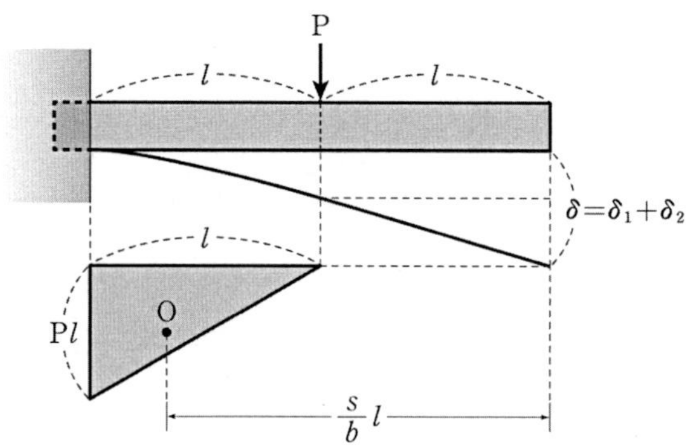

가. $\dfrac{P\ell^3}{3EI}$
나. $\dfrac{2P\ell^3}{3EI}$
다. $\dfrac{P\ell^3}{4EI}$
라. $\dfrac{5P\ell^3}{6EI}$

| 풀이 | $\delta=\dfrac{Am\cdot x}{EI}=\dfrac{1}{EI}\left(\dfrac{P\ell^3}{2}\right)\times\left(\dfrac{5}{3}\ell\right)=\dfrac{5P\ell^3}{36EI}$

07 면적모멘트법을 적용할 때, 공액보란 무엇인지 다음 설명중에서 옳은 것을 골라라.

가) 하중과 반력을 바꾸어 생각한 보이다.
나) B · M · D에서 면적을 하중으로 생각한 보이다.
다) S · F · D에서 면적을 하중으로 생각한 보이다.
라) S · F · D와 B · M · D를 생각한 보이다.

08 그림과 같은 두 외팔보에서 최대처짐을 각각 δ_1, δ_2의 값은 얼마인가?

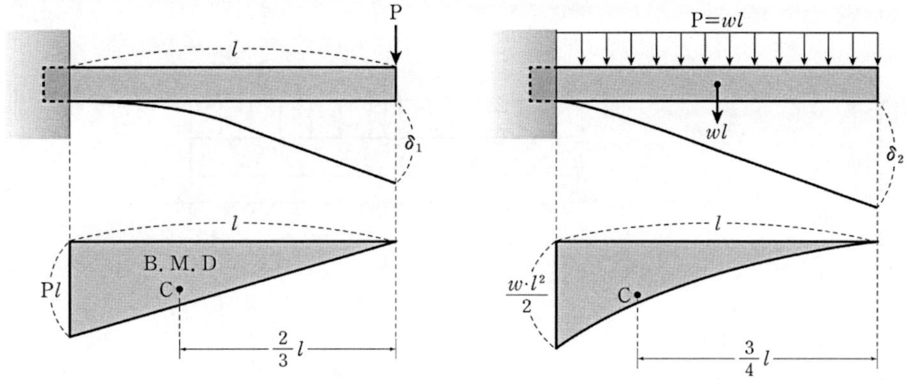

가. $\dfrac{2}{3}$　　나. $\dfrac{2}{5}$

다. $\dfrac{3}{8}$　　라. $\dfrac{5}{16}$

| 풀이 | $\delta = \dfrac{Am \cdot \overline{x}}{EI} = \dfrac{1}{EI}\left(\dfrac{P\ell^2}{2}\right) \times \left(\dfrac{2}{3}\ell\right) = \dfrac{P\ell^3}{3EI} = \dfrac{\omega\ell^4}{3EI}$

$\delta = \dfrac{Am \cdot \overline{x}}{EI} = \dfrac{1}{EI}\left(\dfrac{1}{3}\ell \cdot \dfrac{\omega \cdot \ell^2}{2}\right) \times \left(\dfrac{3}{4}\ell\right) = \dfrac{\omega_0\ell^4}{8EI}$

$\therefore \delta_2/\delta_1 = \dfrac{1}{8} / \dfrac{1}{3} = \dfrac{3}{8}$

09 두 양단 지지보에서 최대처짐을 각각 δ_1, δ_2라고 할 때, 처짐의 비 δ_1/δ_2의 값은 얼마인가?

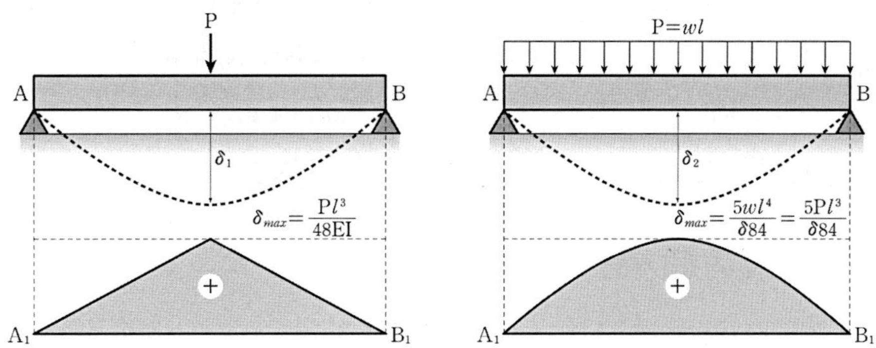

가. 1.2　　나. 1.4

다. 1.6　　라. 2.0

| 풀이 | $\therefore \delta_1/\delta_2 = \dfrac{1}{48} / \dfrac{384}{5} = \dfrac{8}{5} = 1.6$

10 집중하중 P 와 균일분포하중 ω 가 동시에 작용하는 양단지지보에서 최대처짐은 다음의 어느 식으로 표시되는가? 단, $\omega\ell = \mathrm{P}$ 이다.

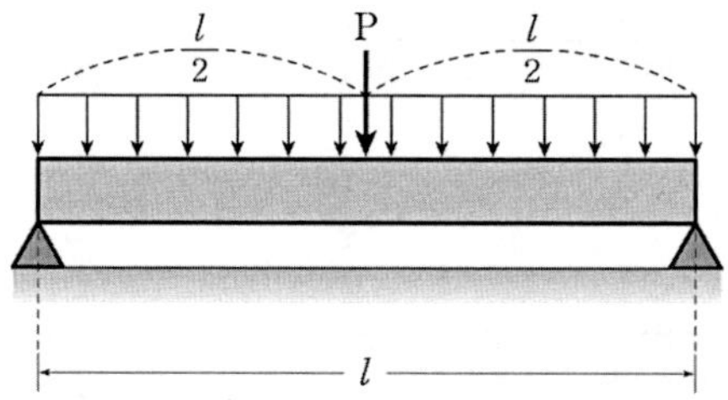

가. $\dfrac{7}{48} \times \dfrac{\mathrm{P}\ell^3}{\mathrm{EI}}$

나. $\dfrac{17}{48} \times \dfrac{\mathrm{P}\ell^3}{\mathrm{EI}}$

다. $\dfrac{13}{384} \times \dfrac{\mathrm{P}\ell^3}{\mathrm{EI}}$

라. $\dfrac{53}{384} \times \dfrac{\mathrm{P}\ell^3}{\mathrm{EI}}$

| 풀이 | 중첩의 원리 이용 ┌ P만 작용할 때 δ_{max} └ 균일분포하중 작용할 때 δ_{max} 을 구하여 합한다.

최대처짐은 중앙점에서 생긴다.

i) 집중하중 P 만 작용할 때 $\delta_1 = \dfrac{1}{48} \times \dfrac{\mathrm{P}\ell^3}{\mathrm{EI}}$

ii) 균일분포하중 ω 만 작용할 때 $\delta_2 = \dfrac{5}{384} \times \dfrac{\mathrm{P}\ell^3}{\mathrm{EI}}$

$$\therefore \delta_{max} = \delta_1 + \delta_2 = \left(\frac{1}{48} + \frac{5}{384}\right) \times \frac{\mathrm{P}\ell^3}{\mathrm{EI}} = \frac{13}{384} \times \frac{\mathrm{P}\ell^3}{\mathrm{EI}}$$

11 길이 1m인 외팔보의 온 길이에 걸쳐 $3\mathrm{kg/cm^2}$인 균일분포하중이 작용하고 있다. 최대처짐은 얼마인가? 단, $\mathrm{E} = 2 \times 10^6 \mathrm{kg/cm^2}$ 단면은 1변이 6cm인 정사각형이다.

가. 0.174cm

나. 0.185cm

다. 0.192cm

라. 0.198cm

| 풀이 |

최대처짐은 자유단이 생기며 그 값은 $\therefore \delta_{max} = \dfrac{\mathrm{P}\ell^3}{8\mathrm{EI}} = \dfrac{\omega\ell^4}{8\mathrm{EI}}$

여기서 $\mathrm{I} = \dfrac{bh^3}{12} = \dfrac{h^4}{12} = 108\,\mathrm{cm}^4$, $\mathrm{E} = 2 \times 10^6 \mathrm{kg/cm^2}$

$\omega = 3\mathrm{kg/cm}$, $\ell = 100\mathrm{cm}$ 이므로

$$\therefore \delta_{max} = \frac{\omega\ell^4}{8\mathrm{EI}} = \frac{3 \times 100^4}{8 \times 2 \times 10^6 \times 108} = \frac{300}{1728} \fallingdotseq 0.174(\mathrm{cm})$$

12 양단 지지보가 온길이 ℓ에 걸쳐 균일분포하중 $\omega/1$을 받고 있을 때 보의 중앙을 밀어 올려서 양단과 동일한 수준으로 했다면 중앙지점의 지지력은 얼마인가?

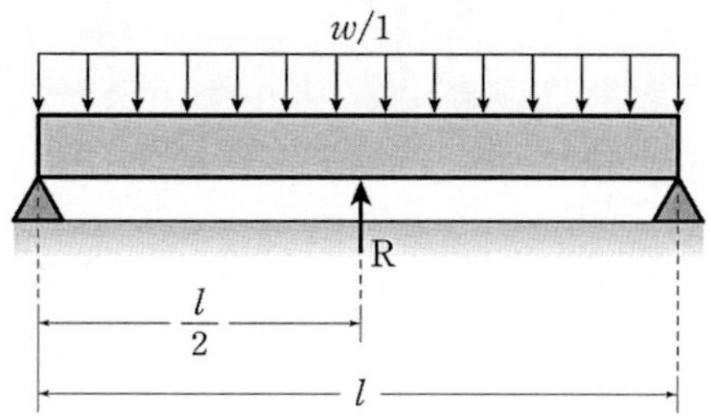

가. $\frac{1}{8}\omega\ell$　　나. $\frac{3}{8}\omega\ell$

다. $\frac{5}{8}\omega\ell$　　라. $\frac{7}{8}\omega\ell$

| 풀이 |

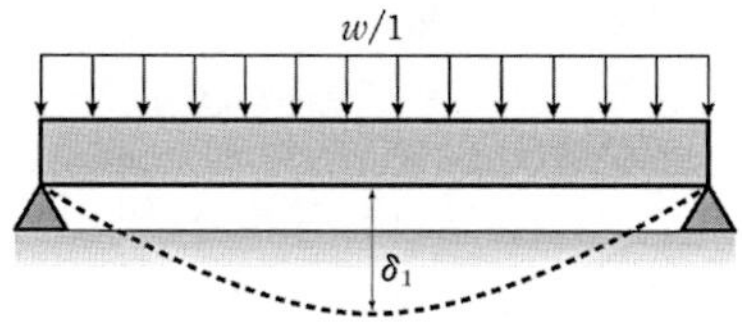

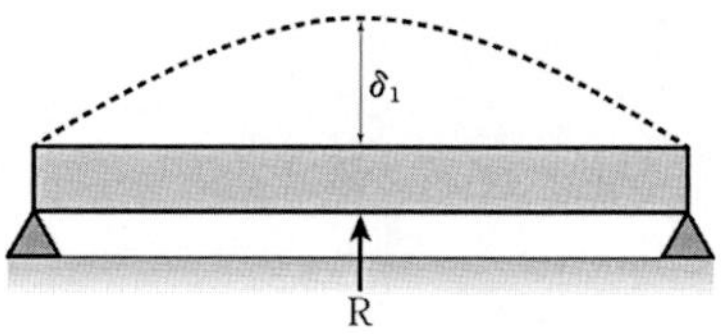

$$\delta_1 = \frac{5}{384} = \frac{\omega\ell^4}{EI} \qquad \delta_2 = \frac{1}{48} \times \frac{R\ell^4}{EI}$$

중앙지점이 양단과 동일수준이 되려면 $\delta_1 = \delta_2$이어야 하므로

$$\frac{5}{384}\frac{\omega\ell^3}{EI} = \frac{1}{48}\frac{R\ell^3}{EI}$$

$$\therefore\ R = \frac{5\omega\ell^4 \times 48EI}{384\ell^3 EI} = \frac{5}{8}\omega\ell$$

13 지름이 10cm, 길이 100cm인 외팔보의 자유단에 W kg 의 하중이 작용할 때 그 처짐량을 0.485로 제한하려고 한다. 이 때 작용하는 하중은 몇 kg인가? 단, $E = 2.1 \times 10^6$(kg/cm²) 이다.

가. 1500　　나. 2120

다. 2328　　라. 3126

| 풀이 | $\therefore\ \delta_{max} = \frac{P\ell^3}{3EI}$ 이므로

$$P = \frac{3EI \cdot \delta_{max}}{\ell^3} = \frac{3 \times 2.1 \times 10^6 \times \pi \times 10^4 \times 0.485}{100^3 \times 64} = 1500\,(kg)$$

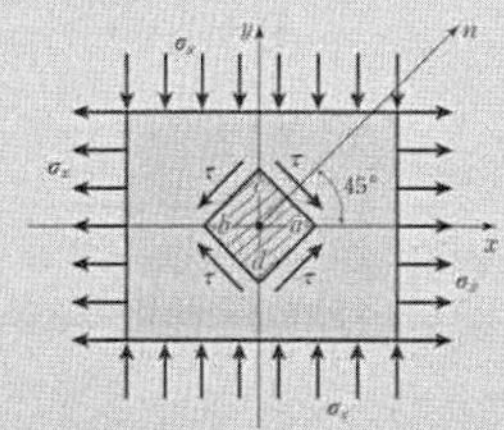

제 6 장

부정정보
(Statically indeterminate beam)

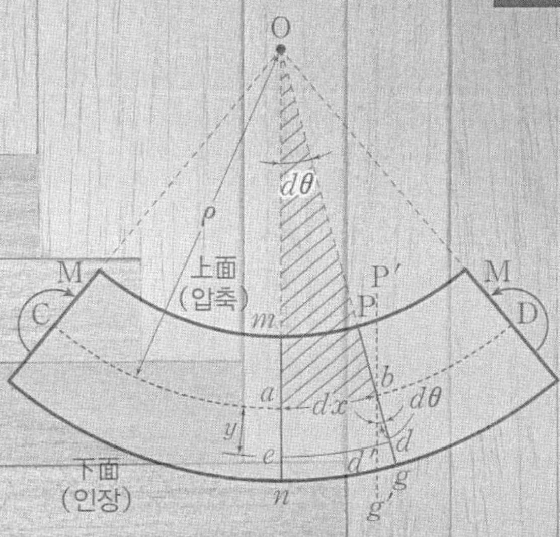

6-1 개요 및 해법

* **정정보** : 물체에 작용하고 있는 외력들의 모든 값이 힘의 평형조건을 이용하여 구할 수 있는 보 (외팔보. 단순보 내다지보)
* **부정정보** : 힘의 평형조건 만으로 구할 수 없고, 변형조건을 고려하여야만 반력을 구할 수 있는 보 (고정보, 고정지지보, 연속보)

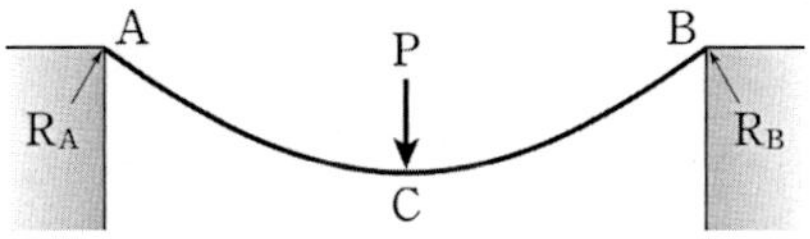

(단순보)

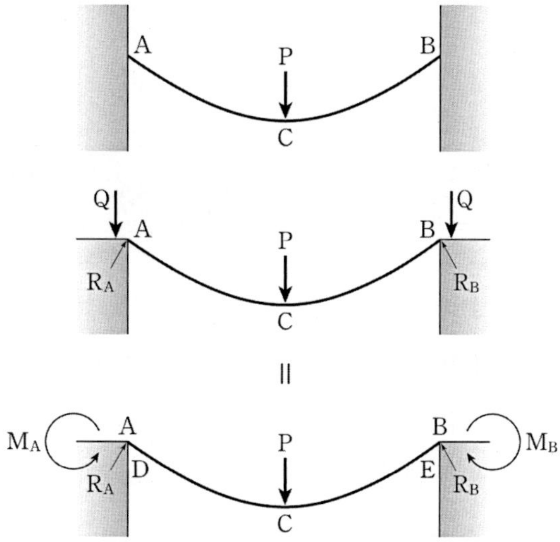

(고정보)

굽힘상태 : 중앙부분이 아래로 처지고 같은 방향으로 휜다.

고정보에서 ┌ 중앙부분 : 아래로 휜다.
└ 양끝부분 : 위로 휜다.

고정보에 A, B부분 모두 고정되어 휘는 방향을 바꿀 수 없다.

TIP	단순보에서는 보의 휘는 방향을 자유로 바꿀 수 있다.

마치, 보 양단에 힘 Q 을 작용시켜 A 및 B 점에서 보에 그은 접선이 수평되게 하였을 때와 같은 결과이다.

∴ 하중에 의한 반력 R_A, R_B 외에도 반작용모멘트 M_A, M_B 가 작용함.

> TIP
> **고정모멘트 : Fixing moment**
> 외력역할

변곡점 D, E 점은 어느쪽으로도 휘지 않으므로 굽힘모멘트값이 0이다.

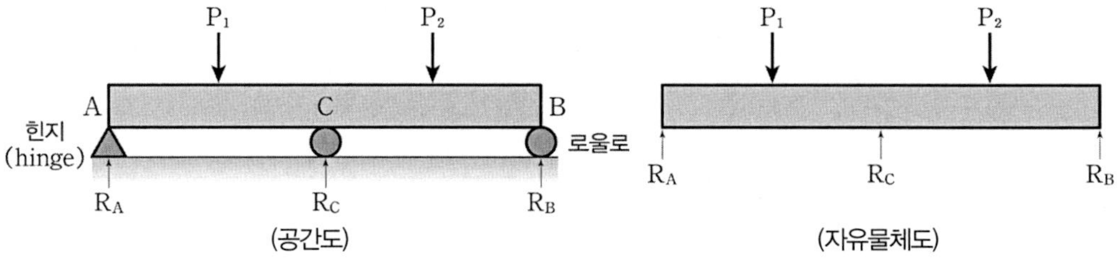

$$\begin{cases} \Sigma F = 0 & \cdots ① \\ \Sigma M = 0 & \cdots ② \end{cases}$$

> TIP
> 미지반력이 3개이므로 2개 방정식으로는 그 크기를 결정할 수 없다. (부정정보)

즉, 힘의 평형조건만으로는 지점의 반력을 구할 수 없다.

만약, ┌ C점에 로울러를 제거하면 : 양끝이 지지된 단순보 (AB)
　　　└ B점에 로울러를 제거하면 : 내다지보 (AB)

∴ B, C점 중 하나는 과잉지점 (redundant support)이 된다.

> TIP
> **과잉지점 (redundant support)**
> 한 보를 그 하중 평면내에서 완전히 구속하는데 필요하고 충분한 지점들을 제외한 나머지 지점.
> ∴ 부정정보는 과잉구속되어 있고 미지의 과잉 반력 · 고정 모멘트를 구하면 정정보와 동일하여 전단력 · 굽힘 모멘트를 구할 수 있다.

> TIP
> **미지의 과잉 반력 · 고정 moment 구하는 방법 (3가지)**
> i) 탄성곡선의 미분방정식에 의한 방법
> ii) 중첩법에 의한 방법편리하여 많이 사용
> iii) 면적 moment 법

참고

Saint Venant의 원리 (Saint Venant's principle)

부하형식이 사이한 하중이 작용하여도 그 합력이 같으면 단면부터 충분히 떨어진 위치, 가령 중앙부분 근처에서의 변형률과 응력상태는 동일하다.

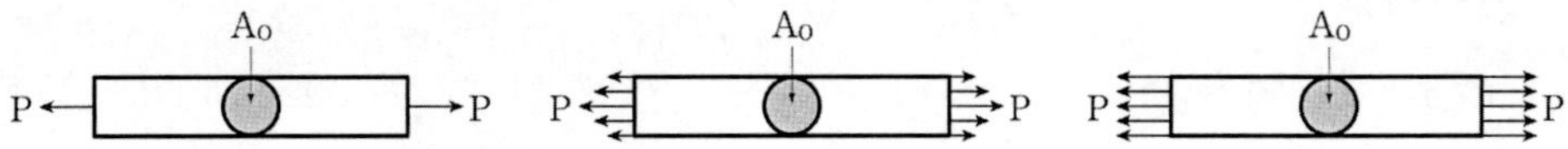

중첩의 원리 (principle of supersoition)

Hooke 탄성제에 2개 이상의 하중 작용할 때의 변위, 변형률.
응력의 상태는 각기의 하중이 단독으로 작용했을 때의 변위, 변형률.
응력상태의 화와 같다.

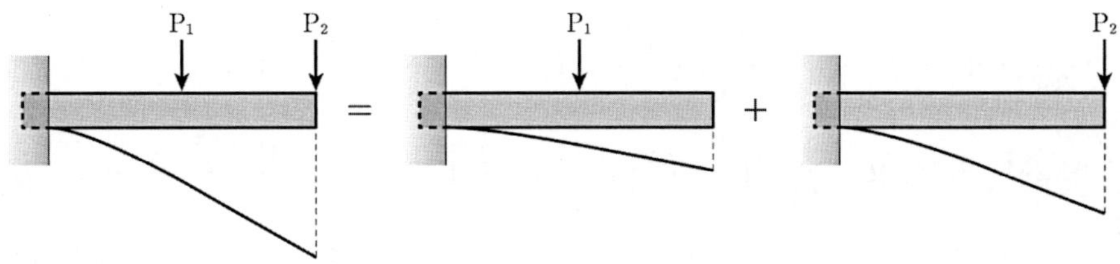

가 중첩법을 이용하여 고정보 양 끝에 작용하는 고정 moment를 구해보면

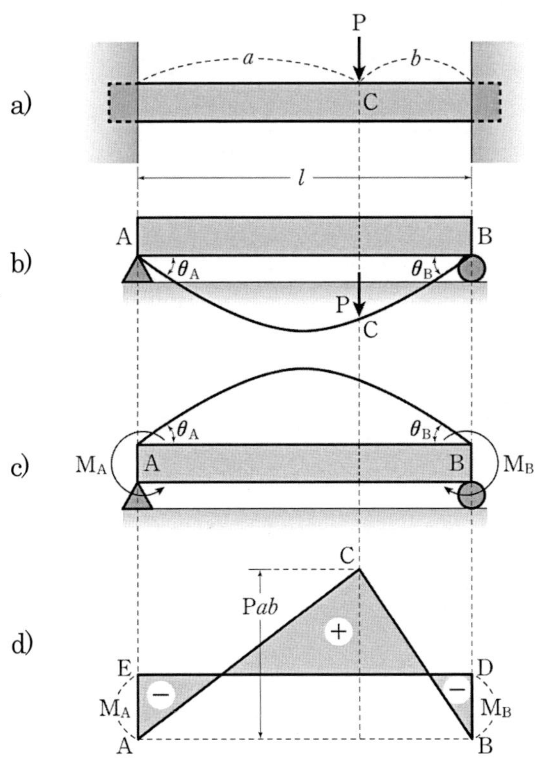

양단이 고정된 보가 집중하중 P 를 받는 경우 양끝의 회전을 방지하고 있는 고정모멘트를 과잉구속으로 보고 제거하면 단순지지보 AB가 된다. (고정보에 M_A, M_B 인 과잉반력이 있는 보 : 2차 부정보보)

* 단순보에 하중 P 만 받는 경우 : 처짐각
* 단순보가 양단에 모멘트만 받는 경우 : 처짐각

i) 단순보에 하중 P 만 받는 경우의 처짐각

$$\theta'_A = \frac{Pb}{6EI\ell}(\ell^2 - b^2) = \frac{Pab}{6EI\ell}(\ell + b)$$

$$\theta'_B = -\frac{Pab}{6EI\ell}(2\ell - b) = -\frac{Pab}{6EI\ell}(\ell + a)$$

ii) 단순보가 양단에 모멘트만 받는경우의 처짐각?

$$\theta''_A = \frac{M_A \cdot \ell}{3EI} + \frac{M_B \cdot \ell}{6EI},\ \theta''_B = \frac{M_B \cdot \ell}{3EI} + \frac{M_A \cdot \ell}{6EI}$$

보의 양끝에서의 점선들이 회전할 수 없으므로

$$\left\langle \begin{matrix} \theta'_A - \theta''_A = 0 \\ \theta'_B - \theta''_B = 0 \end{matrix} \right\rangle \text{가 되어야 함.}$$

$$\left\langle \begin{matrix} \dfrac{Pab}{6EI\ell}(\ell^2 - b^2) - \dfrac{M_A \cdot \ell}{3EI} - \dfrac{M_B \cdot \ell}{6EI} = 0 \quad \cdots ① \\ -\dfrac{Pab}{6EI\ell}(2\ell - b) - \dfrac{M_B \cdot \ell}{3EI} - \dfrac{M_A \cdot \ell}{6EI} = 0 \quad \cdots ② \end{matrix} \right\rangle \text{연립방정식을 더 간단히 하면}$$

$$\frac{M_A \cdot \ell}{3EI} + \frac{M_B \cdot \ell}{6EI} = \frac{Pab(\ell^2 - b^2)}{6EI\ell} \qquad \frac{2M_A \cdot \ell + M_B \cdot \ell}{6EI} = \frac{Pb}{6EI\ell}(\ell^2 - b^2)$$

$$\therefore (2M_A + M_B)\ell = \frac{Pb}{\ell}(\ell^2 - b^2) \qquad \therefore 2M_A + M_B = \frac{Pb(\ell^2 - b^2)}{\ell^2} \quad \cdots ①'$$

$$\frac{M_B \cdot \ell}{3EI} + \frac{M_A \cdot \ell}{6EI} = + \frac{Pab(2\ell - b)}{6EI\ell} \qquad \frac{M_A \cdot \ell + 2M_B \cdot \ell}{6EI} = + \frac{Pab(\ell^2 - b^2)}{6EI\ell}$$

$$\therefore (M_A + M_B)\ell = \frac{Pab(2\ell - b)}{\ell} \qquad \therefore M_A + 2M_B = \frac{Pab(2\ell - b)}{\ell^2} \quad \cdots ②'$$

①'×2 − ②'식

$$4M_A + 2M_B = \frac{Pb(\ell^2 - b^2)}{\ell^2}$$

$$-)\ M_A + 2M_B = P_{ab}(2\ell - b)/\ell^2$$

$$3M_A = Pb(\ell^2 - b^2) - P_{ab}(2\ell - b)/\ell^2$$

$$\therefore M_A = \frac{\overset{☆}{\boxed{2Pb(\ell^2 - b^2) - Pab(2\ell - b)}}}{3\ell^2} = \frac{3Pab^2}{3\ell^2} = \frac{Pab^2}{\ell^2} \quad \cdots ③$$

> TIP
>
> ☆는 $2Pb(\ell^2 - b^2) - Pab(2\ell - b) = Pb\{2\ell^2 - 2b^2 - 2a\ell + ab\}$
> $= Pb\{2\ell^2 - 2b^2 - 2\ell(\ell - b) + (\ell - b)b\}$
> $= Pb\{2\ell^2 - 2b^2 - 2\ell^2 + 2b\ell + b\ell - b^2\} = Pb\{-3b^2 + 3b\ell\}$
> $= Pb\{3b(\ell - b)\} = Pb(3ab) = 3Pab^2$

③식을 ②′에 대입

$M_A + M_B = \frac{Pab(2\ell - b)}{\ell^2}$에 $M_A = \frac{Pab^2}{\ell^2}$을 대입하면

$\frac{Pab^2}{\ell^2} + 2M_B = \frac{Pab(2\ell - b)}{\ell^2}$ $\quad 2M_B = \frac{Pab(2\ell - b) - Pab^2}{\ell^2}$

$$\therefore M_B = \frac{\overset{☆}{\boxed{Pab(2\ell - b) - Pab^2}}}{2\ell^2} = \frac{2Pab^2}{2\ell^2} = \frac{Pa^2b}{\ell^2} \quad \cdots ④$$

TIP

☆는 $Pab(2\ell - b) - Pab^2 = Pab(2\ell - b - b) = Pab(2\ell - 2b)$

$= 2Pab(\ell - b) = 2Pa^2b$

∴ 고정보의 양끝 모우먼트는

$M_A = \frac{Pab^2}{\ell^2}$ $\qquad M_B = \frac{Pa^2b}{\ell^2}$ 이다.

그림에서 (b), (c)의 경우 B, M, D가 된다.

그림 (d)에서
- △ABC : 하중 P로 인한 B,M,D
- □ABCD : 양단모멘트 M_A, M_B로 인한 선도

참고

M_A, M_B 선도

음(−)좌표로 표시되어야 하지만 P로 인한 양(+)선도와 겹쳐지도록 동일한 기선 AB 위에 그리면 두 선도가 겹쳐지는 부분은 자동적으로 상쇄되므로 빗금친 부분의 B · M · D를 얻는다.

$a > b$일 때 M_B가 최대값이 됨. : b에 관해 미분하여 0로 놓으면

$$M_B = \frac{Pa^2b}{\ell^2} = \frac{Pb}{\ell^2}(\ell - b)^2 = \frac{Pb}{\ell^2}(\ell^2 - 2b\ell + b^2)$$

$$= \frac{P}{\ell^2}(b\ell^2 - 2b^2\ell + b^3)$$에서

$\frac{dM_B}{db} = 0 \qquad \ell^2 - 4b\ell + 3b^2 = 0 \qquad (\ell - 3b)(\ell - b) = 0$

$\therefore b = \frac{\ell}{3} \quad \cdots ⑤$

⑤을 M_B에 대입

$$|M_B|_{max}=\frac{Pa^2b}{\ell^2}=\frac{Pc(\ell-b)^2.b}{\ell^2}=\frac{Pb(\ell^2-2b\ell+b^2)}{\ell^2}$$

$$=\frac{P\left(\frac{\ell}{3}\right)\left[\ell^2-2\left(\frac{\ell}{3}\right)\ell+\left(\frac{\ell}{3}\right)^2\right]}{\ell^2}=\frac{\frac{P\ell}{3}\left[\ell^2-\frac{2\ell^2}{3}+\frac{\ell^2}{9}\right]}{\ell^2}$$

$$=\frac{\left(\frac{P\ell}{3}\right)\left[\frac{9\ell^2-6\ell^2+\ell^2}{9}\right]}{\ell^2}=\frac{\left(\frac{P\ell}{3}\right)\left(\frac{4P\ell^2}{9}\right)}{\ell^2}=\frac{\frac{4P\ell^3}{27}}{\ell^2}$$

$\therefore\ |M_B|_{max}=\dfrac{4P\ell}{27}$이다.

하중이 작용하는 C단면의 굽힘모멘트 M_C? (d그림에서)

$M_C=\dfrac{Pab}{\ell}-\dfrac{M_Ab+M_Ba}{\ell}$에서 $M_A=\dfrac{Pab^2}{\ell^2}$, $M_B=\dfrac{a^2b}{\ell^2}$ 대입하면

$$M_C=\frac{Pab}{\ell}-\frac{\frac{Pab^3}{\ell^2}+\frac{Pa^3b}{\ell^2}}{\ell}=\frac{Pab}{\ell}-\frac{\frac{(Pab^3+Pa^3b)}{\ell^2}}{\ell}$$

$$=\frac{Pab}{\ell}-\frac{Pab^3+Pa^3b}{\ell}=\frac{Pab\ell^2-Pab^3-Pa^3b}{\ell^3}=\frac{2Pa^2b^2}{\ell^3}$$

> **TIP**
>
> ☆는
>
> $Pab\ell^2-Pab^3-Pa^3b=Pab(a+b)^2-Pab^3-Pa^3b$
>
> $=Pab(a^2+2ab+b^2)-Pab^3-Pa^3b=Pa^3b+2Pa^2b^2+Pab^3-Pab^3-Pa^3b$
>
> $=2Pa^2b^2$

$\therefore\ M_C=\dfrac{2Pa^2b^2}{\ell^3}$이다.

$a=b=\dfrac{\ell}{2}$일 때 최대값 $|M_C|_{max}=\dfrac{P\cdot\ell}{8}$이 된다.

따라서 $M_A=M_B=M_C$이다.

$\therefore\ |M_A|_{max}<|M_C|_{max}<|M_B|_{max}$

* 부정정보 문제해석은 상기방법으로 풀이해야 하나 매우 복잡하므로 일부의 결과를 알고서 풀이하는 방법과 계산식의 결과만 소개한다.

참고

M_A에 $b=\frac{\ell}{3}b=\frac{\ell}{3}$을 대입하여 풀면

$$|M_A|_{max}=\frac{Pab^2}{\ell^2}=\frac{P(\ell-b)b^2}{\ell^2}$$

$$=\frac{P\ell b^2-Pb^3}{\ell^2}=\frac{P\ell\left(\frac{\ell}{3}\right)^2-P\left(\frac{\ell}{3}\right)^3}{\ell^2}=\frac{\frac{P\ell^3}{9}-\frac{P\ell^3}{27}}{\ell^2}=\frac{\frac{3P\ell^3-P\ell^3}{27}}{\ell^2}=\frac{\frac{2P\ell}{27}}{\ell^2}$$

$$=\frac{2P\ell^3}{27\ell^2}=\frac{2P\ell}{27}=0.074P\ell$$

6-2 고정보의 경우

가 고정보의 중앙에 집중하중을 받을 때

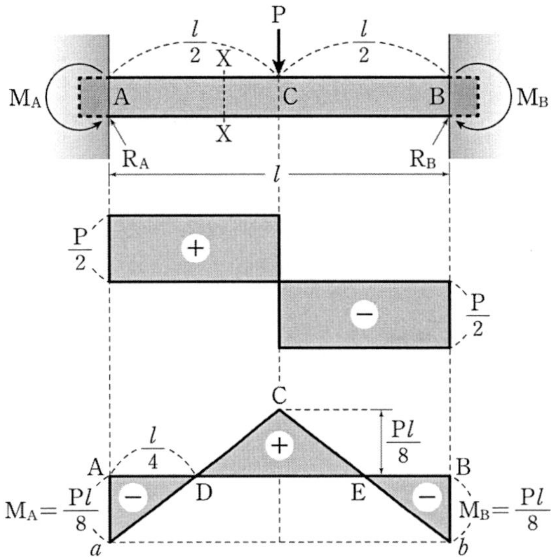

* 고정보에 중앙집중하중P 가 작용할 때 고정지점 A,B 에 작용하는 반력 R_A, R_B 반작용모멘트 $M_A\ M_B$ 라면

$R_A = R_B\ M_A = M_B$ 이다.

$\Sigma F = 0$(힘의 평행조건)

$P = R_A + R_B$ 에서

$R_A = R_B = \dfrac{P}{2}$ 이다.

* 보에 작용하는 전단력은?

$$\begin{pmatrix} F_{AC} = R_A = \dfrac{P}{2} \\ F_{CB} = R_A - P = -\dfrac{P}{2} \end{pmatrix} \quad \cdots ①$$

∴ 전단력선도는 가운데 부분의 그림이며 같은조건의 단순보와 같다.

* 보의 A 점에서 x 거리에 있는 X-X단면에 작용하는 굽힘모멘트?

(앞에서 구한 결과에 의하면 $M_A = \dfrac{P\ell}{8}$ 이므로)

$$M_{AC} = -M_A + R_A \cdot x$$

$$= -\frac{P \cdot \ell}{8} + \frac{P \cdot x}{2} \quad \cdots ②$$

$$\begin{pmatrix} x = 0 \text{ 이면} \quad M_A = -\dfrac{P \cdot \ell}{8} \\ x = \dfrac{\ell}{2} \text{ 이면} \quad M_A = -\dfrac{P \cdot \ell}{8} \end{pmatrix} \text{이고}$$

$$M_{CB} = -M_A + R_A . x - P\left(x - \frac{\ell}{2}\right)$$

$$= -\frac{P\ell}{8} + \frac{Px}{2} - P\left(x - \frac{\ell}{2}\right) \quad \cdots ③$$

$$\begin{pmatrix} x = \dfrac{\ell}{2} \text{ 인 C 점에서} \quad M_C = \dfrac{P \cdot \ell}{8} \\ x = \ell \text{ 이면 B 점에서} \quad M_B = -\dfrac{P \cdot \ell}{8} \end{pmatrix} \text{이다.}$$

위의 값을 대입하면 선도의 $\overline{acb}$와 같다.

최대굽힘모멘트는 3곳 (A, B, C 점)에 생기며 값은 $\frac{P\ell}{8}$ 이다.

* 굽힘모멘트가 0이 되는 점의 위치는? ②, ③식을 0으로 놓고 풀면

$$M_{AC} = -\frac{P \cdot \ell}{8} + \frac{Px}{2} = 0 \qquad -\frac{P}{2}\left(\frac{\ell}{4} - x\right) = 0 \quad \therefore x = \frac{\ell}{4}$$

$$M_{CB} = -\frac{P \cdot \ell}{8} + \frac{Px}{2} - P\left(x - \frac{\ell}{2}\right) = 0$$

TIP

$$☆ = -\frac{P \cdot \ell}{8} + \frac{Px}{2} - Px + \frac{P \cdot \ell}{2} = -\frac{P \cdot \ell}{8} + \frac{P\ell}{2} + \frac{Px}{2} - Px$$

$$= -\frac{P\ell}{8} + \frac{4P\ell}{8} + \frac{Px}{2} - \frac{2Px}{2} = \frac{3P\ell}{8} - \frac{Px}{2} = 0$$

$$\frac{3P\ell}{8} = \frac{Px}{2} \quad \therefore x = \frac{3P\ell}{8}\left(\frac{2}{P}\right) = \frac{3\ell}{4} \quad \therefore x = \frac{3\ell}{4}$$

즉, 변곡점 D, E의 위치는 중심에서 $\frac{\ell}{4}$ 되는 지점이다.

* 최대처짐은 중앙점 C에서 일어나며 $\delta_{max} = \frac{P\ell^3}{192EI}$ 이다.

이 값은 단순보와 비교하면 고정보가 굽힘강도・굽힘강성이 크다.

$$\delta_{max} = \frac{P\ell^3}{48EI}$$

나 고정보의 전길이에 걸쳐 균일분포하중이 작용할 때

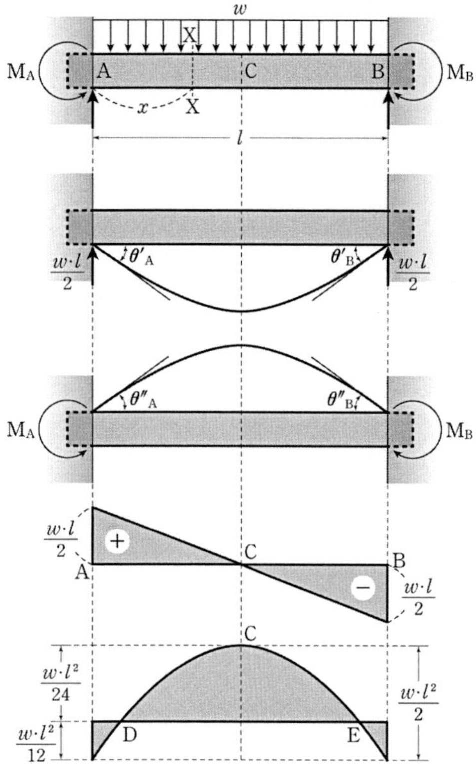

* 고정단에 작용하는 모멘트 : 중첩법에 의해 구함

i) 고정보를 균일분포하중 ω만 받는 단순보 상태로 생각

양끝의 처짐각은 대칭이므로 같은 값

$$\theta'_A = \theta'_B = \frac{\omega \ell^3}{24EI}$$

ii) 양 끝에 굽힘모멘트만 받는경우로 생각

(대칭이므로 $M_A = M_B = M_O$ 이므로) 처짐각은?

$$\theta''_A = \theta''_B = \frac{M_O \cdot \ell^3}{24EI}$$

고정보에서는 양끝에서의 처짐각이 0이므로, $\theta'_A = \theta''_A$, $\theta'_B = \theta''_B$이므로

• 고정단에 작용하는 저항모멘트를 구하면 $M_A = M_B = \frac{\omega \ell^2}{12}$ ⋯ ①

$$\left(\frac{\omega \ell^3}{24EI} = \frac{M_O \cdot \ell}{2EI} \quad \therefore M_O = \frac{\omega \ell^3}{24EI} \left(\frac{2EI}{\ell} \right) = \frac{\omega \ell^2}{12} \right)$$

• 고정보에 작용하는 반력 $R_A = R_B = \frac{\omega \ell}{2}$ ⋯ ②

* A 점에서 x만큼 떨어진 임의의 단면에 작용하는 전단력 F?

$$Fx = R_A - \omega \ell = \frac{\omega \ell}{2} - \omega x \quad \cdots ③$$

$$x = 0 \text{인 A 점에서 } F_A = \frac{\omega \ell}{2} \begin{cases} x = \ell \text{인 B점에서 } F_B = \frac{\omega \ell}{2} - \omega \ell = \frac{\omega \ell}{2} \\ x = \ell \text{인 C점에서 } F_C = \frac{\omega \ell}{2} - \omega \ell = 0 \end{cases}$$

∴ 전단력 선도는 (C)와 같으며 같은조건의 단순보경 같다.

＊ A 점에서 x거리에 있는 임의의 단면에 작용하는 굽힘모멘트?

$\left(M_A = \frac{\omega\ell^2}{12}\right.$ 이므로 대입하면$\left.\right)$

$$Mx = M_A + R_A x - \frac{\omega x^2}{2}$$

$$= -\frac{\omega\ell^2}{12} + \frac{\omega\ell x}{2} - \frac{\omega x^2}{2} \quad \cdots ④$$ (x의 2차식 : 포물선 모양 변화)

$x = 0$ 인 A 점에서 $M_A = -\frac{\omega\ell^2}{12}$

$x = \ell$ 인 B 점에서 $M_B = -\frac{\omega\ell^2}{12} + \frac{\omega\ell^2}{2} - \frac{\omega\ell^2}{2} = -\frac{\omega\ell^2}{12}$

$x = \frac{\ell}{2}$ 인 C 점에서 $M_C = -\frac{\omega\ell^2}{12} + \frac{\omega\ell\left(\frac{\ell}{2}\right)}{2} - \frac{\omega\left(\frac{\ell}{2}\right)^2}{2}$

$$= -\frac{\omega\ell^2}{12} + \frac{\omega\ell^2}{4} - \frac{\omega\ell^2}{8} = -\frac{\omega\ell^2}{12} + \frac{\omega\ell^2}{8} = -\frac{2\omega\ell^2}{24} + \frac{3\omega\ell^2}{24} = \frac{\omega\ell^2}{24}$$

위 값을 굽힘모멘트선도에 표시하면 (d)와 같고

최대굽힘모멘트는 양고정단에서 일어나며, 그 값은 $\frac{\omega\ell^2}{12}$ 이다.

＊ 굽힘모멘트가 0인 변곡점 D, E 위치 : ②식을 0으로 놓고 풀면

$$Mx = -\frac{\omega\ell^2}{12} + \frac{\omega\ell x}{2} - \frac{\omega x^2}{2} = -\frac{\omega}{12}(6x^2 - 6\ell x - \ell^2) = 0$$

$$6x^2 - 6\ell x - \ell^2 = 0 \quad \therefore x = \frac{\ell}{2} \pm \frac{\sqrt{3}\,\ell}{6}$$

TIP

☆는 $x = \frac{-b \pm \sqrt{b^2 - 4ac}}{2a} = \frac{-(-6\ell) \pm \sqrt{(-6\ell)^2 - 4(6)(\ell^2)}}{2\times(6)} = \frac{6\ell \pm \sqrt{36\ell^2 - 24\ell^2}}{12}$

$= \frac{6\ell}{12} \pm \frac{\sqrt{12\ell^2}}{12} = \frac{\ell}{2} \pm \frac{2\sqrt{3}\,\ell}{12} = \frac{\ell}{2} \pm \frac{\sqrt{3}\,\ell}{6}$

즉, D, E 점 위치는 중앙C 점에서 좌우 $\sqrt{3}\,\ell/6$ 되는 곳이다.

최대처짐은 중앙에서 일어나며 그 값은 $\delta_{max} = \frac{\omega\ell^4}{384EI}$ 이다.

같은 조건의 단순보와 비교하면 고정보 경우가 작다.

6-3 고정지지보 (고정받침보 : 일단고정 타단지지보)

가 고정지지보의 전 길이에 걸쳐서 균일본포하중이 작용할 때

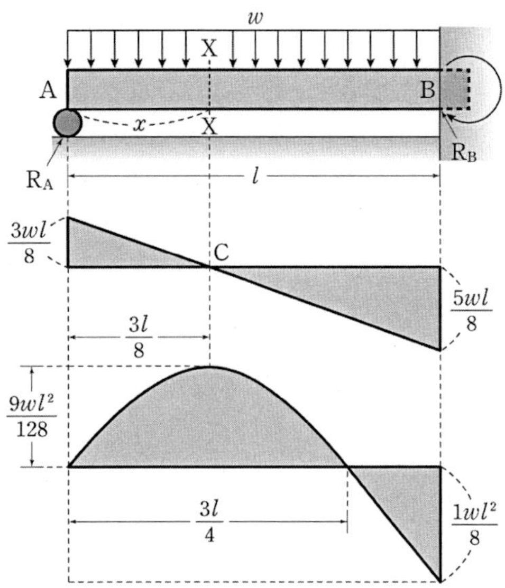

* 고정지지보 전길이에 균일분포하중 ω가 작용할 때

지점 A,B의 반력 R_A,R_B을 구하면

고정단의 반작용모멘트

* 정지계에 대한 2개의 평형조건을 만들면

$\sum F = 0.\ \omega\ell = R_A + R_B$ … ①

$\sum M_B = 0.$

$-R_A\ell + \omega\ell\left(\frac{\ell}{2}\right) - M_B = 0$ … ②

$R_A \cdot \ell = \frac{\omega\ell^2}{2} - M_B$

이론적 결과에 의하면 $M_B = \frac{\omega\ell^2}{8}$이므로

①, ②에 대입하면

$M_A \cdot \ell = \frac{\omega\ell^2}{2} - \frac{\omega\ell^2}{8} = \frac{4\omega\ell^2}{8} - \frac{\omega\ell^2}{8} = \frac{3\omega\ell^2}{8} \quad \therefore R_A = \frac{3\omega\ell}{8}$ … ③

①, ③에서 $R_B = \omega\ell - \frac{3\omega\ell}{8} = \frac{5\omega\ell}{8}$ … ④

* A 점에서 x만큼 떨어진 임의의 단면에 작용하는 전단력 F?

$Fx = R_B - \omega x = \frac{3\omega\ell}{8} - \omega x$ … ⑤

$$\begin{cases} x = 0 \text{ 인 A 점에서 } F_A = -\frac{3\omega\ell}{8} \\ x = \ell \text{ 인 B 점에서 } F_B = \frac{3\omega\ell}{8}\omega\ell = -\frac{5\omega\ell}{8} \end{cases}$$

전단력선도 (S,F,D)를 그리면 중간그림과 같다.

＊ 전단력이 0인 C 점 위치?

⑤식을 0으로 놓으면

$$Fx = R_A - \omega x = \frac{3\omega\ell}{8} - \omega x = 0 \qquad \omega x = \frac{5\omega\ell}{8}$$

$$\therefore x = \frac{3\omega\ell}{8\omega} = \frac{3\ell}{8} \quad \therefore x = \frac{3\ell}{8}$$

＊ 임의 단면에 작용하는 굽힘모멘트?

$$M_x = R_A \cdot x - \frac{1}{2}\omega x^2 = \frac{3\omega\ell x}{8} - \frac{\omega x^2}{2} \quad \cdots ⑥$$

$$\begin{cases} x = 0 \text{ 인 A 점에서 } M_A = 0 \\ x = \ell \text{ 인 B 점에서 } M_B = \frac{3\omega\ell^2}{8} - \frac{\omega\ell^2}{2} = -\frac{\omega\ell^2}{8} \end{cases}$$

최대굽힘모멘트는 고정단에서 일어나며 그 값은 $-\frac{\omega\ell^2}{8}$ 이다.

＊ 전단력이 0인 C 점의 굽힘모멘트는?

$x = \frac{3\ell}{8}$ 을 ⑥식에 대입하면

$$M_{x=\frac{3}{8}\ell} = \frac{3\omega\ell}{8}\left(\frac{3\ell}{8}\right) - \frac{\omega}{2}\left(\frac{3}{8}\ell\right)^2 = \frac{9\omega\ell^2}{64} - \frac{9\omega\ell^2}{64\times 2}$$

$$= \frac{18\omega\ell^2}{128} - \frac{9\omega\ell^2}{128} = \frac{9\omega\ell^2}{128} \quad \cdots ⑦$$

굽힘모멘트선도 : 맨아래그램. C , B 사이 변곡점이 생김.

＊ 굽힘모멘트가 0인 위치?

⑥식을 0으로 놓고 풀면

$$Mx = R_A \cdot x - \frac{\omega x^2}{8} = \frac{3\omega\ell x}{8} - \frac{\omega x^2}{2} = 0 \quad \frac{3\omega\ell x}{8} - \frac{4\omega x^2}{8} = 0$$

$$\frac{\omega x}{8}(3\ell - 4x) = 0 \quad 4x = 3\ell \quad \therefore x = \frac{3}{4}\ell$$

TIP

☆는 $\frac{d^2y}{dx^2} = -\frac{1}{EI}\left(\frac{3\omega\ell x}{8} - \frac{\omega x^2}{2}\right)$을 두 번 적분하고 적분상수 C_1, C_2을 구하기 위해경계조건에 대입하여 정리하면

$$\begin{cases} \frac{dy}{dx} = \frac{\omega}{48EI}(8x^3 - 9\ell x^2 + \ell^3) \\ y = \frac{\omega}{48EI}(2x^4 - 3\ell x^3 + \ell^3 x) \end{cases}$$

$x = 0$일 때 ⑧식에서 $\theta_A = \theta_{max} = \frac{\omega}{48EI}(8.0^3 - 9.\ell \cdot 0^2 + \ell^3) = \frac{\omega\ell^3}{48EI}$

* 최대처짐(δ_{max})은 $\dfrac{dy}{dx}(\theta)=0$인 단면에서 일어나는 점의 위치는?

$$\frac{dy}{dx}=\frac{\omega}{48EI}(8x^3-9\ell x^2+\ell^3)=0$$

$8x^3-9\ell x^2+\ell^3=0 \quad \therefore x=0.4215\ell$이므로

최대처짐 δ_{max}은 x를 ⑧식에 대입하면

$$\delta_{max}=y_{max}=\frac{\omega}{48EI}(2x^4-3\ell x^3+\ell^3 x)$$

$$=\frac{\omega}{48EI}(2.(0.4215\ell)^4-3\ell(0.4215\ell)^3+\ell^3(0.4215\ell))$$

$$=\frac{\omega}{48EI}(0.0631\ell^4-0.22465\ell^4+0.4215\ell^4)=\frac{\omega}{48EI}(0.25995\ell^4)$$

$$=0.00542\frac{\omega\ell^4}{EI}=\frac{\omega\ell^4}{184.5EI}$$

$\therefore \delta_{max}=\dfrac{\omega\ell^4}{184.5EI}$이다.

나 고정지지보의 집중하 중을 받는 경우

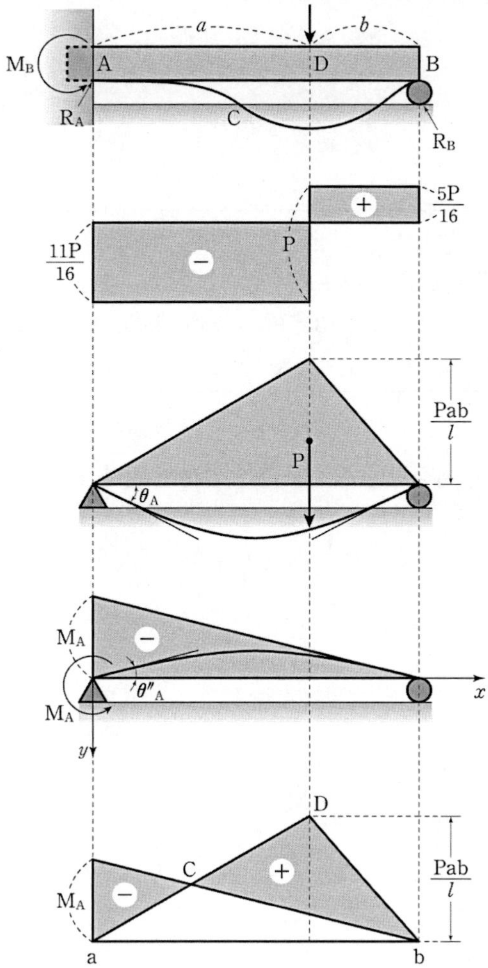

일단고정 타단지지보의 임의단면에 집중하중 P가 작용할 경우

A단 : 2개, B단 : 1개 〉 3개의 반작용요소 : 1개의 과잉구속을 갖는 부정정보

A단에 고정모멘트 M_A를 부정요소로 보고 (c)(d)와 같이 2개 정정보로 분해하면 고정단의 처짐각이 0이 되어야 하므로

$$\theta'_A - \theta''_A = 0 \quad \cdots ①$$

$$\left(\begin{aligned} \theta'_A &= \frac{Pb}{6EI\ell}(\ell^2 - b^2) \\ \theta''_A &= -\frac{M_A \ell}{3EI} \end{aligned}\right) \text{이므로}$$

$$\frac{Pb}{6EI\ell}(\ell^2 - b^2) + \frac{M_A \cdot \ell}{3EI} = 0$$

$$\frac{M_A \cdot \ell}{3EI} = -\frac{Pb}{6EI\ell}(\ell^2 - b^2)$$

$$\therefore M_A = -\frac{Pb(\ell^2 - b^2)}{6EI\ell}\left(\frac{3EI}{\ell}\right)$$

$$= -\frac{Pb(\ell^2 - b^2)}{2\ell^2} \quad \cdots ②$$

* 정력학적 평형방정식을 세워 반력을 구하면?

$$\Sigma F = 0. \quad R_A - P + R_B = 0 \quad \cdots ③$$

$$\Sigma M_B = 0. \quad M_B = -R_A\ell + Pb - M_A = 0$$

$$R_A\ell = Pb - M_A = Pb - \left(-\frac{Pb(\ell^2 - b^2)}{2\ell^2}\right) = Pb + \frac{Pb(\ell^2 - b^2)}{2\ell^2}$$

$$= Pb + \frac{Pb\ell^2 - Pb^3}{2\ell^2} = Pb + \frac{Pb\ell^2 - Pb^3}{2\ell^2} = \frac{2Pb\ell^2 + Pb\ell^2 - Pb^3}{2\ell^2}$$

$$= \frac{3Pb\ell^2 - Pb^3}{2\ell^2} = \frac{Pb(3\ell^2 - b^2)}{2\ell^2}$$

$$\therefore R_A = \frac{Pb(3\ell^2 - b^2)}{2\ell^3} \quad \cdots ③$$

$$R_B = P - \underset{☆}{R_A} = P - \frac{Pb(3\ell^2 - b^2)}{2\ell^3} = \frac{2Pb\ell^3 - 3Pb\ell^2 + Pb^3}{2\ell^3}$$

$$= \frac{P(2\ell^3 - 3b\ell^2 + b^3)}{2\ell^3} = \frac{Pa^2(2a+3b)}{2\ell^3}$$

$$\therefore R_B = \frac{Pa^2(2a^2+3b)}{2\ell^3} \quad \cdots ④$$

> **TIP**
>
> ☆는 $2\ell^3 - 3b\ell^2 + b^3 = 2(a+b)^3 - 3b(a+b)^2 + b^3$
> $= 2(a^3 + 3a^2b + 3ab^2 + b^3) - 3b(a^2 + 2ab + b^2) + b^3$
> $= 2a^3 + ba^2b + bab^2 + 2b^3 - 3a^2b - bab^2 - 3b^3 + b^3 = 2a^3 + 3a^2b - b^3 + b^3$
> $= 2a^3 + 3a^2b = a^2(2a+3b)$

임의점에서 보이 처짐량은 P 및 M_A로 인한 2점의 처짐량을 각각구하여 합하면 된다. $x = \frac{\ell}{2}$인 중앙점의 처짐량은?

$$\left(\begin{array}{l} y_1 = \frac{M_A x}{6EI\ell}(\ell^2 - x^2) \\ y_2 = \frac{Pbx}{6EI\ell}(\ell^2 - b^2 - x^2) \end{array} \right) \text{공식에서}$$

$$y_1 = \frac{M_O\left(\frac{\ell}{2}\right)}{6EI\ell}\left(\ell^2 - \left(\frac{\ell}{2}\right)^2\right) = \frac{\frac{M_O\ell}{2}}{6EI\ell}\left(\ell^2 - \frac{\ell}{4}\right) = \frac{M_O}{12EI}\left(\frac{3}{4}\ell^2\right) = \frac{M_O \cdot \ell^2}{16EI} \quad \cdots ⑤$$

$$y_2 = \frac{Pb\left(\frac{\ell}{2}\right)}{6EI\ell}\left(\ell^2 - b^2 - \left(\frac{\ell}{2}\right)^2\right) = \frac{\frac{Pb\ell}{2}}{6EI\ell}\left(\ell^2 - b^2 - \frac{\ell^2}{4}\right)$$

$$= \frac{Pb}{12EI}\left(\frac{3\ell^2}{4} - b^2\right) = \frac{Pb}{48}(3\ell^2 - 4b^2) \quad \cdots ⑥$$

$$\therefore y_1 = \frac{M_O \cdot \ell^2}{16EI},\ y_2 = \frac{Pb}{48EI}(3\ell^2 - 4b^2)\text{이므로}$$

처짐량 $\delta = y_1 + y_2$

$$= \frac{M_A \cdot \ell^2}{16EI} + \frac{Pb}{48EI}(3\ell^3 - 4b^2) = \frac{3M_A \cdot \ell^2 + Pb(3\ell^2 - 4b^2)}{48EI}$$

$$= \frac{\frac{Pb(3\ell^2 - 5b^2)}{2}}{48EI} = \frac{Pb(3\ell^3 - 5b^2)}{96EI}$$

$$\therefore \delta = \frac{Pb}{96EI}(3\ell^2 - 5b^2) \quad \cdots ⑦$$

TIP

☆ $3M_A \cdot \ell^2 + Pb(3\ell^2 - 4b^2)$

$$= -\frac{3Pb(\ell^2 - b^2)\ell^2}{2\ell^2} + \frac{Pb(3\ell^2 - 4b^2) \cdot 2\ell^2}{2\ell^2}$$

$$= \frac{Pb \cdot 2\ell^2(3\ell^2 - 4b^2) - 3Pb \cdot \ell^2(\ell^2 - b^2)}{2\ell^2} = \frac{Pb\ell^2[6\ell^2 - 8b^2 - 3\ell^2 + 3b^2]}{2\ell^2}$$

$$= \frac{Pb(3\ell^2 - 5b^2)}{2}$$

만약, P 가 중앙에 작용한다면 그 점의 처짐량과 모멘트? ($a = b = \frac{\ell}{2}$ 이므로)

$$\therefore \delta_C = \frac{P\left(\frac{\ell}{2}\right)}{96EI}\left(3\ell^2 - 5\left(\frac{\ell}{2}\right)^2\right) = \frac{\frac{P\ell}{2}}{96EI}\left(3\ell^2 - \frac{5\ell^2}{4}\right)$$

$$= \frac{P \cdot \ell}{192EI}\left(\frac{12}{4}\ell^2 - \frac{5}{4}\ell^2\right) = \frac{P \cdot \ell}{192EI}\left(\frac{7\ell^2}{4}\right) = \frac{P \cdot \ell}{768EI} \quad \cdots ⑧$$

$M_A = -\frac{Pb(\ell^2)}{2\ell^2}$ 에서

$$\therefore M_C = -\frac{P\left(\frac{\ell}{2}\right)\left[\ell^2 - \left(\frac{\ell}{2}\right)^2\right]}{2\ell^2} = -\frac{\frac{P\ell}{2}\left(\frac{3}{4}\ell^2\right)}{2\ell^2} = -\frac{3P\ell}{16} \quad \cdots ⑨$$

$$M_D = \frac{Pab}{\ell} - \frac{M_A \cdot b}{\ell} = \frac{Pab}{\ell} - \frac{b}{\ell}\frac{Pb(\ell^2 - b^2)}{2\ell^2} = \frac{Pba^2}{2\ell^3}\left(2\ell + \frac{\ell}{2}\right)$$

$$= \frac{P}{16}\left(\frac{5}{2}\ell\right) = \frac{5P \cdot \ell}{32} \quad \cdots ⑩$$

③식 $R_A = \frac{Pb(3\ell^2 - b^2)}{2\ell^3}$

④식 $R_B = \frac{Pa^2(2a + 3b)}{2\ell^3}$ 에서 $a = b = \frac{\ell}{2}$ 일 때 반력 R_A, R_B?

$$\therefore R_A = \frac{Pb(3\ell^2 - b^2)}{2\ell^3} = \frac{P\left(\frac{\ell}{2}\right)\left(3\ell^2 - \left(\frac{\ell}{2}\right)^2\right)}{2\ell^3} = \frac{\frac{P \cdot \ell}{2}\left(\frac{11}{4}\ell^2\right)}{2\ell^3} = \frac{11P}{16}$$

$$\therefore R_B = \frac{Pa^2(2a + 3b)}{2\ell^3} = \frac{P\left(\frac{\ell}{2}\right)^2 \cdot \left(2\left(\frac{\ell}{2}\right) + 3\left(\frac{\ell}{2}\right)\right)}{2\ell^3} = \frac{\frac{P\ell^2}{4}\left(\ell + \frac{3\ell}{4}\right)}{2\ell^3}$$

$$= \frac{\frac{P\ell^2}{4}\left(\frac{5\ell}{2}\right)}{2\ell^3} = \frac{5P\ell^3}{16\ell^3} = \frac{5P}{16}$$

$\therefore R_A = \frac{11}{16}P \quad R_B = \frac{5}{16}P \quad \cdots$ ⑪

＊ A 지점에서 x 거리의 단면에 전단력?

$F_{AD} = -R_A = -\frac{11}{16}P \;\; F_{DB} = -R_A + P = -\frac{11}{16}P + P = \frac{5}{16}P$

＊ 굽힘모멘트가 0인점?

$M_x = -R_B x + P\left(x - \frac{\ell}{2}\right) = -\frac{5}{16}P.x + P.x - \frac{P\ell}{2} = 0$

$-\frac{5}{16}Px + Px = \frac{P\ell}{2} \;\; \frac{11}{16}Px = \frac{P\ell}{2}$

$x = \frac{16P\ell}{2 \times 11P} = \frac{8}{11}\ell$

$\therefore x = \frac{8}{11}\ell$ 인점이 굽힘모멘트 0이다.

＊ 최대처짐은 A 점에서 $x = \frac{\ell}{\sqrt{5}}$ 점에 일어나며

처짐량 $\delta_{max} = \frac{P\ell^3}{48\sqrt{5}EI}$ 이다.

6-4 연속보 (Continuous beam)

* 3개 이상의 지점을 갖는보 ┌ 스팬이 2개 이상
└ 점지점의 미지 반력 4개 이상

(1지점 : 힌지, 다른지점 : 로울러)

가 클라페이론의 정리 (theory of clapeyron) or 3모멘트정리 (theorem of three moment)

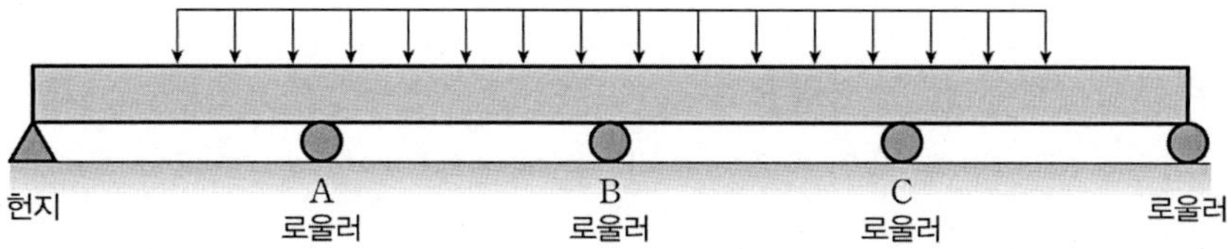

(a)

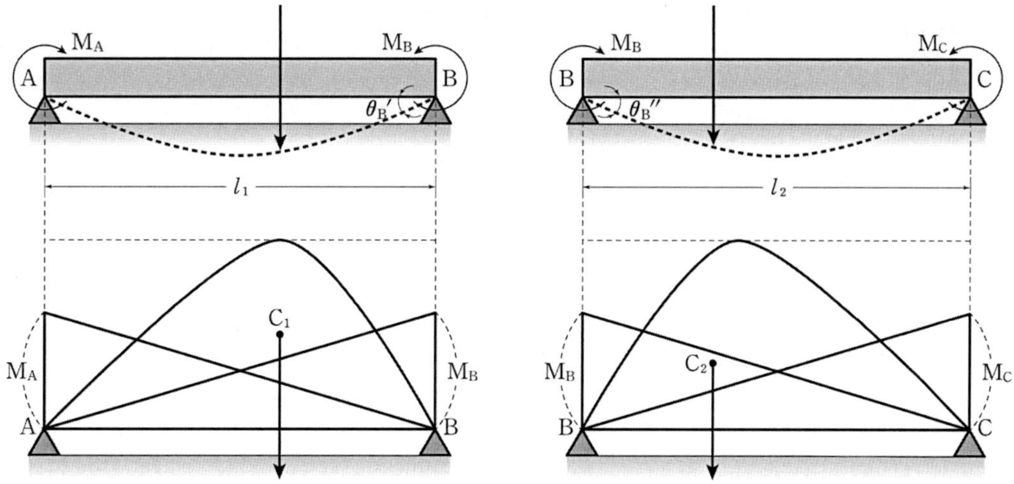

(b)

(c)

B 지점의 좌측 ┌ 처짐각 θ'_B
└ 우측 처짐각 θ''_B 〉 라면

실제 탄성곡선은 절단전에 연속상태이므로 처짐각은 크기가 같고 방행이 반대이다.

$\theta'_{[B} = \theta''_B$ ⋯ ①

(c)에서 면적 (선도 : A_1, A_2), 도심 (C_1, C_2), 거리 (a_1, b_1, a_2, b_2)라면

$$\theta'_B = \frac{M_A \cdot \ell_1}{6EI} + \frac{M_B\ell_1}{3EI} + \frac{A_1 \cdot a_1}{L_1EI}$$

$$\theta''_B = -\frac{M_B \cdot \ell_2}{3EI} - \frac{M_C\ell_2}{6EI} - \frac{A_2 \cdot b_2}{L_2EI} \quad \cdots ②$$

①, ②식에서 $\dfrac{M_A \cdot \ell_1}{6EI} + \dfrac{M_B\ell_1}{3EI} + \dfrac{A_1 \cdot a_1}{L_1EI} = -\dfrac{M_B \cdot \ell_2}{3EI} - \dfrac{M_CL_2}{6EI} - \dfrac{A_2 \cdot b_2}{L_2EI}$

$$\frac{M_A \cdot \ell_1}{6EI} + \frac{M_B\ell_1}{3EI} + \frac{M_B\ell_2}{3EI} + \frac{M_C\ell_2}{6EI} = -\frac{A_1 \cdot a_2}{\ell_1EI} - \frac{A_2 \cdot b_2}{\ell_2EI}$$

$$\therefore M_A\ell_1 + 2M_B\ell_1 + 2M_B\ell_2 + M_C\ell_2 = -\frac{6A_1a_1}{\ell_1} - \frac{6A_2b_2}{\ell^2} \quad \cdots ③$$

(3모멘트정리 또는 클라페이론의 정리라 함)

지점이 $n-1$, n, $n+1$로 지지된 때의 반력을 표시하는 일반식?

$$R_n = R'_n + R''_n + \frac{M_{n-1} - M_n}{\ell_n} + \frac{-M_n + M_{n+1}}{\ell_{n+1}} \quad \cdots ④$$

지점 A, B, C, D 이고 스팬이 ℓ_1, ℓ_2, ℓ_3일 때 3모멘트정리을 정리하면

i) 중앙에 집중하중 P가 작용할 때

$$A_1 = \frac{P_1\ell_1}{4} \times \frac{\ell_1}{2} = \frac{P_1\ell_1^2}{8} \text{ 이므로}$$

$$\frac{6A_1 \cdot a_1}{C} = \frac{6\left(\frac{P\ell^2}{8}\right)\left(\frac{\ell}{2}\right)}{\ell} = \frac{\frac{6P\ell^3}{16}}{\ell} = \frac{6P\ell^3}{16\ell} = \frac{3P\ell^2}{8}$$

$$\therefore M_A\ell_1 + 2M_B(\ell_1 + \ell_2) + M_C\ell_2 = -\frac{3P_1\ell_1^2}{8} - \frac{3P_2\ell_2^2}{8} \quad \cdots ①$$

ii) 등분포하중이 작용할 때

$$A_1 = \frac{2}{3}bh \times 2 = \frac{2}{3}\left(\frac{\ell_1}{2}\right)\left(\frac{\omega_1\ell_1^2}{8}\right) \times 2 = \frac{\omega_1\ell_1^3}{12} \text{ 이므로}$$

$$\frac{6A_1a_1}{\ell_1} = \frac{6\left(\frac{\omega_1\ell_1^3}{12}\right)\left(\frac{\ell_1}{2}\right)}{\ell_1} = \frac{\frac{6\omega_1\ell_1^4}{24}}{\ell_1} = \frac{6\omega_1\ell_1^4}{24\ell_1} = \frac{\omega_1\ell_1^3}{4}$$

$$\therefore M_A\ell_1 + 2M_B(\ell_1 + \ell_2) + M_C\ell_2 = -\frac{\omega_1\ell_1^3}{4} - \frac{\omega_2\ell_2^3}{8} \quad \cdots ②$$

iii) 중앙에 집중하중 및 분포하중이 동시에 작용할 때

$$\therefore M_A\ell_1 + 2M_B(\ell_1+\ell_2) + M_C\ell_2 = -\frac{3P_1\ell_1^2}{8} - \frac{3P_2\ell_2^2}{8} - \frac{\omega_1\ell_1^3}{4} - \frac{\omega_2\ell_2^3}{4} \quad \cdots ③$$

1) 양끝 및 중앙에 지점을 가지는 연속보에 균일분포하중 ω가 작용할 때

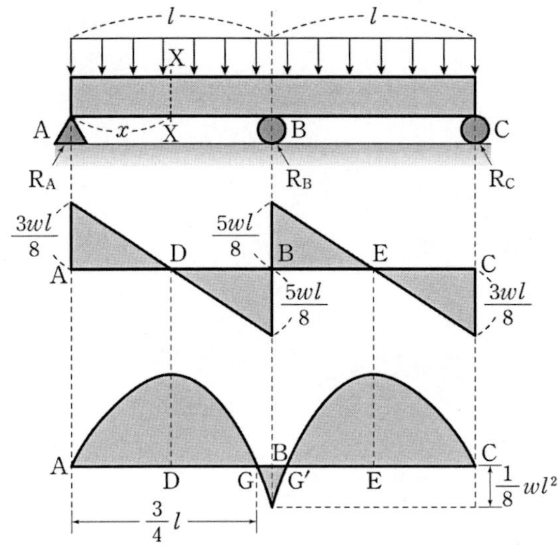

3모멘트 정리를 적용하면

$\begin{cases}\omega_1=\omega_2=w\\ \ell_1=\ell_2=\ell\end{cases}$ 이므로

$$M_A\ell + 2M_B(\ell+\ell) + M_C\ell + \frac{1\omega\ell^3}{4} + \frac{1\omega\ell^3}{4}$$

$$\therefore M_A\ell + 4M_B\ell + M_C\ell + \frac{1\omega\ell^3}{2} = 0$$

지점 A, C 에서는 모멘트가 없으므로

$M_A = 0,\ M_C = 0$이다.

$$4M_B\ell + \frac{1}{2}\omega\ell^2 = 0$$

$$\therefore M_B = \frac{1}{8}\omega\ell^2 \quad \cdots ①$$

이다.

∗ 반력을 구하기 위해 B점의 굽힘모멘트 M_B를 보의 왼쪽에서 구하면

$M_B = R_A\cdot\ell - \frac{1}{2}\omega\ell^2$이므로 $\cdots ②$

① = ②이므로

$$R_A\cdot\ell - \frac{1}{2}\omega\ell^2 = -\frac{1}{8}\omega\ell^2 \quad R_A\ell = \frac{4\omega\ell^2}{8} - \frac{\omega\ell^2}{8} = \frac{3\omega\ell^2}{8}$$

$$\therefore R_A = \frac{3\omega\ell}{8} \quad \cdots ③$$

∗ 하중은 중앙에 대해 대칭이므로 $R_A = R_C$ 이므로

$$\Sigma F = 0,\ R_A + R_B + R_C = 2\omega\ell,\ \therefore R_B = 2\omega\ell - R_A - R_C$$

$$R_B = 2\omega\ell - R_A - R_C = 2\omega\ell - \frac{3\omega\ell}{8} - \frac{3\omega\ell}{8} = \frac{16\omega\ell}{8} - \frac{6\omega\ell}{8}$$

$$= \frac{10\omega\ell}{8} = \frac{5\omega\ell}{4}$$

$$\therefore R_B = \frac{5\omega\ell}{4} \quad \cdots ④$$

* 최대전단력은 B 점에서 일어나며 $F_B = \frac{5}{8}\omega\ell$이다.

i) $0 < x < \ell$구간

$F_{AB} = R_A = \omega x = \frac{3\omega\ell}{8} - \omega x$이므로

$x = \ell$에서 B 점의 전단력 $F_{x=\ell} = \frac{3\omega\ell}{8} - \omega\ell = \frac{3\omega\ell}{8} - \frac{8\omega\ell}{8} = -\frac{5\omega\ell}{8}$

ii) $\ell < x < 2\ell$구간

$F_{BC} = R_A + R_B - \omega x$이므로

$x = \ell$에서 B 점의 전단력 $F_{x=\ell} = \frac{3\omega\ell}{8} + \frac{10\omega\ell}{8} - \omega\ell = \frac{3\omega\ell}{8} + \frac{10\omega\ell}{8} - \frac{8\omega\ell}{8} = \frac{5\omega\ell}{8}$

전단력이 0인 D, E 점은 지점 A, C 에서 $\frac{3\ell}{8}$이다.

$F_x = R_A - \omega x = \frac{3\omega\ell}{8} - \omega x = 0 \;\; \omega x = \frac{3\omega\ell}{8}$

$x = \frac{3\omega\ell}{8\omega} = \frac{3}{8}\ell \;\; \therefore x = \frac{3}{8}\ell$

* 최대 굽힘모멘트가 작용하는 곳은 B 점으로서

$M_B = R_A \cdot \ell - \omega\ell\left(\frac{\ell}{2}\right) = \frac{3\omega\ell^2}{8} - \frac{\omega\ell^2}{2} = \frac{3\omega\ell^2}{8} - \frac{4\omega\ell^2}{8} = -\frac{\omega\ell^2}{8}$

굽힘모멘트가 0인 지점 G, G′는 지점 A, C 에서 $\frac{3\ell}{4}$되는 곳이다.

$M_x = R_A x - \frac{\omega x^2}{2} = \frac{3\omega\ell}{8}x - \frac{\omega x^2}{2} = 0$

$\frac{3\omega\ell x}{8} - \frac{4\omega x^2}{8} = \frac{\omega}{8}(3\ell - 4x) = 0 \;\; 4x = 3\ell$

$\therefore x = \frac{3\ell}{4}$

> **TIP**
>
> **다른 방법으로 반력을 구하는 중첩법**
>
> i) 단순보 AC 의 균일분포하중 ω에 의한 중앙점으 처짐량 δ_1과
>
> ii) 단순보 AC 의 집중하중 R_B에 의한 중앙점의 처짐량 δ_2을 구해 중첩시킨다.
>
> $\delta_1 = \delta_2 \quad \cdots ①$
>
> $\delta_1 = \dfrac{5\omega\ell^4}{384EI}$에서
>
> $\delta_1 = \dfrac{5\omega(2\ell)^4}{384EI} = \dfrac{5\times1600\ell^4}{384EI} = \dfrac{5\omega\ell^4}{24EI} \quad \cdots ②$
>
> $\delta_2 = \dfrac{P\ell^3}{48EI}$에서 $\delta_2 = \dfrac{R_B(2\ell)^3}{48EI} = \dfrac{8R_B\ell^3}{48EI} = \dfrac{R_B\ell^3}{6EI} \quad \cdots ③$
>
> ②식 = ③식이라 놓으면
>
> $\dfrac{5\omega\ell^4}{4EI} = \dfrac{R_B\ell^3}{6EI} \quad \therefore R_B = \dfrac{5\omega\ell}{4}\cdot\left(\dfrac{1}{\ell}\right) = \dfrac{5\omega\ell}{4} \quad \cdots ④$
>
> 하중은 중앙에 대해 대칭이므로 $R_A = R_C$ 이므로
>
> $\Sigma F = 0 \quad R_A + R_B + R_C = 2\omega\ell$
>
> $2R_A + R_B = 2\omega\ell$
>
> $2R_A = 2\omega\ell - R_B = 2\omega\ell - \dfrac{5\omega\ell}{4} = \dfrac{8\omega\ell}{4} - \dfrac{5\omega\ell}{4} = \dfrac{3\omega\ell}{4}$
>
> $\therefore R_B = \dfrac{5\omega\ell}{4} \quad \cdots ⑤$

2) 양끝 및 중앙에 지점을 가지는 연속보의 중앙에 집중하중이 작용할 때

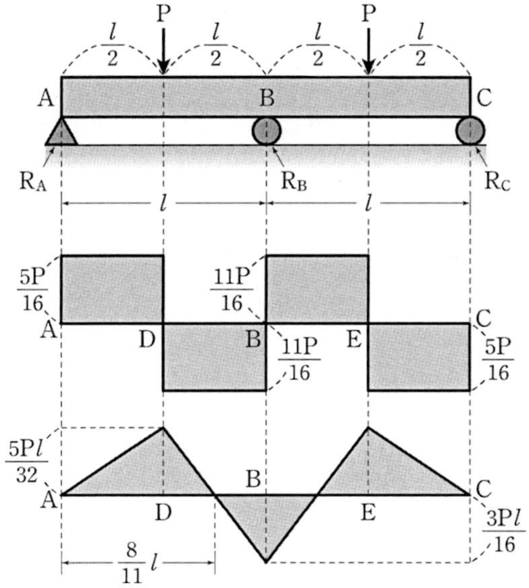

$$\left(\begin{array}{l} P_1 = P_2 = P \\ \ell_1 = \ell_2 = \ell \\ a_1 = b_1 = \dfrac{\ell}{2} \end{array}\right) \text{이므로}$$

3모멘트정리에 적용하면

$$M_A\ell + 2M_B(\ell+\ell) + M_C\ell = -\frac{3P\ell^2}{8} - \frac{3P\ell^2}{8} \quad \cdots ①$$

$$M_A\ell + 4M_B + M_C\ell = -\frac{6P\ell^2}{8} - \frac{3P\ell^2}{8}$$ (양끝점의 굽힘모멘트가 0이므로 $M_A = M_C = 0$이다.)

$$4M_B\ell = -\frac{6P\ell^2}{8} = -\frac{3P\ell^2}{4}$$

$$\therefore M_B = -\frac{3P\ell^2}{4}\left(\frac{1}{4\ell}\right) = -\frac{3P\ell}{16} \quad \cdots ②$$

* 반력을 구하기 위해 B 점에 작용하는 굽힘모멘트 M_B를 보의 왼쪽에서 구하면

$$\Sigma M_B = 0 \quad M_B = R_A\ell - P\left(\frac{1}{2}\right) = R_A\ell - \frac{P\ell}{2} \quad \cdots ③$$

② = ③식 놓으면

$$R_A\ell - \frac{P\ell}{2} = -\frac{3P\ell}{16} \quad R_A\ell = \frac{P\ell}{2} - \frac{3P\ell}{16} = \frac{8P\ell}{16} - \frac{3P\ell}{16} = \frac{5P\ell}{16}$$

$$\therefore R_A = \frac{5P}{16} \quad \cdots ④$$

* 하중이 보의 중앙에 대해 대칭이므로 $R_A = R_C$이다.

$R_A + R_B = R_C = 2P$ ($\Sigma F = 0$에서)

$$\therefore R_B = 2P - R_A - R_C = 2P - \frac{5P}{16} - \frac{5P}{16} = 2P - \frac{5P}{8}$$

$$= \frac{16P}{8} - \frac{5P}{8} = \frac{11}{8}P$$

$$\therefore R_B = \frac{11}{8}P \quad \cdots ⑤$$

* 모든 지점의 반력과 B 점에 굽힘모멘트를 알면 : 임의점에 작용하는 (전단력 · 굽힘모멘트)를 단순보의 경우와 같은 방법으로 구할 수 있다.

i) 최대전단력은 DB 구간, BE 구간에서 생긴다.

- AD 구간 $F_x = R_A = \frac{5}{16}P$
- DB 구간 $F_x = R_A - P = \frac{5}{16}P - P = \frac{5}{16}P - \frac{16}{16}P = -\frac{11}{16}P$
- BE 구간 $F_x = R_A - P + R_B = \frac{5P}{16} - \frac{16P}{16} + \frac{11P}{8}$

$$= \frac{5P}{16} - \frac{16P}{16} + \frac{22P}{16} = \frac{11P}{16}$$

• EC구간 $F_x = R_A - P + R_B - P = \frac{5P}{16} - \frac{16P}{16} + \frac{22P}{16} - \frac{16P}{16}$

$= -\frac{5P}{16}$

ii) 최대굽힘모멘트는 B점에서 생기며 $M_{max} = M_B = -\frac{3P\ell}{16}$이다.

• AD구간 $M_x = R_A \cdot x = \frac{5P \cdot x}{16}$

$x = 0$일 때 A점의 굽힘모멘트 : $M_A = 0$

$x = \frac{\ell}{2}$일 때 D점의 굽힘모멘트 : $M_D = \frac{5P\left(\frac{\ell}{2}\right)}{16} = \frac{\frac{5P\ell}{2}}{16} = \frac{5\ell}{32}$

• DB구간 $M_x = R_A x - P\left(x - \frac{\ell}{2}\right) = R_A x - Px + \frac{P\ell}{2}$

$= \frac{5Px}{16} - Px + \frac{P\ell}{2}$

$x = \frac{\ell}{2}$에서 D점의 굽힘모멘트 :

$M_D = \frac{5P\left(\frac{\ell}{2}\right)}{16} - P\left(\frac{\ell}{2}\right) + \frac{P\ell}{2} = \frac{\left(\frac{5P\ell}{2}\right)}{16} = \frac{5P\ell}{32}$

$x = \ell$에서 B점의 굽힘모멘트 :

$M_B = \frac{5P\ell}{16} - P\ell + \frac{P\ell}{2} = \frac{5P\ell}{16} - \frac{16P\ell}{16} + \frac{8P\ell}{16} = \frac{-3P\ell}{16}$

$\therefore M_B = -\frac{3P\ell}{16}$

＊ 굽힘모멘트가 0인 위치는 A, C점에서 $\frac{8}{11}\ell$ 떨어진 G, G′점이다.

• DB구간 $M_x = R_A x - P\left(x - \frac{\ell}{2}\right) = R_A x - Px + \frac{P \cdot \ell}{2}$

$= \frac{5Px}{16} - Px + \frac{P\ell}{2} = -\frac{5Px}{16} - \frac{16Px}{16} + \frac{8P\ell}{16}$

$-\frac{11Px}{16} + \frac{P\ell}{2} = 0 \quad -\frac{11Px}{16} + \frac{8P\ell}{16} = \frac{P}{16}(-11x + 8\ell) = 0$

$11x = 8\ell$

$\therefore x = \frac{8}{11}\ell$이다.

연습문제

01 길이 100cm인 고정보의 중앙에 300kg의 집중하중이 작용할 경우 양끝 및 중앙에 작용하는 굽힘모멘트는 얼마인가? 또 굽힘모멘트가 0인 점은 어느곳인가?

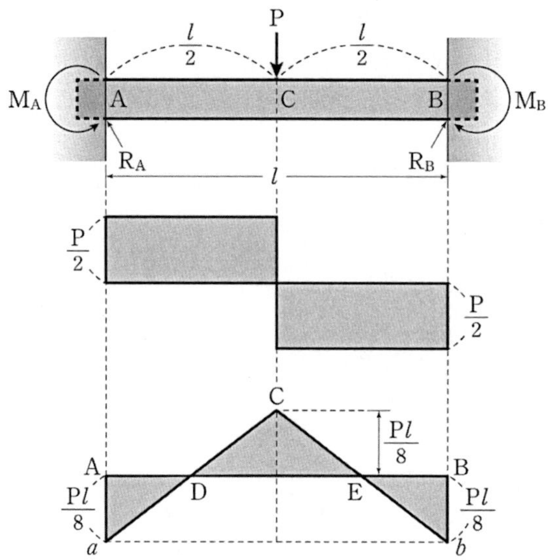

| 풀이 | A 점에서 x 거리에 있는 X − X 단면에 작용굽힘모멘트?

i) AC 구간

$$M_{AC} = M_A + R_A x$$

$$M_A = \frac{P\ell}{8} \text{ 이므로}$$

$$= -\frac{P\ell}{8} + \frac{Px}{2} \quad \cdots ①$$

$$\begin{cases} x = 0\text{이면 } M_A = -\dfrac{P \cdot \ell}{8} \\ x = \dfrac{\ell}{2}\text{이면 } M_C = \dfrac{P \cdot \ell}{8} \end{cases}$$

ii) CB 구간

$$M_{OB} = -M_A + R_A x - P\left(x - \frac{\ell}{2}\right) = -\frac{P\ell}{8} + \frac{Px}{2} - P\left(x - \frac{\ell}{2}\right) \quad \cdots ②$$

$$\begin{cases} x = \dfrac{\ell}{2}\text{이면 } M_C = \dfrac{P \cdot \ell}{8} \\ x = \ell\text{이면 } M_B = -\dfrac{P \cdot \ell}{8} \end{cases}$$

✻ 굽힘모멘트가 0인 점위치?

①식에서 $-\frac{P\ell}{8}+\frac{Px}{2}=0\ \frac{Px}{2}=\frac{P\ell}{8}\ \therefore x=\frac{P\ell}{8}\left(\frac{2}{P}\right)=\frac{\ell}{4}$

②식에서 $-\frac{P\ell}{8}+\frac{Px}{2}-P\left(x-\frac{\ell}{2}\right)=0\ -\frac{P\ell}{8}+\frac{Px}{2}-Px+\frac{Px}{2}=0\ \therefore x=\frac{3}{4}\ell$

i) 양끝의 고정점 및 중앙에 굽힘모멘트는 모두 같은 값이며

$$M=\frac{P\cdot\ell}{8}=\frac{300\times100}{8}=3750\,kg\cdot cm$$

ii) 굽힘모멘트가 0인 위치?

$$\begin{cases} x=\frac{\ell}{4}=\frac{100}{4}=25cm \\ x=\frac{3\ell}{4}=\frac{3}{4}\times100=75cm \end{cases}$$

02 보의 길이가 400cm이고 단면의 지름이 6cm인 고정보에 0.6kg/cm의 균일분포하중이 보의 전길이에 걸쳐서 작용할 때 보에 발생하는 최대굽힘응력 및 최대처짐은 얼마인가? 단, 세로탄성계수 $E=2.1\times10^6kg/cm^2$이다.

| 풀이 | ✻ 최대굽힘응력

$$\sigma_{b\,max}=\frac{M_{max}}{Z}=\frac{\left(\frac{\omega\ell^2}{12}\right)}{Z}=\frac{\omega\ell^2}{12Z}=\frac{0.6\times400^2}{12\times21.2}=377.4kg/cm^2$$

$$\left(I=\frac{\pi d^4}{64}=\frac{3.14\times6^4}{64}=63.58\fallingdotseq63.6\,cm^4,\ Z=\frac{\pi d^3}{32}=\frac{3.14\times6^3}{32}=21.2cm\right)$$

✻ 최대처짐

$$\delta_{max}=\frac{\omega\ell^4}{384EI}=\frac{0.6\times400^4}{384\times(2.1\times10^6)\times63.6}=0.299cm$$

03 길이가 200cm되는 고정지지보에 1cm마다 4kg의 균일분포하중이 전길이에 걸쳐서 작용할 때 최대굽힘모멘트는 얼마인가? 또한, 굽힘모멘트가 0인 점은 어느 곳인가?

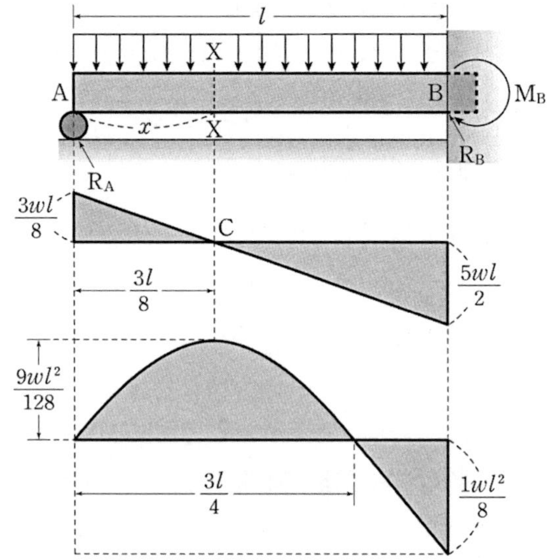

|풀이| ✱ 최대굽힘모멘트는 고정단에 생기고 값은?

$$M_{max} = \frac{1}{8}\omega\ell^2 = \frac{1}{8} \times 4 \times 200^2 = 20000\text{kg} \cdot \text{cm}$$

✱ 굽힘모멘트가 0인점위치?

$x = \frac{3}{4}\ell$의 곳이므로 고정단에서 $\frac{\ell}{4}$ 되는 점이다.

$$\therefore x = \frac{3}{4}\ell = \frac{3}{4} \times 200 = 150\text{cm}$$

04 길이 200cm인 고정지지보의 중앙에 320kg의 집중하중이 작용할 때 고정단 및 중앙단면에 작용하는 굽힘모멘트를 구하여라. 그리고, 이 보에 발생하는 최대굽힘응력을 구하여라. 단, 이 보의 단면의 나비 × 높이 = 6cm × 8cm의 직사각형이다.

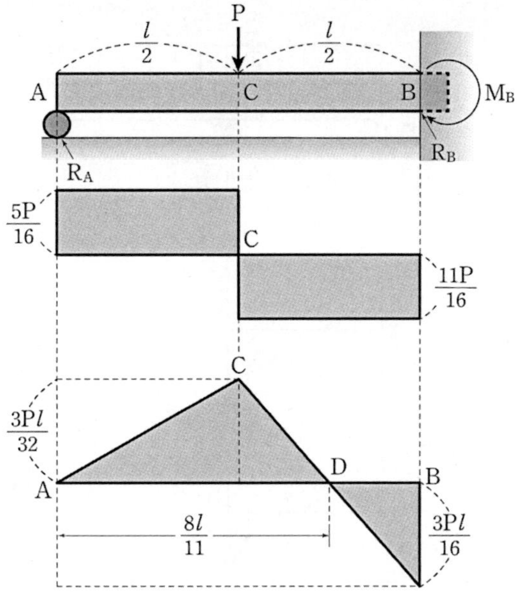

| 풀이 | $\begin{cases} P = R_A + R_B & \cdots ① \\ R_B - P\left(\dfrac{\ell}{2}\right) - M_B = 0 & \cdots ② \end{cases}$ $(M_B = \dfrac{3}{16}P\ell$이므로)

$$R_B\ell - \frac{P\ell}{2} - \frac{3P\ell}{16} = 0$$

$$\therefore R_B = \frac{11P}{16}$$

$$\therefore R_A = P - R_B = P - \frac{11P}{16} = \frac{5P}{16}$$

i) 지점 A에서 x거리에 있는 X − X 단면에 작용하는 굽힘모멘트?

$$\begin{cases} \text{AC 구간} \quad M_x = R_A x = \dfrac{5Px}{16} & \cdots ③ \\ \text{CB 구간} \quad M_x = R_A x - P\left(x - \dfrac{\ell}{2}\right) = \dfrac{5Px}{16} - Px + \dfrac{P\ell}{2} = -\dfrac{11}{16}Px + \dfrac{P\ell}{2} & \cdots ④ \end{cases}$$

$$\begin{cases} x = 0\text{인 A점} \quad M_A = 0 \\ x = \dfrac{\ell}{2}\text{인 C점} \quad M_C = \dfrac{5}{32}P\ell = \dfrac{5}{32} \times 320 \times 200 = 10000\,\text{kg (중앙점굽힘모멘트)} \end{cases}$$

✱ $x = \ell$인 B점 $M_B = -\dfrac{11}{16}P\ell + \dfrac{1}{2}P\ell = \dfrac{-3P\ell}{16} = \dfrac{-3}{16} \times 320 \times 200 = -12000\text{kg}$

※ 최대굽힘모멘트가 작용하는 고정단에 최대굽힘응력이 발생하며, 그곳의 최대굽힘응력은?

$$\sigma_{b\max} = \frac{M_{\max}}{Z} = \frac{M_{\max}}{\left(\dfrac{bh^2}{6}\right)} = \frac{6 \times 12000}{6 \times 8^2} = 187.5(\text{kg/cm}^2)$$

05 아래 그림과 같은 연속보에서 각 스팬의 길이가 2m, 3m이고, 전길이에 걸쳐서 1m당 10kg의 균일 분포하중이 작용할 경우 중간지점 B에 작용하는 굽힘모멘트를 구하여라. 또, 각 지점의 반력은 얼마인가?

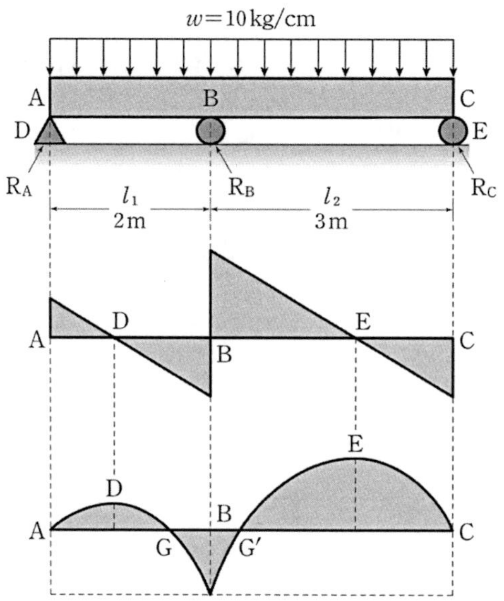

풀이 i) $M_A\ell_1+2M_B(\ell_1+\ell_2)+M_C\ell_2+\dfrac{\omega\ell_1^3}{4}+\dfrac{\omega\ell_2^3}{4}$

보의 양끝의 지점에 작용하는 굽힘모멘트 M_1, M_3는 0이므로

$$2M_2(\ell_1+\ell_2)+\frac{1}{4}\omega(\ell_1^3+\ell_2^3)=0$$

$$\therefore M_B=-\frac{\omega(\ell_1^3+\ell_2^3)}{8(\ell_1+\ell_2)} \quad \cdots ①$$

$$=\frac{-10\times(200^3+300^3)}{8\times(200+300)}=-87500\,\text{kg}\cdot\text{m}$$

ii) B 점에 작용하는 굽힘모멘트 M_B를 지점 B의 왼쪽에서 구하면

$M_B=-87500\,(\text{kg}\cdot\text{cm})$을 대입하면,

$$M_B=R_A\ell_1-\frac{\omega}{2}\ell_1^2 \quad \cdots ②$$

②식에 $W=10\text{kg/cm}^2$, $\ell_1=200\text{cm}$, $M_B=-87500(\text{kg}\cdot\text{cm})$을 대입하면

$$R_A=\left(\frac{\omega\ell_1^2}{2}-M_B\right)\left(\frac{1}{\ell_1}\right)=\left(\frac{10\times200^2}{2}-87500\right)\times\frac{1}{200}=562.5\text{kg}$$

iii) 반력 R_C를 구하기 위해 B 지점에 작용하는 굽힘모멘트 M_B를 지점 B의 오른쪽에 대해 구하면

$$M_B = R_C \ell_2 - \frac{\omega \ell_2^2}{2}$$

$$\therefore R_C = \left(\frac{\omega \ell_2^2}{2} + M_B\right) \cdot \frac{1}{\ell_2} = \left(\frac{10 \times 300^2}{2} - 87500\right) \times \frac{1}{300} = 1208.3\text{kg}$$

$\Sigma F = 0$ (수직합력이 0이어야 하므로) : $\omega(\ell_1 + \ell_2) = R_A + R_B + R_C$이다.

∴ B 점의 반력

$$R_B = \omega(\ell_1 + \ell_2) - R_A - R_C = 10(200 + 300) - 562.5 - 1208.3 = 3329.2(\text{kg})$$

평가문제

01 redundant support 란?

|풀이| 한 보를 그 하중 평면내에서 완전히 구속하는데 필요하고 충분한 지점들을 제외한 나머지 지점

02 부정정보란? (구하는 순서)

|풀이| 파임구속되어 있고 미지의 과잉 반력・고정모멘트를 구하면 정정보와 동일하게 전단력・굽힘모멘트를 구할 수 있다.

03 미지의 과잉반력과 고정모멘트 구하는 3가지 방법

|풀이| 가) 탄성곡선의 미분방정식에 의한 방법
나) 중첩법에 의한 방법
다) 면적모멘트 법

04 principle of superposition (중첩의 원리)이란?

|풀이| Hooke 탄성체에 2개이상의 하중이 작용할 대의 변위. 변형률 응력상태는 각기의 하중이 단독으로 작용했을때의 변위. 변형률 응력상태의 화와 같다.

참고

고정보 중앙에 집중하중P 작용할 때

$$\begin{cases} R_A = R_B = \dfrac{P}{2} \\ M_A = M_B = \dfrac{-P \cdot \ell}{8} \quad M_C = \dfrac{P \cdot \ell}{8} \end{cases}$$

- 굽힘모멘트 0인 점 위치 $x = \dfrac{\ell}{4}, \dfrac{3\ell}{4}$
- 최대처짐 (C점 : 중앙점) $\delta_{max} = \dfrac{P\ell^3}{192EI}$

고정보 전길이에 균일분포하중 작용할 때

$$M_A = M_B = \frac{\omega\ell^2}{12}$$

$$R_A = R_B = \frac{\omega\ell}{2} \quad M_C = \frac{\omega\ell^2}{24}$$

- 굽힘모멘트 0인점 위치 $x = \dfrac{\ell}{2} \pm \dfrac{\sqrt{3}\,\ell}{6}$
- 최대처짐 (중앙C점) $\delta_{max} = \dfrac{\omega\ell^4}{384EI}$

고정지지보의 전길이에 균일분포하중 작용할 때

$$\begin{cases} R_A = \dfrac{3\omega\ell}{8} \quad R_B = \dfrac{5\omega\ell}{8} \\ M_A = 0 \quad M_B = -\dfrac{\omega\ell^2}{8} \text{ (최대굽힘모멘트 : 고정단B)} \end{cases}$$

- 굽힘모멘트 0인 위치 $x = \dfrac{3}{4}\ell$
- 최대처짐 $\delta_{max} = \dfrac{\omega\ell^4}{184.5EI}$ $(x = 0.4215\ell)$

고정지지보의 집중하중을 받는 경우

$$R_A = \frac{Pb(3\ell^2 - b^2)}{2\ell^3}, \ R_B = \frac{Pa^2(3a+3b)}{2\ell^3}$$

$$\delta = y_1 + y_2 = \frac{Pb}{96EI}(3\ell^2 - 5b^2) \quad \begin{pmatrix} M_A = -\dfrac{Pb(\ell^2 - b^2)}{2\ell^2} \\ M_C = -\dfrac{3 \cdot P\ell}{16}, \ M_B = \dfrac{5 \cdot P\ell}{32} \end{pmatrix}$$

$$\begin{cases} \delta_C = \dfrac{P\ell^3}{768EI} \left(a = b = \dfrac{\ell}{2} \text{ 일 때}\right) \\ R_A = \dfrac{11}{16}P \quad R_B = \dfrac{5}{16}P \ \left(a = b = \dfrac{\ell}{2} \text{ 일 때}\right) \end{cases}$$

굽힘모멘트가 0인 점 $x = \dfrac{8}{11}\ell$ (D점)

$$\delta_{max} = \frac{P\ell^3}{48\sqrt{5}\,EI} \ \left(x = \frac{\ell}{\sqrt{5}} \text{ 점}\right)$$

연속보

∴ 제3모멘트정리(클라페이론의 정리)

$$\therefore M_A\ell_1+2M_B(\ell_1+\ell LSUB2)+M_C\ell_2=\frac{6A_1\cdot a_1}{\ell_1}-\frac{6A_2\cdot b_2}{\ell_2}$$

$$\therefore R_n=R'_n+R''_n+\frac{M_{n-1}-M_n}{\ell_n}+\frac{-M_n+M_{n+1}}{\ell_{n+1}}$$

(지점이 $n-1, n, n+1$로 지지된 반력을 표시하는 일반적)

가) 중앙에 집중하중 P 가 작용할 때

$$\therefore M_A\ell_1+2M_B(\ell_1+\ell_2)+M_C\cdot\ell_2=-\frac{3P_1\ell_1}{8}-\frac{3P_2\ell_2^2}{8}$$

나) 등분포하중이 작용할 때

$$\therefore M_A\ell_1+2M_B(\ell_1+\ell_2)+M_C\cdot\ell_2=-\frac{\omega_1\ell_1^3}{4}-\frac{\omega_2\cdot\ell_2^3}{4}$$

다) 중앙에 집중하중 및 등분포하중이 동시에 작용할 때

$$M_A\ell_1+2M_B(\ell_1+\ell_2)+M_C\cdot\ell_2=-\frac{3P_1\cdot\ell_1}{8}-\frac{3P_2\cdot\ell_2^2}{8}-\frac{\omega_1\ell_1^3}{4}-\frac{\omega_2\cdot\ell_2^3}{4}$$

양끝 및 중앙에 지점을 가지는 연속보에 균일분포하중 작용할 때

$$\therefore M_A\ell+2M_B(\ell+\ell)+M_C\ell+\frac{\omega\ell^3}{4}+\frac{\omega\ell^3}{4}=0\ \begin{pmatrix}\omega_1=\omega_2=\omega\\ \ell_1=\ell_2=\ell\end{pmatrix}\text{이므로}$$

$$M_B=\frac{-\omega\ell^2}{8}\quad R_A=\frac{3\omega\ell}{8}\quad R_B=\frac{5\omega\ell}{4}$$

굽힘모멘트가 0인 점 G, G′는 지점 A, C 에서 $\frac{3\ell}{4}$ 되는 곳이다.

양끝 및 중앙에 지점을 가지는 연속보의 중앙에 집중하중이 작용할 때

$$\therefore M_A\ell+2M_B(\ell+\ell)+M_C\ell=-\frac{3P\ell^2}{8}-\frac{3P\ell^2}{8}$$

(양끝점의 굽힘모멘트 0이므로 $M_A=M_C=0$이다)

$$\therefore M_B(=M_{max})=-\frac{3P\ell}{16}$$

$$\begin{pmatrix}R_A=\frac{5}{16}P\\ R_B=\frac{11}{8}P\end{pmatrix}\quad\begin{pmatrix}M_A=0\\ M_D=\frac{5P\ell}{32}\\ M_B=-\frac{3P\ell}{16}\end{pmatrix}$$

굽힘모멘트가 0인 위치?

A, C 점에서 $\frac{8}{}\ell$ 떨어진 G, G′ 점이다.

* 모든 지점의 반력과 B던레 굽힘모멘트를 알면 : 임의점에 작용하는 전단력 · 굽힘모멘트를 단순보의 경우와 같은 방법으로 구할 수 있다.

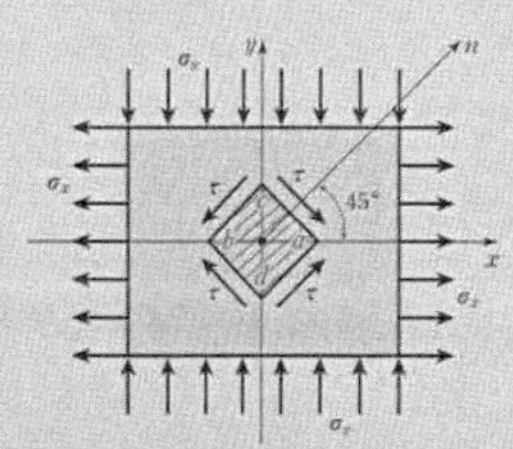

제 7 장

비틀림

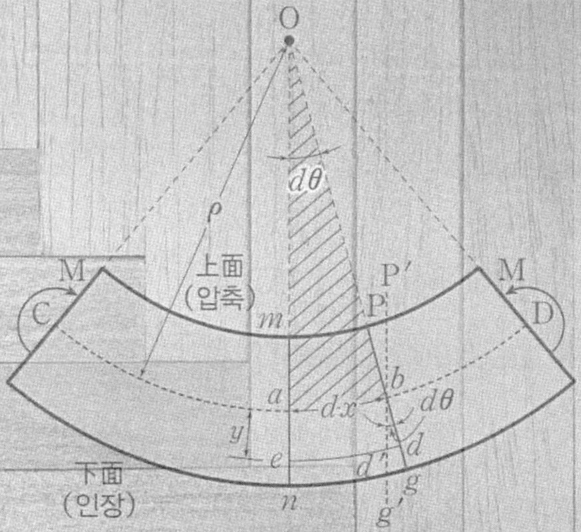

- 원형단면 (Coil spring)
- 토오션 바아

- Torgue (비틂 모멘트 Twiating moment) : 1m의 축은 $\frac{1}{4}$ 이내로 비틀림을 제한한다.

(기계설계) : Bach의 축 공식

실체축 : 육지기계 축
중공축 : 항공기 조선의 축

7-1 원형단면축의 비틀림

원형단면봉이 한끝은 고정되고 다른끝은 축중심에 직각인 평면내에서 비틀림 Moment T를 받고 비틀리는 경우

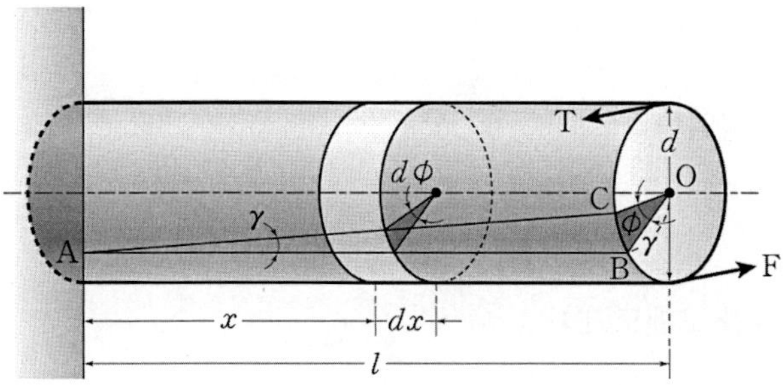

순수전단상태?

BC : 반지름 r인 원호길이

$d\phi$: 회전각

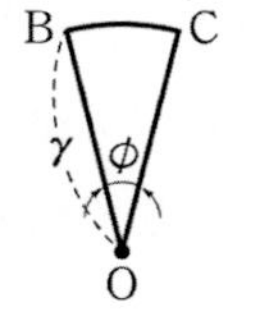

$$\frac{d\phi}{dx}=0 \rightarrow \ d\phi=\theta dx$$

$$\phi=\theta\,[x]_0^{\ell}=\theta$$

전단변형률 $r=\dfrac{\mathrm{BC}}{\mathrm{AB}}$ … ① ∴ $\mathrm{BC}=r\cdot\phi$

$r=\dfrac{\mathrm{BC}}{\mathrm{AB}}=\dfrac{r\cdot\phi}{\ell}$ … ②

$\dfrac{\phi}{\ell}=\theta$라면(비틀림 각이 미소하면 값이 일정)

- θ : 단위길이 당 비틀림 각
- ϕ : 온비틀림 각

$r=r\cdot\theta=\dfrac{r\cdot\phi}{\ell}$ … ③

전단 탄성계수 G, 요소 측면에 작용하는 전단응력 τ? (탄성재료의 경우)

$\tau=\mathrm{G}r=\mathrm{G}\cdot r\theta$ … ④

* 비틀림 받는 반지름 r인 단면표시에 전단변형률 r 및 전단응력 τ?

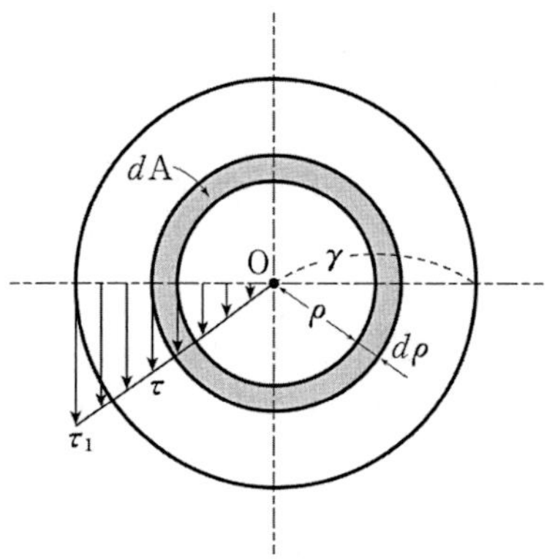

$$\begin{pmatrix} r = \rho \cdot \theta = \dfrac{\rho \cdot \phi}{r} \\ \tau = Gr = G\rho\theta \end{pmatrix} \quad \cdots ⑤$$

* 최대치 : 바깥표면에 존재

* 비틀림모멘트 T와 비틀림각 ϕ사이 관계(정역학적으로)

(정의학적으로) 전단응력($\Sigma\tau$)들의 합력 = 전 비틀림모멘트(ΣT)이므로

$\tau \cdot dA = dA$ 면적에 작용하는 전단력(F)

$\tau\rho \cdot d = (G\rho\theta) \cdot \rho dA =$ 봉의 축선에 관한 모멘트(T)

* 전비틀림모멘트(T) : 단면적 전체에 모멘트요소를 합한 것

$$T = \int_A G\theta\rho^2 dA = G\theta \int \rho^2 dA = G\theta \, I_P \quad \cdots ⑥$$

극단면 2차모먼트(polar momtent of Inertia)

$$I_P = \int_A \rho^2 dA$$

$$= \int_A \rho^2 \cdot 2\pi\rho \, d\rho = 2\pi \int_A \rho^3 d\rho = 2\pi \left[\frac{\rho^4}{4} \right]_0^r = 2\pi \left[\frac{r^4}{4} \right] = \frac{\pi r^4}{2} = \frac{\pi \left(\dfrac{d}{2} \right)^4}{2} = \frac{\pi d^4}{32}$$

⑥식에서 $\theta = \dfrac{T}{G \cdot I_P} \quad \cdots ⑦$

1축의 비틀림강도(torsional rigidity)

$\phi = \theta \cdot \ell$이므로

$$\phi = \frac{T \cdot \ell}{G \cdot I_P} \quad \cdots ⑧$$

⑧식은 비틀림 실험에서 재료의 전단탄성계수 G 결정에 사용

- $\theta = \dfrac{T}{G \cdot I_P}$을 $\tau = Gr = Gr\theta$에 대입하면 비틀림 작용하는 실체축에 최대전단응력(τ_{max})을 구할 수 있다.

$$\tau_{max} = G \cdot r \frac{T}{G \cdot I_P} = \frac{T \cdot r}{I_P} = \frac{T}{\frac{I_P}{r}} = \frac{T}{Z_P}$$

$$\tau_{max} = \frac{T \cdot r}{I_P} = \frac{T}{Z_P} \quad \cdots ⑨$$

＊ 단면의 중심으로부터 ρ거리에 있는 임의점에 작용하는 단면 내의 전단응력?

$$\tau = G \cdot \rho\theta = G \cdot \rho \frac{T}{I_P} = \frac{T \cdot \rho}{I_P} \text{ (임의단면에서 전단응력)} \quad \cdots ⑩$$

＊ 기계설계시 비틀림모멘트 (T)가 작용할 때 전달마력으로부터 축지름 결정하는데 T공식?

i) 축이 1회전하는 동안 T에 의해 이루어지는 일 : $2\pi T$

ii) 1분동안 행한 일 : $2\pi n T$

(n : 축의 회전수 (rpm : revolution per minute))

$1 HP = 75 kg \cdot m/sec$이므로

$$H_P = \frac{2\pi n T}{75 \times 100 \times 60}$$

$$\therefore T(kg \cdot cm) = \frac{75 \times 100 \times 60 H}{2\pi n} = 71620 \frac{H(ps)}{n}$$

＊ 축의 전단응력과 비틀림각 축지름 계산공식?

i) ⑨식에서 $\tau_{max} = \frac{T}{Z_P} = \frac{T}{\frac{\pi d^3}{16}} = \frac{16T}{\pi d^3}$

ii) 비틀림각 $\tau_{max} = \frac{T \cdot \ell}{G \cdot I_P} = \frac{T \cdot \ell}{G \frac{\pi d^3}{16^3}} = \frac{16 T \ell}{\pi d^4 \cdot G}$

iii) 축지름 (d) $\tau_{max} = \frac{16T}{\pi d^3}$, $d^3 = \frac{16T}{\pi \cdot \tau_{max}}$

$\therefore d = \sqrt[3]{\frac{16T}{\pi \cdot \tau_{max}}}$ 이다.

7-2 중공원형단면축의 비틀림

비틀림 받는 실체축 단면은 ┌ 바깥표면 : 최대전단응력
└ 중심은 전단응력 zero이다.

중심부근은 허용전단응력보다 작은 응력을 받으므로 중량이 가벼워야 되는 축과 재료절약을 위해 중공축이 바람직하다.

＊ 중공원형축에 구멍이 크지 않을 경우

전단응력・전단변형률은 실체축과 같이 반지름방향 직선유지(가정) : 실체축공식을 그대로 사용 ($\tau = G\rho\theta$)

$\tau = G\rho\theta$ (반지름방향거리 ρ : R_1과 R_2 사이 범위로 제한)

(1 방향) $I_P = \int_{R_1}^{R_2} \rho^2 dA = \int_{R_1}^{R_2} 2\pi\rho^3 d\rho = 2\pi \int_{R_1}^{R_2} \rho^3 d\rho$

$$= 2\pi\left[\frac{\rho^4}{4}\right]_{R_1}^{R_2} = 2\pi\left[\frac{R_2^4}{4} - \frac{R_1^4}{4}\right] = \frac{\pi}{2}\left(R_2^4 - R_1^4\right)$$

$$= \frac{\pi}{2}\left(\left(\frac{d_2}{2}\right)^4 - \left(\frac{d_1}{2}\right)^4\right) = \frac{\pi}{32}\left(d_2^4 - d_1^4\right)$$

(2 방법)

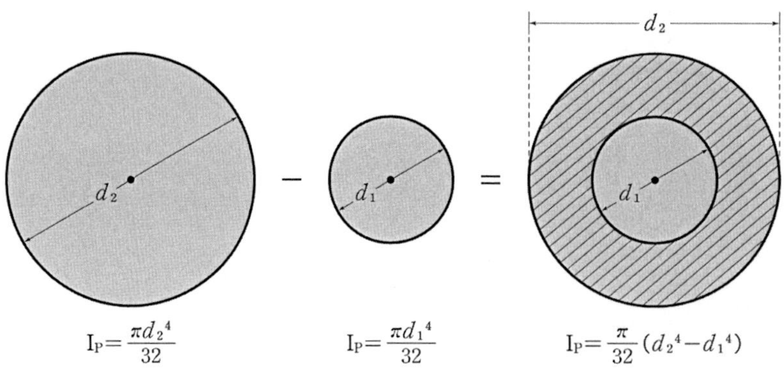

7-3 두께가 얇은 관의 비틀림

관 두께 t인 원통형에서 양단에 비틀림모멘트(T)을 작용하면 각 단면위에는 전단응력이 발생(균일하게 분포됨).

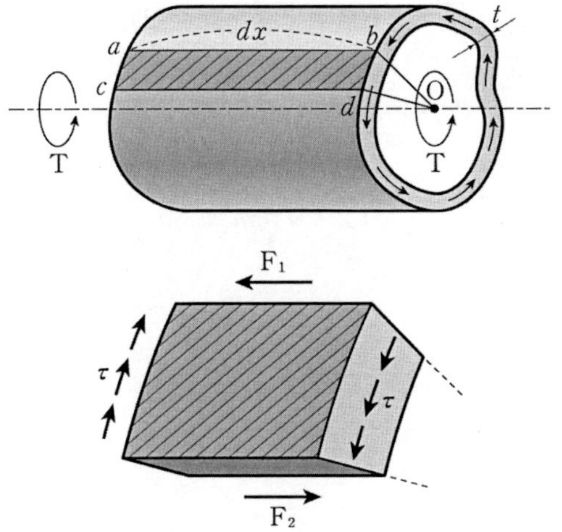

원통에서 절단한 $abcd$요소 고찰

$$\begin{cases} F_1 = \tau_1 \, t_1 \, dx^{dA} \\ F_2 = \tau_2 \, t_2 \, dx \end{cases}$$

$F_1 = F_2$ (힘의 평형조건에서)

$\tau_1 \, t_1 \, dx = \tau_2 \, t_2 \, dx$

$\therefore \tau_1 \, t_1 = \tau_2 \, t_2$

이것은 세로방향의 절선 ab 및 cd의 임의 위치로 선택된 것이므로 (전단용력 × 두께)는 그 단면의 모든점에서 동일하다. : 전단흐름(shear flow)라 함.

$\therefore f = \tau \cdot t =$ 일정 $\therefore F_1 = \tau_1 t_1 = \tau_2 t_2 = \tau \cdot t$ (전단흐름)

가장 큰 전단응력은 두께가 가장 작은 곳에서 발생하며 역도 성립

관 두께 t가 균일하면 전단응력은 관둘레에 따라 일정하다.

* 전단흐름(f)과 비틀림모멘트(T)의 관계

  미소길이 ds에 작용하는 전단력을 적분하면 외력 T와 같아진다.

  단면내의 길이요소 ds에서 전 전단력은 $f \cdot ds (\tau \cdot tds)$

  임의점 0에 관한 힘의 모멘트 $dT = r \cdot fds$ … ①

  r : 0점으로부터 관벽의 평균중심선의 접점까지의 거리 (도심 0에서 전단흐름까지의 거리)

  전 비틀림모멘트 T는 단면의 평균중심선 (mediomline)에 둘러싸인 면적의 2배 (면적 : Am)

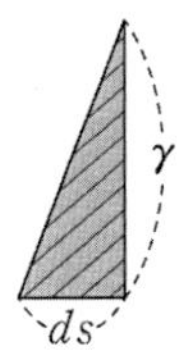

$$Am = \frac{1}{2} rds$$

$$T=\int f\cdot rds=f\int rds=f\cdot 2Am=2f\cdot Am\left(\int rds\ \text{: 해칭한 삼각형의 2배이므로}\right)$$

$$\therefore f=\tau\cdot t=\frac{T}{2Am}\ \text{(얇은관의 전단흐름, 전단응력 계산식)}\quad \cdots ②$$

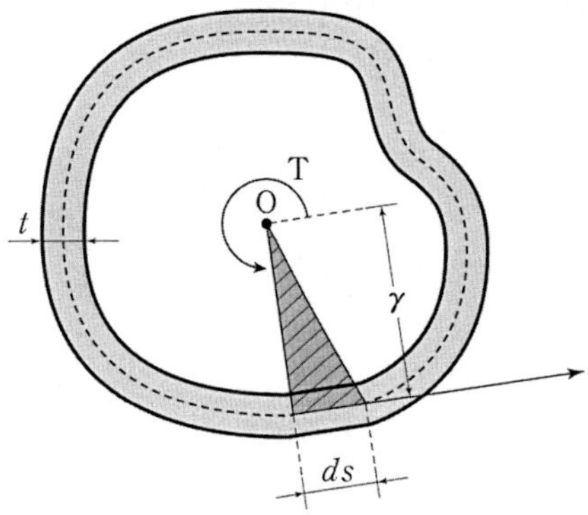

$\tau(tds)=fds$

$$T=\int f\cdot rds=f\int rds=2f\cdot Am\text{에서}$$

$$f=\tau\cdot t=\frac{T}{2Am}\quad \cdots ②$$

②식에서 $\tau=\dfrac{T}{2\,t\cdot Am}$ 이다.

＊ 관의 단위길이당 비틀림각 θ?

변형에너지에 의해 구함.

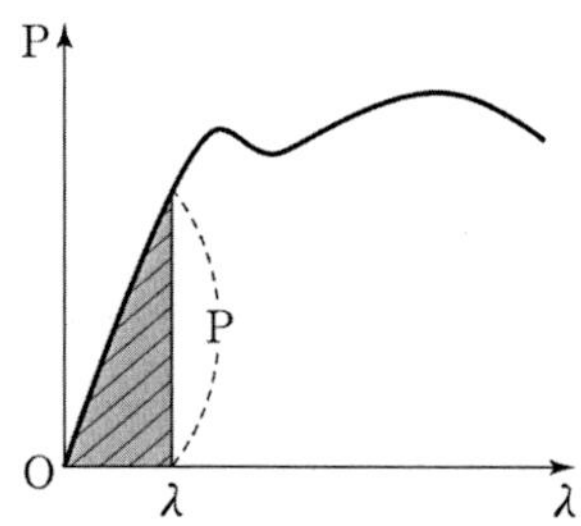

탄성에너지 $u=\dfrac{1}{2}P\lambda\quad \cdots ①$

$P=\tau\cdot A\,(P=\sigma\cdot A)$

$\lambda=\dfrac{P\cdot \ell}{AG}=\dfrac{\tau\cdot \ell}{G}\left(\lambda=\dfrac{P\cdot \ell}{AE}=\dfrac{\sigma\ell}{E}\right)$에서

$$u=\frac{1}{2}P\lambda=\frac{1}{2}(\tau\cdot A)\left(\frac{\tau\cdot \ell}{G}\right)=\frac{\tau^2 A\cdot \ell}{2G}=\frac{\tau^2}{2G}V$$

단위체적당 탄성에너지 $u=\dfrac{u}{V}=\dfrac{\frac{\tau^2}{2G}\cdot V}{V}=\dfrac{\tau^2}{2G}=\dfrac{G\varepsilon^2}{2}\ (\mathrm{kg\cdot cm/cm^3})$

단위체적속의 저장되는 변형에너지 $u=\dfrac{\tau^2}{2G}$ 이므로

$$u=\int_0^{\ell m}\frac{\tau^2}{2G}\,t^{dA}ds=\frac{f^2}{2G}\int_0^{\ell m}\frac{dx}{t}\quad \cdots ③$$

③에 ②식 대입

$$u = \frac{f^2}{2G}\int_0^{\ell m}\frac{ds}{t} = \frac{\left(\frac{T}{2Am}\right)^2}{2G}\int_0^{\ell m}\frac{ds}{t} = \frac{\left(\frac{T^2}{4Am^2}\right)}{2G}\int_0^{\ell m}\frac{ds}{t} = \frac{T^2}{8GAm^2}\int_0^{\ell m(s)}\frac{ds}{t} \quad \cdots ④$$

$u = \frac{1}{2}T \cdot \theta$(변형에너지가 T에 의해 주어진 일량) … ⑤

④ = ⑤이므로 $\frac{T^2}{8G\ Am^2}\int_0^{\ell m}\frac{ds}{t} = \frac{1}{2}T \cdot \theta$에서

$$\theta = \frac{T}{8GAm^2}\left(\frac{1}{2}\right)\int_0^{\ell m}\frac{ds}{t} = \frac{T}{4G\ Am^2}\left(\frac{\ell m}{t}\right) = \frac{T \cdot \ell m}{4G\ Am^2} = \frac{\left(\frac{T}{2t\ Am}\right)}{2G\ Am} = \frac{\tau \cdot \ell m}{2G\ Am} \quad \cdots ⑥$$

$$\left(\int_0^{\ell m}\frac{1}{x}ds = \frac{1}{x}\int_0^{\ell m}ds = \frac{\ell m}{t} = \frac{\pi dm}{t}\right)$$

(θ : 단위길이전비틀림각)

전비틀림각 ϕ는 θ에 관의 전길이(ℓ)을 곱하면 된다. $\phi = \theta \cdot \ell$

* 두께가 얇은 관의 비틀림각의 I_P (비틀림상수 : torsion constant)

$\theta = \frac{T}{4G\ Am^2}\int_0^{\ell m}\frac{ds}{t}$을 $\theta = \frac{T}{G \cdot I_P}$에 대입

$$I_P = \frac{T}{G\theta} = \frac{T}{G}\left(\frac{1}{\left(\frac{T}{4G\ A^2m}\int_0^{\ell m}\frac{ds}{x}\right)}\right) = \frac{4\ Am^2}{\int_0^{\ell m}\frac{ds}{t}} \quad \cdots ⑦$$

I_P 값 : 단면의 비틀림상수 (torsion Constant)

- 원형단면봉 → 극관성모멘트 (I_P)
- 두께가 얇은관 → $\frac{4Am^2}{\left(\int_0^{\ell m}\frac{ds}{x}\right)} = \frac{4\ Am^2 \cdot t}{\ell m}$

* 두께가 t가 일정, 둥근관에 대해 평균중심선까지의 반지름 r일 때 중심선길이 $\ell_m = 2\pi r$ 면적 $A_m = \pi r^2$

i) 전단흐름(f)와 전단응력(τ)?

$$f = \frac{T}{2Am} = \frac{T}{2\pi r^2} \quad \cdots ⑧$$

$$\tau = \frac{T}{2Am \cdot t} = \frac{T}{2\pi r^2} \quad \cdots ⑨$$

ii) 단위길이당 비틀림각?

$$\theta = \frac{T}{4GAm^2}\left(\frac{1}{2}\right)\int_0^{\ell m}\frac{ds}{t} = \frac{T}{4G\ Am^2 t} = \frac{T(2\pi r)}{4Gt(\pi r^2)^2} = \frac{2\pi r T}{4G\ \pi^2 r^4 t} = \frac{T}{2\pi G r^3 t}$$

$$\therefore \theta = \frac{T}{2\pi G r^3 t} \quad \cdots ⑩$$

$\theta = \dfrac{T}{G \cdot I_P}$ 에서

$$I_P = \frac{T}{G \cdot \theta} = \frac{T}{G}\left(\frac{1}{\frac{T}{2\pi G r^3 t}}\right) = 2\pi r^3 t$$

비틀림상수 $I_P = 2\pi r^3 t \quad \cdots$ ⑪

연습문제

01 ϕ25mm인 알루미늄 합금축에 600kg · cm의 모멘트가 작용한다. 축의 중앙단면 0의 비틀림각을 구하여라. 단, $G = 2.63\times10^3 kg\cdot mm^2$

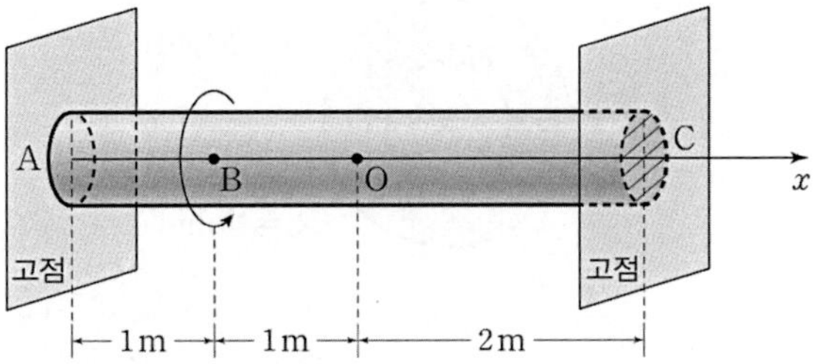

| 풀이 | A와 B에 생기는 비틀림모멘트를 M_A, M_B라 하면

$M_A+M_C=600$ (평형조건에서) ··· ①

* 점 B에서 축이 연속이므로 비틀림각은 단면 B에서 같아야 하므로

$\phi_{AB}=\phi_{BC}$ ··· ②

* 하중-변형 관계식에서

$$\phi_{AB}=\frac{T_A\cdot L_{AB}}{G\cdot I_P},\ \phi_{BC}=\frac{T_C\cdot L_{BC}}{G\cdot I_P},\ \phi_{OC}=\frac{T_C\cdot L_{OC}}{G\cdot I_P}\quad\cdots ③$$

③을 ②식에 대입하면

$$\frac{T_A\cdot L_{AB}}{r}G\cdot I_P=\frac{T_C\cdot L_{BC}}{G\cdot I_P},\ T_A L_{AB}=T_C L_{BC}$$

$\frac{T_A}{T_C}=\frac{L_{BC}}{L_{AB}}=\frac{3}{1}=3$ 이것을 ①식에 대입하면

$T_A=M_A$. $T_C=M_C$ 이므로

$$\therefore \begin{cases} T_A=450kg\cdot cm \\ T_B=150kg\cdot cm \end{cases}$$

* $M_A+M_C=600\quad M_C\left(\frac{M_A}{M_C}+1\right)=600\quad M_C(3+1)=600$

$\therefore M_C=\frac{600}{4}=150kg\cdot cm$

* $M_A=600-M_C=600-150=450kg\cdot cm$

* $I_P=\frac{\pi d^4}{32}=\frac{\pi}{32}\times25^4=3.835\,cm^4=3.835\times10^4\,(mm^4)$

($L_{OC}=2m=2\times10^3mm$ 이므로)

* $\phi_{OC}=\frac{T_C\cdot L_{OC}}{G\cdot I_P}=\frac{(150\times10)\times(2\times10^3)}{(2.63\times10^3)\times(3.835\times10^4)}=0.0297=1.7042°$

02 중공축의 길이가 1.5m이고 내경과 외경이 각각 40mm, 60mm일 때, (a) 최대전단응력이 2.1kg/mm^{2}를 초과하지 않으려면 축에 적용되는 최대토모크는 얼마인가? (b) 축에서 최소전단응력의 값은 얼마인가?

| 풀이 | (a) 최대토오크 T는 최대전단응력이 2.1kg/mm^{2}이므로 $\tau_{max} = \frac{Tr}{I_P} = \frac{T}{Z_P}$ 을 사용한다.

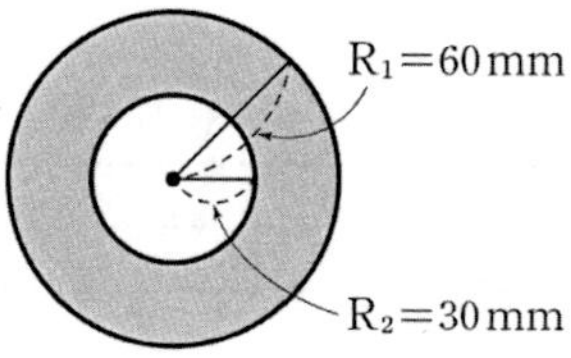

$$T = \frac{I_P \cdot \tau_{max}}{R} \text{에서} \begin{pmatrix} R_1 = \frac{1}{2} \times 40 = 20\text{mm} \\ R_2 = \frac{1}{2} \times 60 = 30\text{mm} \quad (R = R_2 = 30\text{mm}) \end{pmatrix}$$

$$I_P = \frac{1}{2}\pi\left(R_2^4 - R_1^4\right) = \frac{\pi}{2}\left(30^4 - 20^4\right) = 1.02 \times 10^6 \text{mm}^4 \text{이므로}$$

$$\therefore\ T = \frac{I_P \cdot \tau_{max}}{R} = \frac{1.02 \times 10^6}{30} \times 2.1 = 68{,}000\text{kg} \cdot \text{m} = 68\text{kg} \cdot \text{m}$$

(b) 최소단면적의 값은 축의 내면에서 일어나며 τ_{min}과 τ_{max}은 R_1과 R_2에 비례하므로

$$\tau_{max} = \frac{T \cdot R_2}{I_P} : \tau_{min} = \frac{T \cdot R_1}{I_P},\ \frac{\tau_{max}}{\tau_{min}} = \frac{R_2}{R_1}$$

$$\therefore\ \tau_{min} = \frac{R_2}{R_1}\tau_{max}$$

$$\tau_{min} : \tau_{max} = R_1 : R_2,\ \tau_{min} R_2 = \tau_{min} R_1$$

$$\tau_{min} = \frac{R_1}{R_2} \cdot \tau_{max} = \frac{20}{30} \times 2 = 1.33\text{kg/mm}^2$$

03 지름이 원형단면축을 바깥지름 d, 안지름 $\frac{d}{2}$인 중공축으로 하면 받을 수 있는 비틀림모멘트는 몇 % 감소하는가?

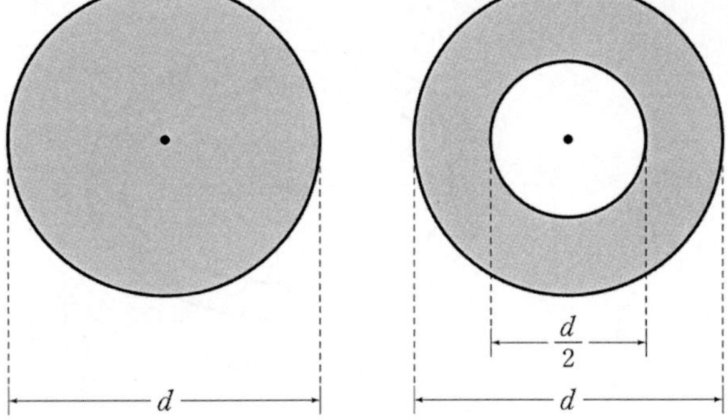

| 풀이 | 이 봉의 허용전단응력 τa라하면

A의 경우 $T_A = \frac{\pi}{16} d^3 \cdot \tau a$

B의 경우 $T_B = \frac{\pi}{16}\left(\frac{d_2^4 - d_1^4}{d_2}\right) \cdot \tau a = \frac{\pi}{16} d_2^3 \left\{1 - \left(\frac{d_1}{d_2}\right)^4\right\} \cdot \tau a$에서

$d_2 = d,\ d_1 = \frac{d}{2}$이므로

$T_B = \frac{\pi}{16} d^3 \cdot \tau a = \left\{1 - \left(\frac{d_1}{d_2}\right)^4\right\}$ 따라서, 비틀림모멘트의 감소율은?

$$\frac{T_A - T_B}{T_A} \times 100\% = \left(\frac{d_1}{d_2}\right)^4 \times 100 = \left(\frac{1}{2}\right)^4 \times 100 = 6.25\%$$

04 타원단면을 가지는 스테인레스 튜우브가 비틀림을 받고 있을 때 허용전단응력을 $\tau w = 2.5\text{kg/mm}^2$ 이라고 하면, 튜우브의 단위길이당 허용비틀림각은 얼마인가? 단, $G = 8.1 \times 10^3$ 이고 $a = 75\text{mm}$, $b = 50\text{mm}$, $t = 3\text{mm}$ 이다.

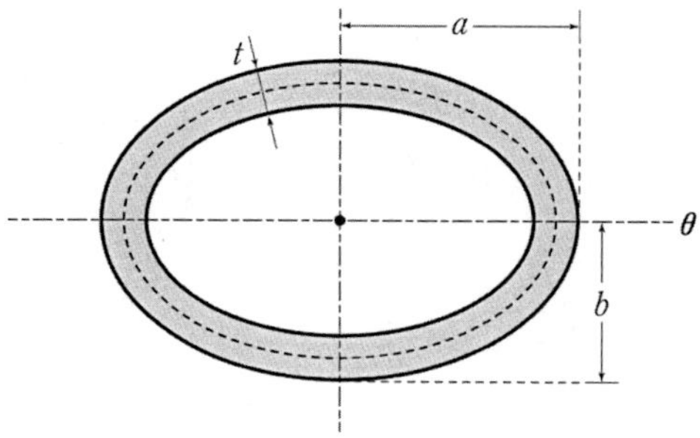

|풀이| 단위길이당 비틀림각 θ?

$\theta = \dfrac{\tau \cdot L_m}{2\,Am\,G}$ 공식에서

$Am = \pi \cdot a \cdot b = \pi \times 75 \times 50 = 11{,}775\,\text{mm}^2$

$L_m \fallingdotseq \left[\dfrac{3}{2}(a+b) - \sqrt{ab}\right] \fallingdotseq \pi\left(\dfrac{3}{2}(75+50) - \sqrt{75 \times 50}\right) \fallingdotseq 396.46\,\text{mm}$

(중심선길이 L_m의 근사식으로부터)

$\therefore \theta = \dfrac{\tau \cdot L_m}{2\,Am\,G} = \dfrac{2.5 \times 396.46}{2 \times 11{,}775 \times 8.1 \times 10^3} = 5.2 \times 10^{-6}\,rad/\text{mm}$

$= 5.2 \times 10^{-3}\,rad/\text{m} = 0.298°/\text{m}$

평가문제

01 원형단면축의 비틀림에서 변형률 r?

| 풀이 | $r = r \cdot \theta = \frac{r \cdot \phi}{\ell}$

02 소측면에 작용한 전단응력(τ) 공식은?

| 풀이 | $\tau = G \cdot r = G \cdot r\theta$ (탄성재료의 경우)

03 비틀림을 받는 반지름 r인 단면표면에 전단변형률 r 및 전단응력 τ?

| 풀이 | $r = \rho \cdot \theta = \frac{\rho \cdot \phi}{r}$, $\tau = G \cdot r = G\rho\theta$

04 비틀림모멘트(T)의 공식은?

| 풀이 | $T = G\theta \cdot I_P$, $\theta = \frac{T}{G \cdot I_P} = \frac{T}{G \cdot \frac{\pi d^4}{32}} = \frac{32T}{\pi d^4 G}$

$G \cdot I_P$: 비틀림강도 (torsional rigidity)

05 비틀림각 ϕ?

| 풀이 | $\phi = \theta \cdot \ell$이므로

$$\phi = \frac{T \cdot \ell}{G\, I_P}$$

06 최대전단응력(표면에서의 전단응력)의 공식은?

| 풀이 | $\tau_{max} = \frac{T \cdot r}{I_P} = \frac{T}{Z_P}$

07 임의단면에서 전단응력 τ?(단면중심으로부터 ρ거리에 있는 임의점에 작용하는 단면내의 전단응력?)

| 풀이 | $\tau = G\rho\theta = G\rho \cdot \dfrac{T}{G I_P} = \dfrac{T \cdot \rho}{I_P}$

08 축에서 토오크 T와 마력(H)와의 관계식?

| 풀이 | $T(\mathrm{kg/cm}) = \dfrac{75 \times 100 \times 60H}{2\pi n} = 71620 \dfrac{H_{(HP)}}{n}$

09 축의 전단응력과 비틀림각, 축지름의 계산공식?

| 풀이 | i) $\tau_{max} = \dfrac{T}{Z_P} = \dfrac{T}{\pi d^3/16} = \dfrac{16T}{\pi d^3}$

ii) $\phi = \dfrac{T \cdot \ell}{G \cdot I_P} = \dfrac{T \cdot \ell}{G \cdot \pi d^3/16} = \dfrac{16T \cdot \ell}{\pi d^3 \cdot G}$

iii) $\tau_{max} = \dfrac{16T}{\pi d^3}$, $d^3 = \dfrac{16T}{\pi . \tau_{max}}$, $\therefore d = \sqrt[3]{\dfrac{16T}{\pi \cdot \tau_{max}}}$

10 중공축의 비틀림에서 I_P ?

| 풀이 | $I_P = \dfrac{\pi}{2}\left(R_2^4 - R_1^4\right) = \dfrac{\pi}{32}\left(d_1^4 - d_1^4\right)$

11 두께가 얇은관의 비틀림에서 전단흐름 (f)?

| 풀이 | $f = \tau_1 \cdot t_1 = \tau_2 \cdot t_2 = \tau \cdot t =$ 일정

가장 큰 전단응력은 두께가 가장 작은 곳에 발생. 역도 성립

$\therefore f = \tau \cdot t = \dfrac{T}{2Am}$ (얇은관의 전단흐름. 전단응력 계산식)

$\tau = \dfrac{T}{2tAm}$

12 두께가 얇은관의 단위길이당 비틀림각 θ?

|풀이| $$\theta=\frac{T\cdot L_m}{4G\,Am^2\cdot t}=\frac{\left(\frac{T}{2tAm}\right)\cdot L_m}{2\,G\,Am}=\frac{\tau\cdot L_m}{2\,G\,Am}$$

($\phi=\theta\cdot\ell$이다.)

13 두께가 얇은관의 비틀림상수 (I_P)?

|풀이| $$I_P=\frac{T}{G\cdot\theta}=\frac{T}{G}\left(\frac{1}{\frac{T}{4G\,Am^2\int_0^{L_m}\frac{ds}{t}}}\right)=\frac{4Am^2}{\int_0^{L_m}\frac{ds}{t}}$$

|참고| 원형단면봉의 I_P =극관성모멘트이다.

14 두께가 t로 일정하고 평균중심선까지의 반지름 r일 때 둥근관의 중심선 길이 $L_m=2\pi r$, 면적 $Am=\pi r^2$이면 전단흐름(f)와 전단응력(τ)? 단위길이당 비틀림각?

|풀이| $$\therefore f=\frac{T}{2Pm}=\frac{T}{2\pi r^2},\ \therefore\tau=\frac{T}{2Am\cdot t}=\frac{T}{2\pi r^2\cdot t}$$

$$\therefore\theta=\frac{T\cdot L_m}{4G\,Am^2\cdot t}=\frac{T(2\pi r)}{4Gt(\pi r^2)^2}=\frac{T}{2\pi G r^3 t}$$

$$\therefore I_P=\frac{T}{G\cdot\theta}=\frac{T}{G}\left(\frac{1}{\frac{T}{2\pi G r^3 t}}\right)=2\pi r^3 t$$

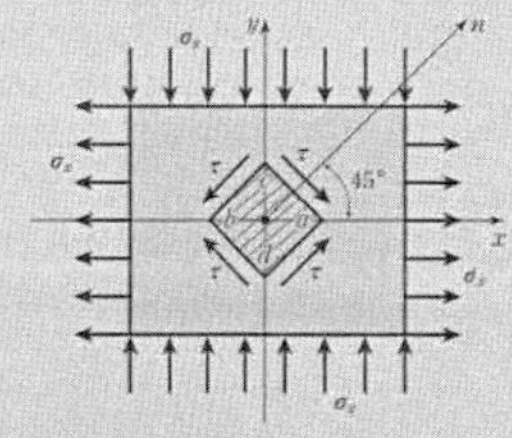

제 8 장

조합응력

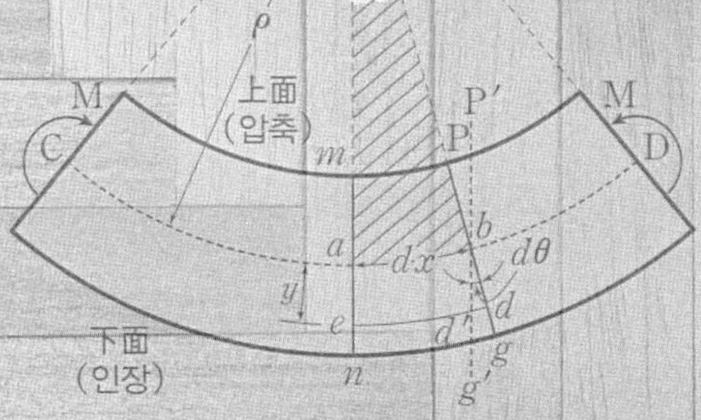

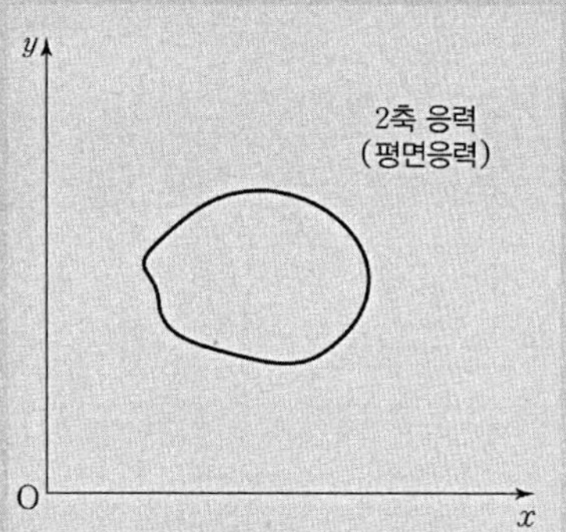

2차원

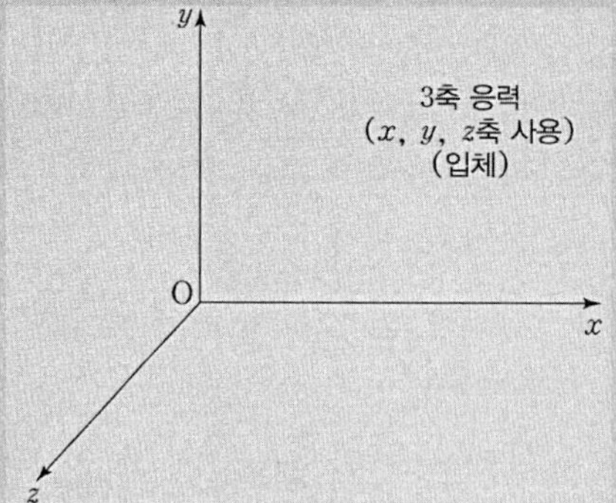

3차원

- 평면응력 (plain stress) : Z축 방향의 응력성분이 Zero.(x, y축 방향의 부재의 응력)
- 조합응력 (Combined sress)

8-1 평면응력

가 경사면에 발생하는 단순응력

* 단순인장이나 압축하중을 받는 경우 단면에 직각으로 하중이 작용하는 경우만 다루었고, 대부분 부재의 강도계산은 단면에 하중이 수직으로 작용하는 직각수직응력을 적용하면 안전도에는 큰 무리가 없다.
* 어떤 부재에는 동일출력을 받으면서도 수직단면이 아닌 경사단면에서 파괴되는 경우와 하중이 여러면에서 복잡한 양상으로 작용하는 경우가 많으므로 외력을 받는 축에서의 응력을 경사면에서 고찰해 보자.

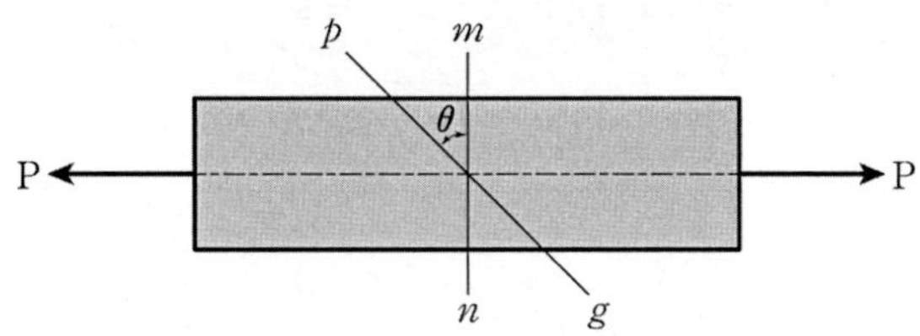

* 봉이 축인장력을 받는 경우

 i) 수직단면 mn에 발생하는 응력은 균일

 $\left(\sigma = \frac{P}{A}\right)$

 ii) 수직단면과 각θ을 이루는 경사단면 Pf에 발생하는 응력을 구하면

1) 경사단면상에 발새하는 응력

짧은 주철을 압축파괴시키면 ; 하중P 가 횡단면에 직각작용시켜도 기울어져 과괴됨 (압축력의 분력에 의해 전단됨)

횡단면상ㅇ는 수직응력과 전단응력이 존재하기 때문이다.

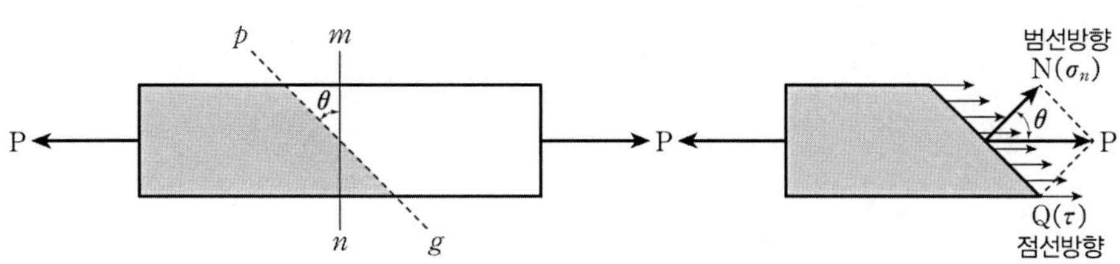

균일봉에 축인장력(압축력) P 가 작용하면 $\begin{cases} N = P\cos\theta \\ Q = P\sin\theta \end{cases}$

mn상에 균일한 수직응력 $\sigma_x = \dfrac{P}{A}$ 발생

$A = A'\cos\theta \quad \therefore A' = \dfrac{A}{\cos\theta}$

경사단면상의 범선응력(normal stress) :

$$\sigma_n = \frac{N}{A'} = \frac{P\cos\theta}{A/\cos\theta} = \frac{P}{A}\cos^2\theta = \sigma_x\cos^2\theta \quad \cdots ①$$

경사단면상의 전단응력(shearing stress) :

$$\tau = \frac{Q}{A'} = \frac{\Psi n\theta}{A/\cos\theta} = \frac{P}{A}\sin\theta \cdot \cos\theta = \frac{1}{2}\sigma_x\sin^2\theta \quad \cdots ②$$

> **TIP**
>
> $\sin A \cdot \cos B = \dfrac{1}{2}\sin(A+B) + \dfrac{1}{2}\sin(A-B)$이므로
>
> $\sin\theta \cdot \cos\theta = \dfrac{1}{2}\sin(\theta+\theta) + \dfrac{1}{2}\sin(\theta-\theta) = \dfrac{1}{2}\sin 2\theta$

①, ②에서 $\theta = 0$인 수직단면에서 $\begin{cases} (\sigma_n)_{max} = (\sigma_n)_{\theta=0} = \dfrac{P}{A}\cos^2 0 = \dfrac{P}{A} = \sigma_x \\ (\tau)_{min} = (\tau)_{\theta=0} = \dfrac{2}{1}\sigma_x\sin 2(0) = 0 \end{cases}$

$\theta = \dfrac{\pi}{2}$일 때 $\begin{matrix}(\tau) \\ (\sigma_n)_{min}\end{matrix} = 0$

$\theta = \dfrac{\pi}{4}$일 때 $(\sigma_n = \tau_{max})$ $\begin{cases} \tau_{max} = \dfrac{1}{2}\sigma_x\sin 2(45°) = \left(\dfrac{1}{2}\sigma_x\right) \\ (\sigma_n)_{\theta=\frac{\pi}{4}} = \sigma_x\cos^2(45°) = \sigma_x\left(\dfrac{1}{\sqrt{2}}\right)^2 = \dfrac{1}{2}\sigma_x \end{cases}$

단면 Pq와 직교하는 경사단면 P$'q'$상에 작용하는 응력을 σ'_n, τ'로 표시하면 θ 대신 $(90° + \theta)$를 대입하면

$$\begin{cases} \sigma'_n = \sigma_x\cos^2(90°+\theta) = \sigma_x\sin^2\theta \quad \cdots ③ \\ \tau' = \dfrac{1}{2}\sigma_x\sin 2(90°+\theta) = \dfrac{1}{2}\sigma_x\sin(180°+2\theta) = -\dfrac{1}{2}\sigma_x\sin 2\theta \quad \cdots ④ \end{cases}$$

$\therefore \begin{cases} \sigma_n + \sigma'_n = \sigma_x\cos^2\theta + \sigma_x\sin^2\theta = \theta_x(\cos^2\theta + \sin^2\theta) = \sigma_x \\ \tau + \tau' = \dfrac{1}{2}\sigma_x\cos 2\theta - \dfrac{1}{2}\sigma_x\sin 2\theta = 0 \quad \therefore \tau = -\tau' \end{cases}$: 수직단면 nm에 범선응력 $\sigma_x = \dfrac{P}{A}$ / : 언제나 크기가 같고 방향인 부호갖는다.

$\therefore \sigma_n + \sigma'_n = \sigma_x$ (일정)

서로 직교하는 두 평면위에 있는 두쌍의 응력을 서로 '공익응력'이라 함

σ_n과 σ'_n : 공액응력(complementary stree)
τ와 τ' : 공액전단응력(complementary shearing stress)
> 항상 같은크기와 반대부호 갖음

* 최대전단응력과 최대법선응력의 관계

$\tau_{max} = \dfrac{\sigma_x}{2}$, $(\sigma_n)_{max} = \sigma_x$ 이므로 ($\phi = 45°$, $\theta = 0$)

$\therefore \tau_{max} = \dfrac{1}{2}(\sigma_n)_{max}$ 이다. 설계시 전단응력을 중요시 해야함.

(인장응력을 충분히 고려해도 부재는 전단응력에 의해 파괴됨)

TIP

한 물체에 표면위에서 전단응력의 방향은 그 물체내부에 중심에서 시계방향의 전단응력을 (+)로 한다.

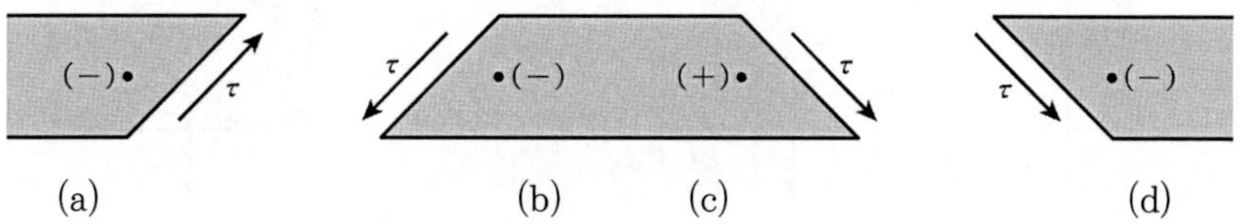

8-2 2축응력 (biaxial stress)

* **2축응력** : 한 평면요소에 수직응력들이 x, y방향으로 동시에 작용할 때 2축응력이라 함 (압력용기, beam, 축, 구조물의 요소해석 사용)

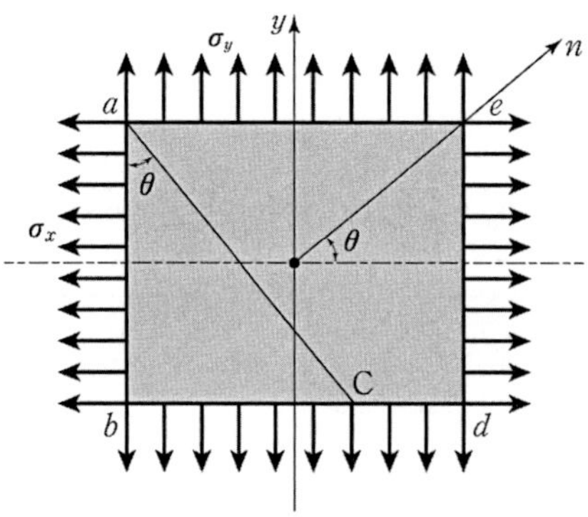

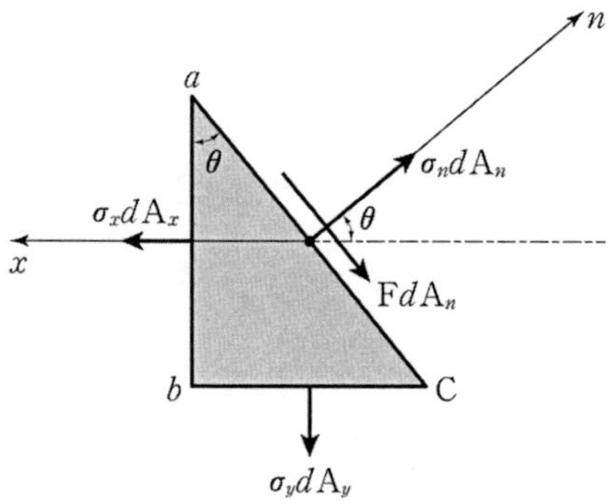

σ_x, σ_y가 작용하는 미소평면요소 $\triangle abc$를 자유물체로 분리하여 표면 ab, bc, ac의 면적을 $d\mathrm{A}_x$, $d\mathrm{A}_y$, $d\mathrm{A}_n$으로 표시하고 표면 ab와 bc위에 작용하는 응력의 합을 $\sigma_x d\mathrm{A}_x$, $\sigma_y d\mathrm{A}_y$로 표시하고 경사 표면 ac위에 범선응력의 합력과 전단응력의 합력을 $\sigma_n d\mathrm{A}_n$, $\tau d\mathrm{A}_n$이라하면

$$d\mathrm{A}_x = \mathrm{dA}_n \cos\theta$$
$$d\mathrm{A}_y = \mathrm{dA}_n \sin\theta \quad \cdots ①\text{이므로}$$

i) 요소에 작용하는 모든힘이 n방향에서 평형조건을 사용하면

$$\sigma_n d\mathrm{A}_n - \sigma_{\mathrm{x}} \mathrm{dA}_x \cos\theta - \sigma_y \mathrm{dA}_y \sin\theta = 0 (①\text{식 대입하면})$$

☆ $\cos^2\theta = \dfrac{1+\cos 2\theta}{2}$

$\sin^2\theta = \dfrac{1-\cos 2\theta}{2}$

$$\sigma_n d\mathrm{A}_n = \sigma_x d\mathrm{A}_x \cos\theta + \sigma_y \mathrm{dA}_y \sin\theta$$
$$= \sigma_x d\mathrm{A}_x \cos^2\theta + \sigma_y \mathrm{dA}_y \sin^2\theta$$

$$\therefore \ \sigma_n = \sigma_x \cos^{2\theta} + \sigma_y \sin^2\theta = \sigma_x\left[\frac{1}{2}(1+\cos 2\theta)\right] + \sigma_y\left[\frac{1}{2}(1-\cos 2\theta)\right]$$
$$= \frac{1}{2}\sigma_x + \frac{1}{2}\sigma_x \cos 2\theta + \frac{1}{2}\sigma_y - \frac{1}{2}\sigma_y \cos 2\theta$$
$$= \frac{1}{2}(\sigma_x + \sigma_y) + \frac{1}{2}(\sigma_x - \sigma_y)\cos 2\theta \quad \cdots ②$$

ii) 경사평면 ac방향의 모든 힘의 평현조건사용하면

$$\tau d\mathrm{A}_n - \sigma_x d\mathrm{A}_x \sin\theta + \sigma_y d\mathrm{A}_y \cos\theta = 0$$

$$\begin{aligned}\tau d\mathrm{A}_n &= \sigma_x d\mathrm{A}_x \sin\theta - \sigma_y d\mathrm{A}_y \cos\theta \\ &= \sigma_x d\mathrm{A}_x \cos\theta \cdot \sin\theta - \sigma_y d\mathrm{A}_n \sin\theta \cdot \cos\theta \\ &= d\mathrm{A}_n (\sigma_x - \sigma_y)\cos\theta \cdot \sin\theta\end{aligned}$$

$$\therefore \tau = \sin\theta \cdot \cos\theta(\sigma_x - \sigma_y) = \frac{1}{2}(\sigma_x - \sigma_y)\sin 2\theta \quad \cdots ③$$

☆ $\sin(\theta+\theta) = 2\sin\theta \cdot \cos\theta \rightarrow \sin\theta \cdot \cos\theta = \frac{1}{2}\sin 2\theta$

②, ③식은 x축과 각θ를 이루는 임의경사면에 작용하는 법선응력 σ_n과 전단응력 τ의 크기를 결정하는 식이다.

iii) 2축응력에 대한 공액응력은 경사면 ac와 직교하는 평면 eb는 각θ대신 $\theta' = 90° + \theta$이므로

$$\sigma'_n = \sigma_x \cos^2(90° + \theta) + \sigma_y \sin^2(90° + \theta) = \sigma_x \underline{\sin^2\theta} + \sigma_y \cos^2\theta$$

$$= \sigma_x\left[\frac{1}{2}(1 - \cos 2\theta)\right] + \sigma_y\left[\frac{1}{2}(1 + \cos 2\theta)\right]$$

$\sin\theta \cdot \sin\theta = \frac{1}{2} - \frac{1}{2}\cos 2\theta$

$= (\sin^2\theta) = \frac{1}{2}(1 - \cos 2\theta)$

$\cdots ②'$

$$= \frac{1}{2}\sigma_x - \frac{1}{2}\sigma_x\cos 2\theta + \frac{1}{2}\sigma_y + \frac{1}{2}\sigma_y \cos 2\theta$$

$$= \frac{1}{2}(\sigma_x + \sigma_y) + \frac{1}{2}(\sigma_x - \sigma_y)\cos 2\theta$$

$$\tau' = \sin(90° + \theta) \cdot \cos(90° + \theta)(\sigma_x - \sigma_y)$$

$$= \cos\theta \cdot -\sin\theta \cdot (\sigma_x - \sigma_y) = -(\sigma_x - \sigma_y)\underline{\cos\theta \cdot \sin\theta} \quad \cdots ③'$$

$$= -\frac{1}{2}(\sigma_x - \sigma_y)\sin 2\theta$$

$\cos\theta \cdot \sin\theta = \frac{1}{2}\sin 2\theta$

∴ 공액응력 σ_n의 최대치($\theta = 0°$), 최소치($\theta = 90°$)의 면에서 발생하므로

$$\theta = 0° \text{일 때 } (\sigma_n)_{max} = \frac{1}{2}(\sigma_x + \sigma_y) + \frac{1}{2}(\sigma_x - \sigma_y)\cos 2(0°) = \sigma_x$$

$$\theta = \frac{\pi}{2} \text{일 때 } (\sigma_n)_{min} = \frac{1}{2}(\sigma_x + \sigma_y) + \frac{1}{2}(\sigma_x - \sigma_y)\cos 2(90°) = \sigma_y$$

∴ $\theta = 0$와 $\theta = \frac{\pi}{2}$인 직교평면을 주평면(principal plane)이라 함.

수직응력의 최대σ_x, 최소σ_y을 주응력(principal stress)라 함.

∴ 공액전단응력 τ의 최대치 ($\theta = \frac{\pi}{4}$), 최소치($\theta = \frac{\pi}{2} + \frac{\pi}{4}$)의 면에서 발생하므로

$$\theta=\frac{\pi}{4}\text{일 때 }(\tau_n)_{max}=\frac{1}{2}(\sigma_x-\sigma_y)\sin 2\theta=\frac{1}{2}(\sigma_x-\sigma_y)\sin 2(45°)=\frac{1}{2}(\sigma_x-\sigma_y)$$

$$\underbrace{\theta=90°+\frac{\pi}{4}}_{\theta=90°+(45°)}\text{일 때 }(\tau'_n)_{max}=\frac{1}{2}(\sigma_x-\sigma_y)\underbrace{\sin 2(135°)}_{(-\cos 2(45°)=-\cos 90°=1)}=-\frac{1}{2}(\sigma_x-\sigma_y)$$

가 2축응력에서의 변형률 (strain in biaxial stress)

2축응력을 받고있는 요소의 변형상태에서

- 인장응력 σ_x로 인한 x축의 신장율 : $\frac{\sigma_x}{E}$ $\sigma=E\varepsilon$에서 $\varepsilon=\frac{\sigma}{E}$이므로
- 인장응력 σ_y로 인한 x축의 가로수축율 : $\frac{-\sigma_y}{mE}=-\frac{\mu\sigma_y}{E}$

∴ σ_x, σ_y로 인한

- x축방향의 신장율 $\varepsilon_x=\frac{\sigma_x}{E}-\frac{\mu\sigma_y}{E}$ … ①
- y축방향의 신장율 $\varepsilon_y=\frac{\sigma_y}{E}-\frac{\mu\sigma_x}{E}$ … ②
- z축방향의 수축율 $\varepsilon_z=-\frac{\mu}{E}(\sigma_x+\sigma_y)$ … ③

if $\sigma_x=\sigma_y=\sigma$이라면

$$\varepsilon_x=\varepsilon_y=\frac{\sigma}{E}(1-\mu) \quad \cdots ④$$

$$\varepsilon_z=-\frac{2\sigma\cdot\mu}{E}=-\frac{2\sigma}{mE} \quad \cdots ⑤$$

①, ②식에서 σ_x, σ_y를 변형률 ε_x, ε_y의 함수로 표시하면

① $+\mu\times$ ② 식에서

$$\varepsilon_x=\frac{\sigma_x}{E}-\frac{\mu\sigma_y}{E} \quad\rightarrow\quad \varepsilon_x=\frac{\sigma_x}{E}-\frac{\mu\sigma_y}{E}$$

$$\left(\varepsilon_y=\frac{\sigma_y}{E}-\frac{\mu\sigma_x}{E}\right)\times\mu \quad\rightarrow\quad +)\ \mu\varepsilon_y=+\frac{\mu\sigma_y}{E}-\frac{\mu^2\sigma_x}{E}$$

$$\varepsilon_x+\mu\varepsilon_y=\frac{\sigma_x}{E}(1-\mu^2)$$

$$\therefore \sigma_x=\frac{(\varepsilon_x+\mu\varepsilon_y)\cdot E}{1-\mu^2}$$

같은 방법으로 $\mu\times$ ① + ② 에서 $\therefore \sigma_y=\frac{(\varepsilon_y+\mu\varepsilon_x)\cdot E}{1-\mu^2}$

∴ 신장계 (strain gauge)로 주변변형률 ε_x와 ε_y를 측정하여 그 면에 작용하는 응력의 크기를 산출 할 수 있다.

* 평면에 수직인 Z방향에는 Poisson 비 효과 때문에 주응력 σ_x, σ_y로 인한 횡수축이 일어나므로 이 방향이 전변형도 $\varepsilon_z = -\frac{\mu}{E}(\sigma_x + \sigma_y)$이다.

즉, $\left(-\frac{\mu\sigma_x}{E}\right) + \left(-\frac{\mu\sigma_y}{E}\right) = \boxed{-\frac{\mu}{E}(\sigma_x + \sigma_y)}$

* 2축응력 받는 탄성재료의 체적변형률 ε_V?

$$\varepsilon_V = \frac{\Delta V}{V} = \varepsilon_x + \varepsilon_y + \varepsilon_z = \left(\frac{\sigma_x}{E} - \frac{\mu\sigma_y}{E}\right) + \left(\frac{\sigma_y}{E} - \frac{\mu\sigma_x}{E}\right) + \left[\frac{-\mu}{E}(\sigma_x + \sigma_y)\right]$$

$$= \frac{\sigma_x}{E} - \frac{\mu\sigma_y}{E} + \frac{\sigma_y}{E} - \frac{\mu\sigma_x}{E} - \frac{\mu\sigma_x}{E} - \frac{\mu\sigma_y}{E}$$

$$= \frac{1}{E}\underbrace{(\sigma_x - 2\mu\sigma_y - 2\mu\sigma_x + \sigma_y)}_{(\sigma_x + \sigma_y)(1-2\mu)} = \boxed{\frac{(\sigma_x + \sigma_y)(1-2\mu)}{E}}$$

나 2축응력에 대한 Mohr의 원

2축인장하에 얇은판에서임의경사단면 즉 그 법선이 x축과 각θ을 이루는 평면위에 작용하는 법선응력 σ_n과 전단응력 τ는

$$\begin{cases} \sigma_n = \frac{1}{2}(\sigma_x + \sigma_y) + \frac{1}{2}(\sigma_x - \sigma_y)\cos 2\theta & \cdots ① \\ \tau = \frac{1}{2}(\sigma_x - \sigma_y)\sin 2\theta & \cdots ② \end{cases}$$ 이므로

$\theta = 45°$일 때 요소측면에 작용하는 수직응력 σ_{av}, 최대전단응력 τ_{max}?

$$\begin{cases} \sigma_{av} = \frac{1}{2}(\sigma_x + \sigma_y) & \cdots (\cos 2\theta = 0\text{일 때 } \theta = 45°) \\ \tau_{max} = \frac{1}{2}(\sigma_x - \sigma_y) & \cdots (\sin 2\theta = 1\text{일 때 } \theta = 45°) \end{cases} \cdots ③$$

③식을 ①식에 대입하면 $\sigma_n = \sigma_{av} + \tau_{max}\cos 2\theta$

$$\sigma_n - \sigma_{av} = \tau_{max} \cdot \cos 2\theta \rightarrow \cos 2\theta = \frac{\sigma_n - \sigma_{av}}{\tau_{max}} \quad \cdots ④$$

(③ → ②대입 $\tau = \tau_{max} \cdot \sin 2\theta$, $\sin 2\theta = \frac{\tau}{\tau_{max}}$, $\cos^2\theta + \sin^2\theta = 1$이므로)

$$\cos^2 2\theta = 1 - \sin^2 2\theta \rightarrow \boxed{\cos 2\theta = \sqrt{1 - \sin^2 2\theta}} \quad \cdots ⑤$$

④식 = ⑤식이면 $\dfrac{\sigma_n - \sigma_{av}}{\tau_{max}} = \sqrt{1-\sin^2 2\theta} \rightarrow \sigma_n - \sigma_{av} = \tau_{max}\sqrt{1-\sin^2 2\theta}$

$$= \tau_{max}\sqrt{1-\left(\frac{\tau}{\tau_{max}}\right)^2} = \tau_{max}\sqrt{\frac{\tau_{max}^2-\tau^2}{\tau_{max}^2}} = \sqrt{\tau_{max}^2-\tau^2}$$

$\therefore\ \sigma_n - \sigma_{av} = \sqrt{\tau_{max}^2-\tau^2} \rightarrow (\sigma_n-\sigma_{av})^2 = \tau_{max}^2-\tau^2$

$\therefore\ \boxed{(\sigma_n-\sigma_{av})^2+\tau^2=\tau_{max}^2}$ … ⑥

2축응력에 대한 Mohr의 원이라 함 ($x^2+y^2=r^2$: 원의 방정식)

$\therefore$ 중심 $(\sigma_{av},\ 0)$이고 반지름 τ_{max}인 원이다.

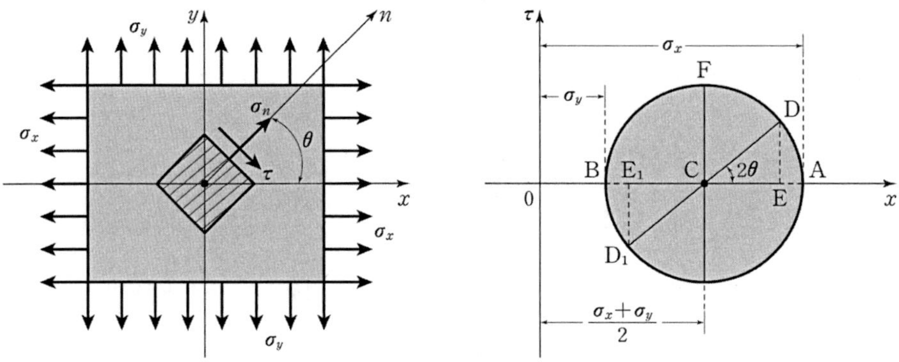

(2축응력에 대한 Mohr의 원)

＊ 기하학적으로 보면 원주위 임의 D 점을 취해 ∠ACD = 2θ로 놓으면

$$\begin{cases} OE = OC + CD\cos 2\theta = \dfrac{1}{2}(\sigma_x+\sigma_y)+\dfrac{1}{2}(\sigma_x-\sigma_y)\cos 2\theta = \sigma_n & \cdots ⑦ \\ DE = CD\cos 2\theta = \dfrac{1}{2}(\sigma_x-\sigma_y)\sin 2\theta = \tau & \cdots ⑧ \end{cases}$$

$\theta = 0$일 때 $\begin{cases} \sigma_n = \dfrac{1}{2}(\sigma_x+\sigma_y)+\dfrac{1}{2}(\sigma_x-\sigma_y)\cos 2\theta(0°) = \sigma_x \\ \tau = \dfrac{1}{2}(\sigma_x-\sigma_y)\sin 2\theta(0) = 0 \end{cases}$ (원주위의 D점 = A점)

$\theta = 45°$일 때 $\sigma_n = \dfrac{1}{2}(\sigma_x+\sigma_y)$, $\tau_{max} = \dfrac{1}{2}(\sigma_x-\sigma_y)$(D 점= F 점)

$\theta = 90°$일 때 $\sigma_n = \sigma_y$, $\tau = 0$ (D 점= B 점)

$$\begin{cases} \sigma'_n = \dfrac{1}{2}(\sigma_x+\sigma_y)+\dfrac{1}{2}(\sigma_x-\sigma_y)\cos 2\theta(90°+\theta) = \boxed{\dfrac{1}{2}(\sigma_x+\sigma_y)+\dfrac{1}{2}(\sigma_x-\sigma_y)\cos 2\theta} \\ \tau' = \dfrac{1}{2}(\sigma_x-\sigma_y)\sin 2\theta(90°+\theta) = \boxed{-\dfrac{1}{2}(\sigma_x-\sigma_y)\sin 2\theta} \end{cases}$$

주응력 중 압축응력은 (-)부호붙임 ┌ σ_x : 인장응력
└ $-\sigma_x$: 압축응력

8-3 순수전단 : 2축응력상태의 특별한 경우

$$\begin{cases} \sigma_n = 0 \\ \tau = \sigma_x = -\sigma_y \text{인 경우} \end{cases}$$

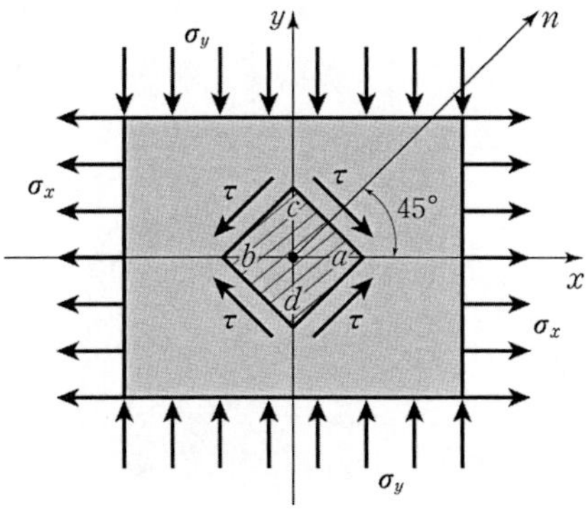

σ_x : 인장응력 ⟩ 은 같은 크기
σ_y : 압축응력 ⟩ 부호는 반대(방향)

$\therefore \sigma_x = -\sigma_y$

$\therefore$ 2축응력상태의 특별한 예로서 $\sigma_x = -\sigma_y$인 경우.

45°경사평면에서

$$\begin{cases} \sigma_n = \dfrac{1}{2}(\sigma_x + \sigma_y) + \dfrac{1}{2}(\sigma_x - \sigma_y) = \dfrac{1}{2}(\sigma_x - \sigma_x) + \dfrac{1}{2}(\sigma_x - \sigma_y)\cos 2(45°) = 0 \\ \tau_{\max} = \dfrac{1}{2}(\sigma_x - \sigma_y)\sin 2\theta = -\dfrac{1}{2}(\sigma_x + \sigma_x)\sin 90° = \sigma_x \end{cases} \cdots ①$$

$\tau_{\max} = \sigma_x = \sigma_y$로서 45° 경사평면위의 최대전단응력은 두 주응력과 같고, 주응력방향에 대해 45°경사한 정사각형요소 $abcd$측면에는 전단응력만 작용함

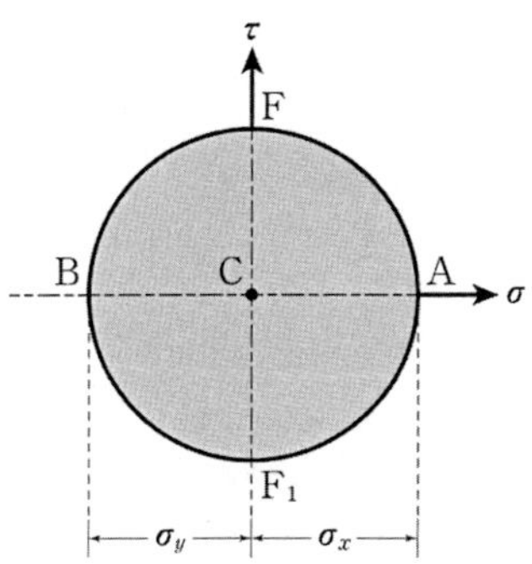

즉, σ_n과 σ'_n의 공액응력은 0이고, 요소에는 전단응력만 작용하는 상태이므로 순수전단(pure shear)이라 함.

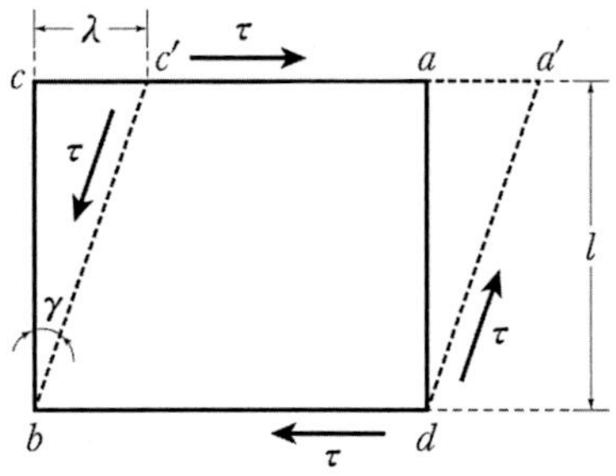

정ㅁ요소 $abcd$을 변형하면 $\square a'bc'd$로 되어

$\left.\begin{array}{l}\dfrac{\pi}{2}-r\\ \dfrac{\pi}{2}+r\end{array}\right\rangle$ 로 된다.

$\angle cbc' = r$ (전단변형도)

$r = \dfrac{cc'}{bc} = \dfrac{\lambda}{\ell} = \tan r \fallingdotseq r$ (r는 미소각이므로 $\tan r \fallingdotseq r$)

$\tau = G \cdot r$에서 $r = \dfrac{\tau}{G}$이다.

* 순수전단변형이 일어나는 미소요소의 체적변화는 (ε_V)?

$$\left.\begin{array}{l}\varepsilon_x = \dfrac{\sigma_x}{E} - \dfrac{\mu\sigma_y}{E}\\ \varepsilon_y = \dfrac{\sigma_y}{E} - \dfrac{\mu\sigma_x}{E}\\ \varepsilon_z = -\dfrac{\mu}{E}(\sigma_x - \sigma_y)\end{array}\right\rangle \text{에서 } \sigma_x = -\sigma_y = \tau\text{를 대입하면}$$

$$\left.\begin{array}{l}\varepsilon_x = \dfrac{\tau}{E}(1+\mu)\\ \varepsilon_y = -\dfrac{\tau}{E}(1+\mu)\\ \varepsilon_z = 0\end{array}\right\rangle \text{이므로}$$

$$\therefore\ \varepsilon_V = \frac{\Delta V}{V} = \varepsilon_x + \varepsilon_y + \varepsilon_z = \frac{\tau}{E}(1+\mu) - \frac{\tau}{E}(1+\mu) + 0 = 0$$

$\varepsilon_V = 0$는 체적변화가 없다는 뜻이다.

8-4 탄성계수와 프와송의 비

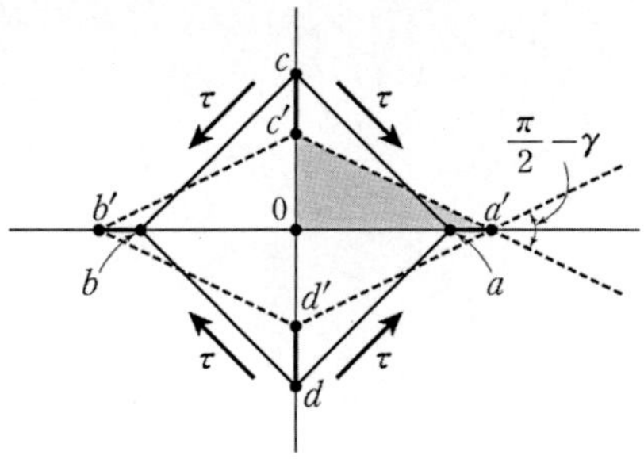

전단탄성계수 G
세로탄성계수 E 의 관계
프와송의비 μ

$$oa' = oa + aa' = oa + \varepsilon_x \cdot oa = oa(1+\varepsilon_x) = oa\left[1+\frac{\tau}{\mathrm{E}}(1+\mu)\right]$$

$(\ell + \lambda = \ell + \varepsilon \cdot \ell \ \varepsilon = \frac{\lambda}{\ell} \cdots \lambda = \varepsilon \cdot \ell$이므로) $\cdots$ ①

$$oc' = oc - cc' = oc(1+\varepsilon_y) = oc\left[1-\frac{\tau}{\mathrm{E}}(1+\mu)\right]$$

$\triangle c'oa'$에서 $oa = oc$이므로

$$\tan oa'c' = \tan\left(\frac{\pi}{4}-\frac{r}{2}\right) = \frac{oc'}{oa'} = \frac{oc(1+\varepsilon_y)}{oa(1+\varepsilon_x)} = \frac{1-\frac{\tau}{\mathrm{E}}(1+\mu)}{1+\frac{\tau}{\mathrm{E}}(1+\mu)} \quad \cdots ②$$

$$\therefore \tan\left(\frac{\pi}{4}-\frac{r}{2}\right) = \frac{\tan\frac{\pi}{4}-\tan\frac{r}{2}}{1+\tan\frac{\pi}{4}\cdot\tan\frac{r}{2}} = \frac{1-\tan\frac{r}{2}}{1+\tan\frac{r}{2}} \div \frac{1-\frac{r}{2}}{1+\frac{r}{2}} \quad \cdots ③$$

$(\tan\frac{\pi}{4} = 1,\ \tan\frac{r}{2} \approx \frac{r}{2}$ (r가 미소하므로))

②식 = ③식 이라면

$$\frac{1-\frac{r}{2}}{1+\frac{r}{2}} = \frac{1-\frac{\tau}{\mathrm{E}}(1+\mu)}{1+\frac{\tau}{\mathrm{E}}(1+\mu)}$$

$$\left(1-\frac{r}{2}\right)\cdot\left[1+\frac{\tau}{\mathrm{E}}(1+\mu)\right] = \left(1+\frac{r}{2}\right)\cdot\left[1-\frac{\tau}{\mathrm{E}}(1+\mu)\right]$$

$$\left(1-\frac{r}{2}\right)\left(1+\frac{\tau}{\mathrm{E}}+\frac{\mu\tau}{\mathrm{E}}\right) = \left(1+\frac{r}{2}\right)\left(1-\frac{\tau}{\mathrm{E}}-\frac{\mu\tau}{\mathrm{E}}\right)$$

$$1+\frac{\tau}{\mathrm{E}}+\frac{\mu\tau}{\mathrm{E}}-\frac{r}{2}-\frac{\tau\cdot r}{2\mathrm{E}}-\frac{\mu r\cdot\tau}{2\mathrm{E}} = 1-\frac{\tau}{\mathrm{E}}-\frac{\mu\tau}{\mathrm{E}}+\frac{r}{2}-\frac{r\cdot\tau}{2\mathrm{E}}-\frac{\mu\mathrm{E}n}{2\mathrm{E}}$$

$$\frac{2\tau}{E}+\frac{2\mu\tau}{E}-\frac{2r}{2}=0,\ \frac{2\tau}{E}(1+\mu)=r \quad \cdots ④$$

후크의 법칙 (Hook's law)을 적용하면

$\tau = G \cdot r$에서 $r=\dfrac{\tau}{G}$이므로

$$\frac{\tau}{G}=\frac{2\tau}{E}(1+\mu)\,2G(1+\mu)=E$$

$$\therefore G=\frac{E}{2(1+\mu)}=\frac{mE}{2(m+1)} \quad \cdots ⑤$$

＊ 체적탄성계수 $K=\dfrac{E}{3(1-2\mu)}=\dfrac{mE}{3(m-2)}=\dfrac{GE}{9G-3E}$

＊ 세로탄성계수 $E=\dfrac{2G(m+1)}{m}=\dfrac{3K(m-2)}{m}$

＊ 프와송의비 $m=\dfrac{2G}{E-2G}=\dfrac{6K}{3K-E}=\dfrac{1}{\mu}$

8-5 평면응력의 해석

* **평면응력(plane stress)** : 법선응력 σ_n과 전단응력 τ이 한 평면에 평행한 상태

즉, 극히 얇은판이 면내 하중을 받는 경우. 물체의 자유포면근방에서 응력이 x, y 평면에 나란하게 발생하고, Z방향의 응력성분이 0인 상태.

임의 경사평면의 법선응력 σ_n · 전단응력 τ은 3각형요소의 평형조건으로부터 구할 수 있다.

τ_{xy}에서
- x : 응력이 작용하는 평면표시
- y : 전단응력의 방향을 표시

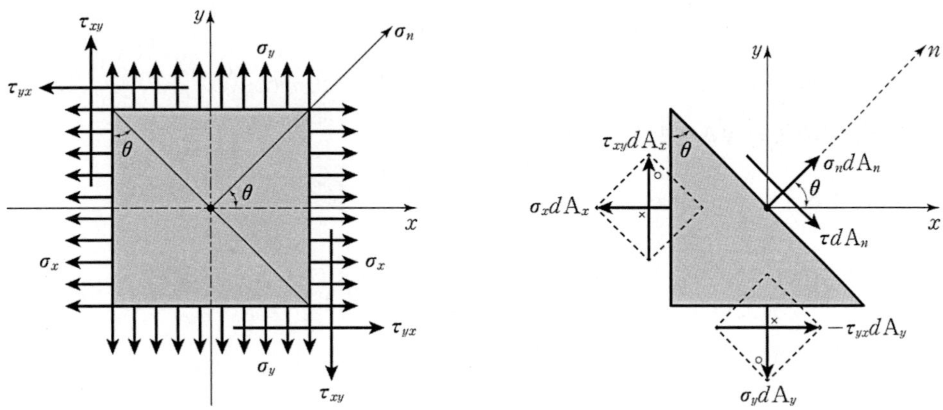

(a) (b)

* 경사단면의 면적 dA_n이라면 두 측면의 면적은 $\left\langle \begin{matrix} dA_x = dA_n \cos\theta \\ dA_y = dA_n \sin\theta \end{matrix} \right\rangle$이므로 면적위에 작용하는 응력들을 곱하면 그 3각형요소의 각 측면에 작용하는 힘이 된다.

3각형요소의 n 방향 및 n에 수직한 방향의 평형조건을 적용하면?

$$\sigma_n dA_n - \sigma_x dA_x \cos\theta + \tau_{xy} dA_x \sin\theta - \sigma_y dA_y \sin\theta - \tau_{yx} dA_n \sin\theta \cdot \cos\theta = 0$$

$$\sigma_n dA_n - \sigma_x dA_x \cos^2\theta + \tau_{xy} dA_n \cos\theta \cdot \sin\theta - \sigma_y dA_n \sin^2\theta + \tau_{xy} dA_n \sin\theta \cdot \cos\theta = 0$$

$$\begin{aligned} \sigma_n &= \sigma_x \cos^2\theta + \sigma_y \sin^2\theta - 2\tau_{xy} \sin\theta \cdot \cos\theta \\ &= \sigma_x\left(\frac{1+\cos 2\theta}{2}\right) + \sigma_y\left(\frac{1-\cos 2\theta}{2}\right) - 2\tau_{xy}\left(\frac{1}{2} sin 2\theta\right) \\ &= \frac{1}{2}\sigma_x + \frac{\sigma_x}{2} cos 2\theta + \frac{1}{2}\sigma_y - \frac{\sigma_y}{2} cos 2\theta - \tau_{xy} \sin 2\theta \quad \cdots ① \\ &= \frac{1}{2}(\sigma_x + \sigma_y) + \frac{1}{2}(\sigma_x - \sigma_y)\cos 2\theta - \tau_{xy} \sin 2\theta \end{aligned}$$

$$\sin\theta \cdot \cos\theta = \frac{1}{2}\sin(\theta+\theta) + \frac{1}{2}\sin(\theta-\theta) = \frac{1}{2}\sin 2\theta$$

$$\cos 2\theta = \cos^2\theta - \sin^2\theta = 2\cos^2\theta - 1 = 1 - 2\sin^2\theta$$

(곱 → 합과 차로 고치는 공식) $\left(\cos^2\theta = \frac{1+\cos^2\theta}{2},\ \sin^2\theta = \frac{1-\cos 2\theta}{2}\right)$

$$\tau dA_n - \tau_{xy} dA_x \cos\theta - \sigma_x dA_x \sin\theta - \tau_{yx} dA_y \sin\theta + \sigma_y dA_n \cos\theta = 0$$

$$\tau dA_n - \tau_{xy} dA_x \cos\theta - \sigma_x dA_x \sin\theta + \tau_{yx} dA_y \sin^2\theta + \sigma_y dA_n \sin\theta \cdot \cos\theta = 0$$

$$\tau = \tau_{xy} cos\theta + \sigma_x \cos\theta . \sin\theta - \tau_{yx}\sin^2\theta - \sigma_y dA_n \sin\theta \cdot \cos\theta$$

$$= \tau_{xy}(\cos^2\theta - \sin^2\theta) + \sin\theta . \cos\theta(\sigma_x - \sigma_y)$$

$$= \boxed{\tau_{xy}\cos 2\theta + \frac{1}{2}(\sigma_x - \sigma_y)\sin 2\theta} \quad \cdots ②$$

∴ σ_n, τ의 공액응력 $\sigma_n{}'$, τ'는 각θ → $(90° + \theta)$로 대치

$$\sigma_n{}' = \sigma_x \cos^2(90° + \theta) + \sigma_y \sin^2(90° + \theta) - 2\tau_{xy}\sin(90° + \theta) + \cos(90° + \theta)$$

$$= \sigma_x \sin^2\theta + \theta_y \cos^2\theta + 2\tau_{xy}\cos\theta \cdot \sin\theta$$

$$= \frac{1}{2}(\sigma_x + \sigma_y) - \frac{1}{2}(\sigma_x - \sigma_y)\cos 2\theta + \tau_{xy}\sin 2\theta \quad \cdots ②'$$

$$\tau' = \tau_{xy}\cos 2(90° + \theta) + \frac{1}{2}(\sigma_x - \sigma_y)\sin 2(90° + \theta)$$

$$= \tau_{xy}\cos(180° + 2\theta) + \frac{1}{2}(\sigma_x - \sigma_y)\sin(180° + 2\theta)$$

$$= -\tau_{xy}\cos 2\theta - \frac{1}{2}(\sigma_x - \sigma_y)\sin 2\theta \quad \cdots ③'$$

∴ 법선응력 σ_n이 최대치를 취하는 평면의 경사각 θ를 결정하기 위해 ①식을 미분하여 0으로 놓으면 $\left(\frac{d\sigma_n}{d\theta} = 0\right)$

$$\frac{d\sigma_n}{d\theta} = 0 - \frac{\sigma_x - \sigma_y}{2} . 2\sin 2\theta - 2\tau_{xy}\cos 2\theta = 0$$

$y = \sin 2x$
$y' = \cos 2x\,(2x)' = 2\cos 2x$

$y = \cos(3x+2)$
$y' = -\sin(3x+2)(3x+2)' = -3\sin(3x+2)$

$$(\sigma_x - \sigma_y)\sin 2\theta = -2\tau_{xy}\cos 2\theta$$

$$\frac{\sin 2\theta}{\cos 2\theta} = -\frac{2\tau_{xy}}{\sigma_x - \sigma_y} = \tan 2\theta \quad \cdots ⑤$$

∴ 2θ의 값이 2개 : 90°의 차이를 갖는 2개의 θ값 최대치 σ_n, 최소치 $\sigma_n{}'$ 얻음

②식을 0으로 놓으면 $\tau = \tau_{xy}\cos 2\theta + \frac{1}{2}(\sigma_x - \sigma_y)\sin 2\theta = 0$

$$\frac{\sigma_x - \sigma_y}{2}\sin 2\theta = -\tau_{xy}\cos 2\theta$$

$$\therefore \boxed{\frac{\sin 2\theta}{\cos 2\theta} = \frac{-\tau_{xy}}{\sigma_x - \sigma_y/2} = \frac{-2\tau_{xy}}{\sigma_x - \sigma_y} = \tan 2\theta} \quad \cdots ⑥$$

법선응력 σ_n이 $\left\langle \begin{matrix} \text{최대치} \\ \text{최소치} \end{matrix} \right\rangle$를 취하는 평면위에서는 전단응력 τ가 존재하지 않는다.

$\left\langle \begin{matrix} (\sigma_n)_{\max} \\ (\sigma_n)_{\min} \end{matrix} \right\rangle$주응력이라 하고, 그 응력이 작용하는 평면을 주평면이라 함.

∴ 최대전단응력 $(\tau_{\max})$이 작용하는 평면을 결정하기 위해 ②식을 미분하여 0으로 놓으면

$$\frac{d\tau}{d\theta} = \frac{\sigma_x - \sigma_y}{2}(2)\cos 2\theta - (2)\tau_{xy} \cdot \sin 2\theta = 0$$

$$(\sigma_x - \sigma_y)\cos 2\theta = 2\tau_{xy}\sin 2\theta$$

$$\boxed{\frac{\sin 2\theta}{\cos 2\theta} = \frac{2\tau_{xy}}{\sigma_x - \sigma_y} = \cot 2\theta} \quad \cdots ⑦$$

∴ 최대전단응력들은 두 주평면사이의 각을 2등분하는 그 직교평면 위에 작용

즉, 최대전단응력의 평면들은 주평면들과 45°를 이룬다.

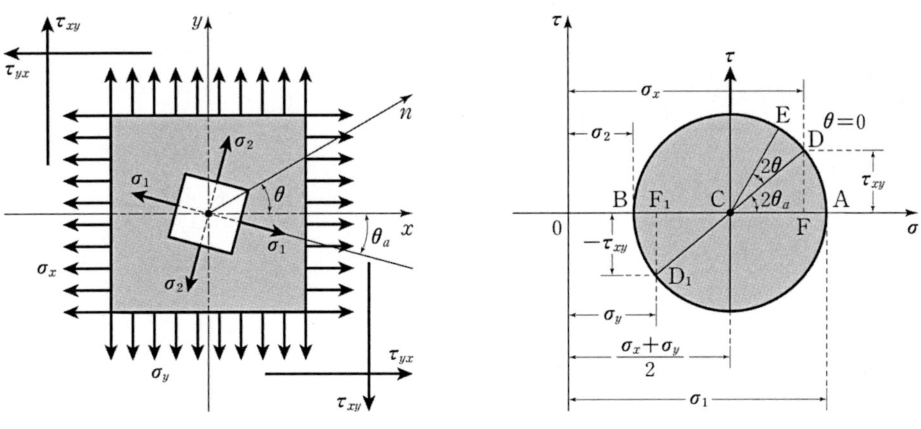

(평면응력에 대한 Mohr원)

$$\begin{pmatrix} \sigma_n = \frac{1}{2}(\sigma_x + \sigma_y) + \frac{1}{2}(\sigma_x - \sigma_y)\cos 2\theta - \tau_{xy}\sin 2\theta \\ \tau = \frac{1}{2}(\sigma_x + \sigma_y)\sin 2\theta + \tau_{xy}\cos 2\theta \end{pmatrix}$$

이므로 변형하면

$$\begin{pmatrix} \sigma_n = \frac{(\sigma_x + \sigma_y)}{2} = \frac{1}{2}(\sigma_x - \sigma_y)\cos 2\theta - \tau_{xy}\sin 2\theta \\ \tau = \frac{(\sigma_x + \sigma_y)}{2}\sin 2\theta + \tau_{xy}\cos 2\theta \end{pmatrix}$$

$$\left[\sigma_n - \frac{(\sigma_x+\sigma_y)}{2}\right]^2 \tau^2 = \left(\frac{\sigma_x-\sigma_y}{2}\right)^2 \cos^2 2\theta + \tau_{xy}^2 \sin^2 2\theta + \left(\frac{\sigma_x-\sigma_y}{2}\right)^2 \sin^2 2\theta + \tau_{xy}^2 \cos^2 2\theta$$

$$= \left(\frac{\sigma_x-\sigma_y}{2}\right)^2 \cdot (\sin^2 2\theta + \cos^2 2\theta) + \tau_{xy}^2(\sin^2 2\theta + \cos^2 2\theta)$$

$$= \left(\frac{\sigma_x-\sigma_y}{2}\right)^2 + \tau_{xy}^2 \; \left(\frac{\sigma_x+\sigma_y}{2} = \sigma_{av}\text{라 하면}\right)$$

$$\boxed{(\sigma_n - \sigma_{ave})^2 + \tau^2 = \left(\frac{\sigma_x-\sigma_y}{2}\right)^2 + \tau_{xy}^2} \quad \cdots ⑧$$

$x^2 + y^2 = r^2$ (원의 방정식)과 비교해 보면

반경 $R = \sqrt{\left(\frac{\sigma_x-\sigma_y}{2}\right)^2 + \tau_{xy}^2} = \tau_{max}$

∴ Mohr's circle을 이용하여 기하학적 관계에서 주응력 σ_1, σ_2를 σ_x, σ_y, τ_{xy}로 표시하면

$$\sigma_1 = OA = OC + CD = \frac{\sigma_x+\sigma_y}{2} + \sqrt{\left(\frac{\sigma_x+\sigma_y}{2}\right)^2 + \tau_{xy}^2}$$

$$= \boxed{\frac{1}{2}(\sigma_x+\sigma_y) + \frac{1}{2}\sqrt{(\sigma_x-\sigma_y)^2 + 4\tau_{xy}^2} = (\sigma_n)_{max}} \quad \cdots ⑨$$

$$\sigma_2 = OB = OC - CD = \frac{\sigma_x+\sigma_y}{2} + \sqrt{\left(\frac{\sigma_x-\sigma_y}{2}\right)^2 + \tau_{xy}^2}$$

$$= \boxed{\frac{1}{2}(\sigma_x+\sigma_y) - \frac{1}{2}\sqrt{(\sigma_x-\sigma_y)^2 + 4\tau_{xy}^2} = (\sigma_n)_{min}} \quad \cdots ⑩$$

∴ 각θ의 값을 계산하려면 각θ는 x축으로부터 시계방향으로 회전하였으므로

$$\tan\theta_a = -\frac{DF}{CF} = \frac{-\tau_{xy}}{(\sigma_x-\sigma_y)/2} = \frac{-2\tau_{xy}}{\sigma_x-\sigma_y} \quad \cdots ⑪$$

$$\therefore \boxed{\tan\theta_a = \frac{-2\tau_{xy}}{\sigma_x-\sigma_y}}$$ (⑤, ⑥식과 동일하다)

최대전단응력 크기는 $\tau_{max} = \frac{\sigma_1+\sigma_2}{2} = \sqrt{\left(\frac{\sigma_x-\sigma_y}{2}\right)^2 + \tau_{xy}^2} = R$

$$= \boxed{\frac{1}{2}\sqrt{(\sigma_x-\sigma_y)^2 + 4\tau_{xy}^2}}$$

임의의 두 직교 평면에 작용하는 법선응력과 전단응력이 주어질 때 최대주응력, 최대전선응력을 구할 수 있다.

연습문제

01 직경 4cm의 환강봉이 인장하중을 받고, 횡단면과 $\theta = 30°$ 경사한 단면에 있어서 250kg/cm^{2}의 전단응력이 생기고 있다. 이때 횡단면 및 경사단면이 인장하중을 구하여라.

| 풀이 | $\tau = \dfrac{\sigma_x}{2}\sin 2\theta$로부터 $\sigma_x = \dfrac{2\tau}{\sin 2\theta} = \dfrac{2 \times 250}{\sin 60°} = 577.35\ (\text{kg/cm}^2)$

횡단면의 인장하중 P

$\text{P} = \sigma_x \cdot \text{A} = 577.35 \times \dfrac{\pi \times 4^2}{4} \fallingdotseq 7255.2\ (\text{kg})$

경사면의 인장하중 N

$\text{N} = \text{P}\ \cos\theta = 7255.2 \times \cos 30° = 6283.18\ (\text{kg})$

02 직경 12mm의 환강봉이 600kg의 인장하중을 받고 있다. 축방향으로부터 60°기울어진 경사단면상의 수직응력과 전단응력은 얼마쯤 되겠는가?

| 풀이 | $\sigma_x = \dfrac{\text{P}}{\text{A}} = \dfrac{4\text{P}}{\pi d^2} = 530.51\ (\text{kg/cm}^2)$

횡단면에 대해서는 $90° - 60° = 30°$ 경사지므로

- $\sigma_n = \sigma_2 \cos^2\theta = 530.51\ \cos^2 30° = 530.51 \times 0.75 = 397.88\ (\text{kg/cm}^2)$
- $\tau = \dfrac{1}{2}\sigma_x\ \sin 2\theta = \dfrac{1}{2} \times 530.51 \sin(2 \times 30°) = 229.72\ (\text{kg/cm}^2)$

03 그림에서 축인장응력 σ_x를 받는 봉을 한 경사평면 P f로 절단하였던바 그 단면에 작용하는 법선응력과 전단응력이 각각 $\sigma_n = 840(\text{kg/cm}^2)$, $\tau = 280(\text{kg/cm}^2)$ 임을 알았다. 이에 응력 σ_x의 값과 단면 P f의 경사각 θ의 크기를 구하여라.

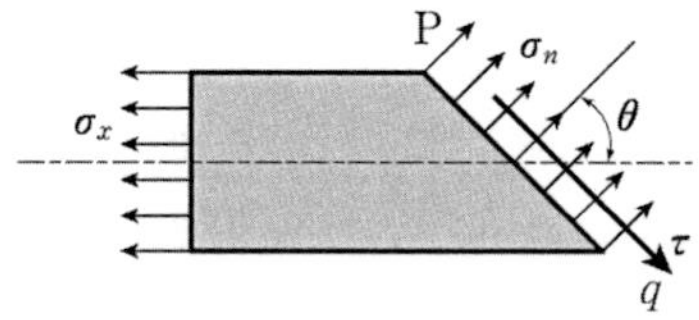

|풀이| • $\sigma_n = \sigma_x \cos^2\theta = 840\ (\text{kg/cm}^2)$

• $\tau = \frac{1}{2}\sigma_x \sin 2\theta = 280\ (\text{kg/cm}^2) = \sigma_x \sin\theta \cdot \cos\theta$

$$\tan\theta_a = \frac{\tau}{\sigma_n} = \frac{\sin\theta}{\cos\theta} = \frac{280}{840} = \frac{1}{3} \quad \therefore \theta = \tan^{-1}\frac{1}{3} = 18° \cdot 26'$$

$$\sigma_x = \frac{\sigma_n}{\cos^2\theta} = \frac{840}{\cos^2 18° \cdot 26'} = \frac{840}{0.9487^2} = 933\ (\text{kg/cm}^2)$$

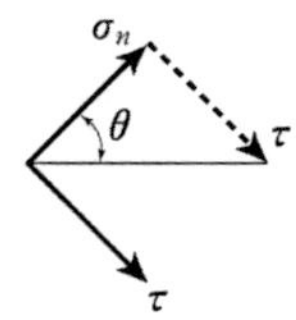

$$\tan\theta = \frac{\tau}{\sigma_n}$$

04 단면적 A $= 5\text{cm}^2$의 균일단면봉이 축압축응력 P $= 500\text{kg}$을 받고 있다. 이 봉의 축에 45° 경사진 평면에서 σ_n, τ의 값을 구하여라.

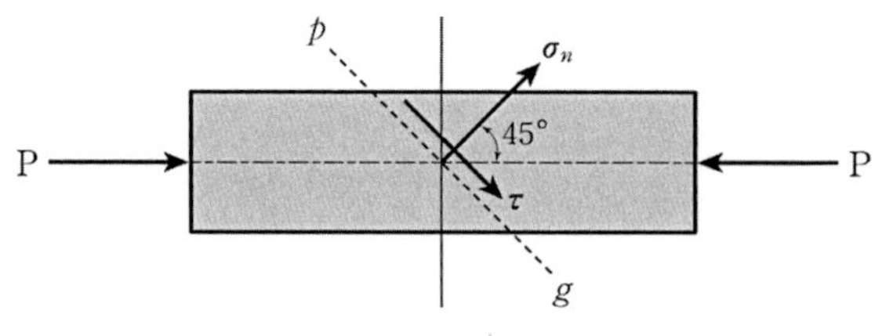

|풀이| • $\sigma_n = \sigma_x \cos^2\theta = -\frac{\text{P}}{\text{A}}\cos^2 45°$

$$= \frac{-5000}{5} \times \frac{1}{2} = -500\ (\text{kg/cm}^2)$$

• $\tau = -\frac{1}{2}\sigma_x \sin 2\theta = -\frac{1}{2} \times \frac{\text{P}}{\text{A}} \sin 2\theta$

$$= \frac{-5000}{2 \times 5} \sin 90° = -500\ (\text{kg/cm}^2)$$

05

10×10(mm)의 정사각형 단면을 갖는 강봉이 축압축력 P $= 600$kg을 받고 있을 때 그림과 같이 거형요소 A 의 표시에 작용하는 두쌍의 공액응력을 구하여라.

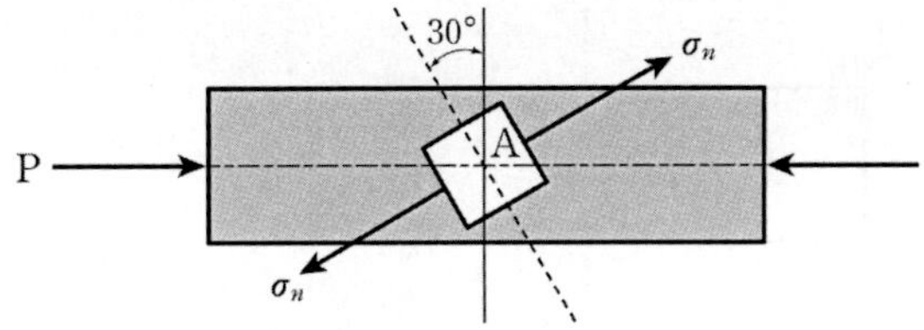

|풀이| $\sigma_n = \sigma_x \cos^2\theta = -\dfrac{P}{A}\cos^2\theta$

$= \dfrac{-6000}{1 \times 1} \times \cos^2 30° = -6000 \times 0.866^2$

$= -4500\,(\text{kg/cm}^2)$

- $\tau = -\dfrac{1}{2}\sigma_x \sin 2\theta = \dfrac{-1}{2} \times \dfrac{6000}{1 \times 1}\sin 60° = -3000 \times 0.866 = -2598\,(\text{kg/cm}^2)$
- $\sigma_n{}' = -\sigma_x \sin^2\theta = -\dfrac{P}{A}\sin^2\theta = -6000 \times 0.5^2 = -1500\,(\text{kg/cm}^2)$
- $\tau' = -\dfrac{-1}{2}\sigma_x \sin 2\theta = \dfrac{1}{2} \times \dfrac{6000}{1 \times 1}\sin 60° = 3000 \times 0.866 = 2598\,(\text{kg/cm}^2)$

$\therefore \sigma_n{}' = -1500\,(\text{kg/cm}^2)$

$\tau' = 2598\,(\text{kg/cm}^2)$

06 직경 2cm의 환봉에 P = 7 (의 축인장하중을 작용시킬 때 생기는 최대수직응력과 최대전단응력 및 최대전단변형각을 구하여라. 단, $G = 8.3 \times 10^5$ (kg/cm^2)이다.

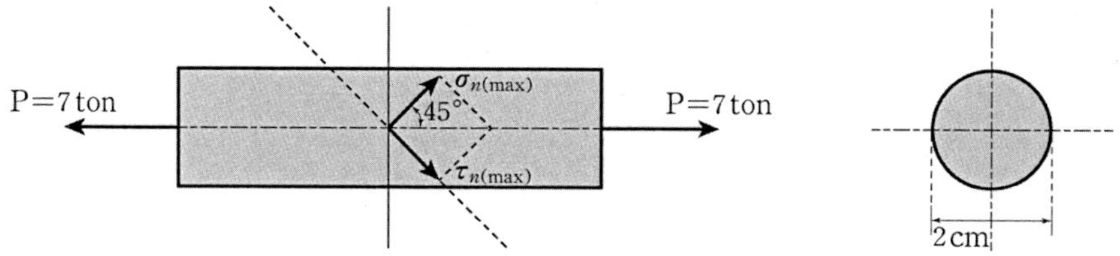

| 풀이 | $\sigma_{n(max)} = \sigma_x$

$\tau_{n(max)} = \frac{1}{2}\sigma_x$ 에서 P = 7 $A = \frac{\pi d^2}{4} = \frac{\pi \times 2^2}{4} = 3.14\,cm^2$

$$\begin{cases} \sigma_{n(max)} = \sigma_x = \frac{P}{A} = \frac{7000}{3.14} \fallingdotseq 2229\,(kg/cm^2) \\ \tau_{n(max)} = 1114.5\,(kg/cm^2) \end{cases}$$

다음에 최대전단변형각 r_{max}는 $\tau_{n(max)}$에 의해 발생하므로 $\frac{\tau_{n(max)}}{r_{(max)}} = G$

$$r_{max} = \frac{\tau_{n(max)}}{G} = \frac{1114.5}{8.3 \times 10^5} \fallingdotseq 1.343 \times 10^{-3}\ (radian)$$

07 400kg/cm^{2}의 인장응력과 200(kg/cm^2)의 압축응력이 서로 직각으로 작용하고 있을 때 인장응력이 작용하고 있는면과 30°를 이루는 단면상의 응력을 구하여라.

| 풀이 | $\sigma_x = 400\,(kg/cm^2)$, $\sigma_y = -200\,(kg/cm^2)$, $\theta = 30°$일 때이므로

- $\sigma_n = \sigma_x \cos^2\theta + \sigma_y \sin^2\theta = \frac{1}{2}(\sigma_x + \sigma_y) + \frac{1}{2}(\sigma_x - \sigma_y)\cos 2\theta$

  $= 400\cos^2 30° - 200\sin^2 30° = 300 - 50 = 250\,(kg/cm^2)$

- $\tau = \frac{1}{2}(\sigma_x - \sigma_y)\sin 2\theta = \frac{1}{2}(400 + 200)\sin 60°$

  $= 300 \times 0.866 = 260\,(kg/cm^2)$

08 그림과 같은 요소에서 $\sigma_x = 1000\ (\text{kg/cm}^2)$, $\sigma_y = -500\ (\text{kg/cm}^2)$, $\theta = 30°$일 때 σ_n, $\sigma_n{}'$, τ 및 τ'를 구하여라.

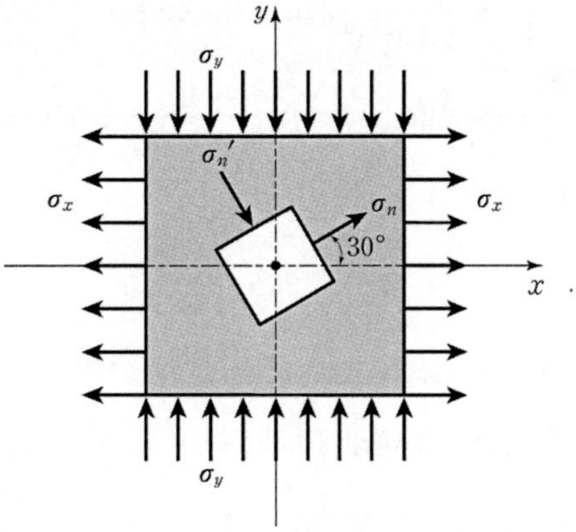

| 풀이 | $\sigma_n = \frac{1}{2}(\sigma_x + \sigma_y) + \frac{1}{2}(\sigma_x - \sigma_y)\cos 2\theta = \frac{1}{2}(1000-500) + \frac{1}{2}(1000+500)\cos 60°$

$= 250 + 750 \times \frac{1}{2} = 625\ (\text{kg/cm}^2)$

$V = \frac{1}{2}(\sigma_x + \sigma_y) - \frac{1}{2}(\sigma_x - \sigma_y)\cos 2\theta$

$= \frac{1}{2}(1000-500) + \frac{1}{2}(1000+500)\cos 60° = 250 - 375 = -125\ (\text{kg/cm}^2)$

$$\begin{cases} \tau = \frac{1}{2}(\sigma_x - \sigma_y)\sin 2\theta = \frac{1}{2}(1000+500)\sin 60° = 750 \times \frac{\sqrt{3}}{2} = 650\ (\text{kg/cm}^2) \\ \tau' = -\frac{1}{2}(\sigma_\text{x} - \sigma_\text{y})\sin 2\theta = \frac{-1}{2}(1000+500)\sin 60° = -750 \times \frac{\sqrt{3}}{2} = -650\ (\text{kg/cm}^2) \end{cases}$$

09 $\sigma_x = 1000\,[\text{kg/cm}^2], \sigma_y = -500\,[\text{kg/cm}^2]$ 일 때 $\varepsilon_x, \varepsilon_y$를 구하여라. 이 재료는 $\text{E} = 2.1\times10^6\,[\text{kg/cm}^2], \mu = 0.3$ 이다.

| 풀이 | $\varepsilon_x = \dfrac{\sigma_x}{\text{E}} - \dfrac{\mu\sigma_x}{\text{E}} = \dfrac{1}{2.1\times10^6}(1000+0.3\times500) = 5.476\times10^4$

$$\varepsilon_y = \frac{\sigma_y}{\text{E}} - \frac{\mu\sigma_x}{\text{E}} = \frac{1}{\text{E}}(\sigma_y - \mu\sigma_x) = \frac{1}{2.1\times10^6}(-500-0.3\times1000)$$

$$= -3.81\times10^{-4}$$

10 강재표면의 주변형도를 측정한 결과 $\varepsilon_x = 270\times10^{-6}$, $\varepsilon_y = -180\times10^{-6}$ 이었다. 이에 대응되는 주응력 σ_x와 σ_y를 구하여라. 이 재료는 $\text{E} = 2.1\times10^6[\text{kg/cm}^2], \mu = 0.3$ 이다.

| 풀이 | $\sigma_x = \dfrac{(\varepsilon_x+\mu\varepsilon_y)\text{E}}{1-\mu^2} = \dfrac{(0.000270-0.3\times0.000180)2.1\times10^6}{1-(0.3)^2} = 498.46(\text{kg/cm}^2)$

$$\sigma_y = \frac{(\varepsilon_y+\mu\varepsilon_x)\text{E}}{1-\mu^2} = \frac{(-180+0.3\times0.000180)10^{-6}\times2.1\times10^6}{1-(0.3)^2} = -228.46(\text{kg/cm}^2)$$

11 서로 직각인 700kg/cm^{2}의 인장응력과 200(kg/cm^2)인 압축응력이 생기고 있는 재료의 최대수직응력과 최대전단응력은 얼마인가?

| 풀이 | $\sigma_{\max} = \dfrac{1}{2}(\sigma_x+\sigma_y) + \dfrac{1}{2}\sqrt{(\sigma_x-\sigma_y)^2+4\tau_{xy}^2}$

$$= \frac{1}{2}(700-200) + \frac{1}{2}\sqrt{(700+200)^2} = 700(\text{kg/cm}^2)$$

$$\begin{cases}\sigma_x = 700\,(\text{kg/cm}^2)\\ \sigma_\text{y} = -200\,(\text{kg/cm}^2)\\ \tau_\text{xy} = 0\end{cases}$$

$$\tau_{\max} = \frac{1}{2}\sqrt{(\sigma_x-\sigma_y)^2+4\tau_{xy}^2} = \frac{1}{2}\sqrt{(700+200)^2} = 450(\text{kg/cm}^2)$$

12 직경이 $d=2$(cm)의 강제봉을 $\mathrm{P}=3140$(kg)의 인장력을 작용시키면 $\sigma_y=-160$(kg/cm²)이 발생한다. 이예 봉의 축심과 60°의 경사면에 있어서 법선응력 σ_n과 전단응력τ, 그리고 이 두응력의 합성응력 ρ를 구하라.

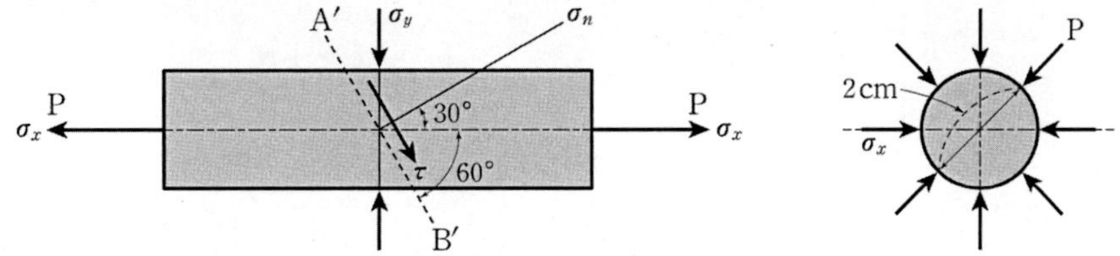

풀이

$$\begin{cases}\sigma_n=\dfrac{1}{2}(\sigma_x+\sigma_y)+\dfrac{1}{2}(\sigma_x-\sigma_y)\cos2\theta-\tau_{xy}\sin2\theta\\ \tau=\dfrac{1}{2}(\sigma_x-\sigma_y)\sin2\theta+\tau_{xy}\cos2\theta\end{cases}$$

여기서 $\sigma_y=-160\ (\mathrm{kg/cm^2})$, $\sigma_x=\dfrac{\mathrm{P}}{\mathrm{A}}=\dfrac{3140\times4}{\pi\times2^2}=1000\ [\mathrm{kg/cm^2}]$

봉의 양면에는 전단응력 $\tau_{xy}=0$이고, 축심과 60° 경사단면의 법선응력 σ_n은 $\theta=30°$이다.

$$\therefore\begin{cases}\sigma_n=\dfrac{1}{2}(1000-160)+\dfrac{1}{2}(1000+160)\cos(2\times30°)\\ \quad=420+580\times\dfrac{1}{2}=710\ (\mathrm{kg/cm^2})\\ \tau=\dfrac{1}{2}(1000+160)\sin(2\times30°)=580\times0.866=502.28\ (\mathrm{kg/cm^2})\end{cases}$$

$$\therefore\rho=\sqrt{\sigma_n^2+\tau^2}=\sqrt{710^2+502^2}\fallingdotseq870\ [\mathrm{kg/cm^2}]$$

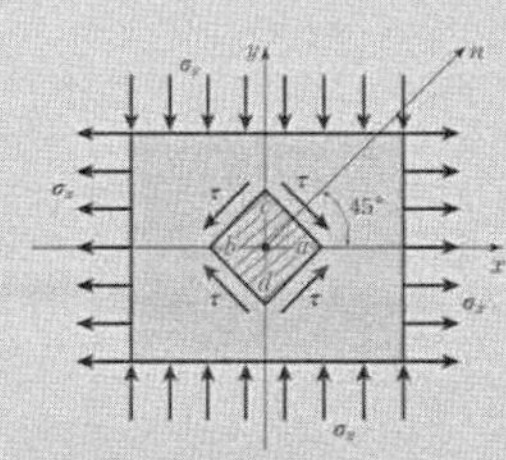

제 9 장

기둥 (Colum)

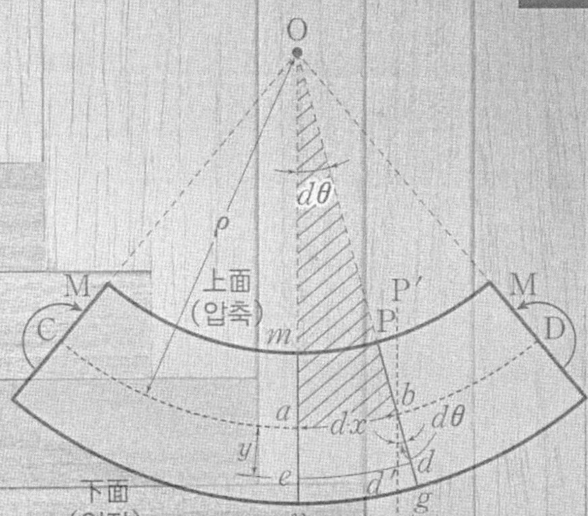

9-1 기둥의 개요

∗ **좌굴(buckling)** : 축방향 압축력에 의한 굽힙으로 파괴되는 현상
이때의, 하중크기를 좌굴하중 (임계하중 : Critical load)라 함.

∗ 세장비(slenderness ratio) : $\lambda = \frac{\ell}{k}$

기둥의 세장의 정도를 표시하기 위해 길이 ℓ과 단면의 최소반경의 k의 비 $(\frac{\ell}{k})$

> **TIP** 세장비가 큰 기둥일수록 좌굴되기 쉽다.

$$I = \int r^2 dA = r^2 \int dA = r^2 A$$

$$r^2 = \frac{I}{A} \quad \therefore r = \sqrt{\frac{I}{A}}$$

$$I_x = r^2 A \, (I_x = k^2 A) \quad \therefore k = \sqrt{\frac{I}{A}}$$

(k : 최소 회전 반지름)

∗ 세장비에 따라
- 단주 : 세장비 30 이하
- 중간장주 : 세장비 30~50
- 장주 : 세장비 160 이상

∗ 지지조건에 따라

i) 일단고정 타단자유

ii) 양단 회전

iii) 일단고정 타단회전

iv) 양단회전

9-2 장주의 오일러 공식 (Euler's formula)

장주의 좌굴에 이용, 세장비 ($\frac{\ell}{k}$)값이 랭킨식의 정수보다 클 때 사용

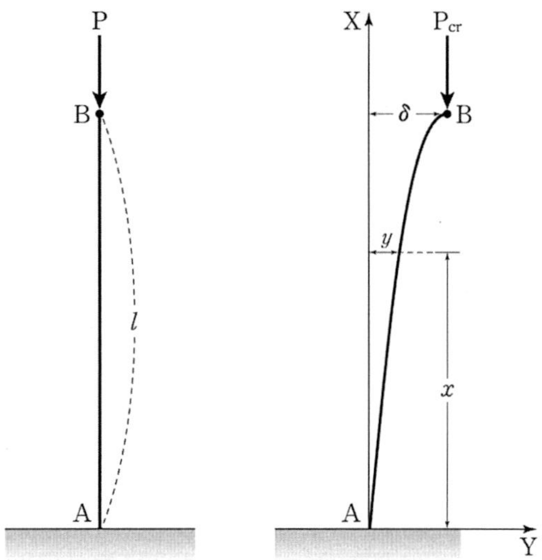

- 하단A : 고정
- 상단B : 도심에 작용하는 압축하중P 를 받는 경우

- 중심선 : 완전한 직선
- 단면 : 균일하며 균질한 탄성제라(가정)

(일단고정 타단자유 기둥에 굽힘작용을 받는 경우)

i) 연직하중P 가 작으면 : 기둥은 횡방향ㅇ로 안정하다.

(상단B 에 수평력을 작용시켜 한쪽으로 밀었다 놓으면 곧 직선으로 돌아감)

ii) 연직하중P 를 점점 증가하여 어떤 값에 도달하면 :

직선형의 평형이 불안정해짐

이예, 한쪽을 조금 밀은 뒤 수평력을 제거해도 원형으로 돌아오지 않고 변형 된 채 정지한다. 이와 같은 불안정 형상을 회좌굴(lateral buchling)이라 함.

> **TIP** 횡좌굴이 일어나는 하중을 임계하중 P_{cr} (citical load)라 함

iii) 일단고정 타단자유 $P_{cr} = \frac{\pi^2 EI}{4\ell^2} (n = \frac{1}{4})$

양단 회전 $P_{cr} = \frac{\pi^2 EI}{\ell^2} (n = 1)$

양단 고정 $P_{cr} = \dfrac{4\pi^2 EI}{\ell^2}(n=4)$

일단고정 타단회전 $P_{cr} = \dfrac{2.046\pi^2 EI}{\ell^2} ≒ \dfrac{2\pi^2 EI}{\ell^2}(n=2)$

∴ 일반적 좌굴하중 $P_{cr} = \dfrac{n\pi^2 EI}{\ell^2}$ 로 표시

- EI : 굽힘 강성계수
- ℓ : 기둥의 길이
- n : 단말계수 (단말조건계수)
  (n의 값이 클수록 강한 기둥이다.)

＊ 좌굴하중 $P_{cr} = \dfrac{n\pi^2 EI}{\ell^2} = \dfrac{\pi^2 EI}{\dfrac{\ell^2}{n}} = \dfrac{\pi^2 EI}{(\ell/\sqrt{n})^2}$

[$\ell/\sqrt{n}$: 장주(기둥)의 삼당길이(좌굴길이)]

＊ 좌굴응력 $\sigma_{cr} = \dfrac{P_{cr}}{A} = \dfrac{\dfrac{n\pi^2 EI}{\ell^2}}{I/k^2} = \dfrac{n\pi^2 EIk^2}{I\ell^2} = \dfrac{n\pi^2 Ek^2}{\ell^2} = \dfrac{n\pi^2 E}{\left(\dfrac{\ell}{k}\right)^2} = \dfrac{n\pi^2 E}{\lambda^2}$

($I_x = k^2 A$, $A = \dfrac{I}{k^2}$ 이므로)

양단의 지지 형상	단말계수	$\ell/\sqrt{n}$
일단 고정 타단자유	$\frac{1}{4}$	2ℓ
양단 회전	1	ℓ
일단 고정 타단회전	2.046≒2	0.7ℓ
양단 고정	4	$\ell/2$

가 오일러공식의 적용범위

∗ 세장비 λ의 최소한계

$$\lambda = \frac{\ell}{k} = \sqrt{n} \cdot \pi \sqrt{\frac{E}{\sigma_{cr}}}$$

☆ $\sigma_{cr} = \frac{n\pi^2 E}{\lambda^2}$ 에서 $\lambda^2 = \frac{n\pi^2 E}{\sigma_{cr}}$

$\therefore \lambda = \pi \sqrt{\frac{n \cdot E}{\sigma_{cr}}} = \sqrt{n} \cdot \pi \sqrt{\frac{E}{\sigma_{cr}}}$ (최소한계의 세장비)

∗ 오일러공식의 적용범위

i) 길이가 짧은 기둥에 압축하중이 작용할 때

기둥 내부에 발생하는 압축 응력 $\sigma_{max} = \frac{P}{A}$ 이다.

ii) 기둥이 길어지면 좌굴이 생기므로 $\frac{\ell}{k} = \pi\sqrt{n} \cdot \sqrt{\frac{E}{\sigma_{cr}}}$ 이고

좌굴응력σ_{cr}을 압축강도 σ_{max}로 잡으면 세장비는 단순한 압축에 의해 파손될 때 세장비가 되므로 기둥은 장주로 취급할 필요가 없고 단순한 압축재료로 다루어야 함.

iii) 세장비 λ_2'라면 λ_2'보다 작은 세장비 기둥에 대해서는 좌굴응력이 압축강도보다 커져서 좌굴이 일어나기 전에 파괴된다.

(오일러식은 세장비값 λ_2' 이하일 경우는 사용할 수 없다.)

∗ 좌굴응력σ_{cr}과 세장비 ℓ/k와의 관계

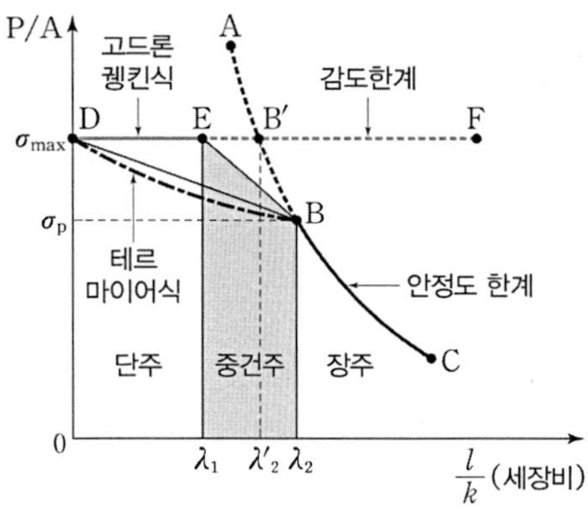

• 곡선ABC : 오일러의 곡선

압축강도σ_{max}에 대응하는 세장비λ_2'보다 작은 세장비 경우는 오일러식에 사용할 수 없다.

∗ 오일러식은 압축작용 무시. 굽힘만 고려한 것이므로 세장비가 큰 기둥에만 사용

실제로는, 좌굴응력이 압축강도보다 비교적 작은 비례한도 σ_P 정도에서 좌굴이 일어나기 시작하므로 σ_P에 해당하는 세장비λ_2보다 큰 세장비 경우에만 오일러식을 사용함.

* 곡선 DEBC : 실제 실험곡선

i) 세장비 값이 B 점(λ_2)보다 클 경우 : 실험결과와 오일러곡선이 일치.

ii) 세장비 값이 B 점(λ_2)보다 작아지면 : 오일러식에 의해 구한 좌굴응력값이 실험결과보다 커져서 오일러식을 사용할 수 없다.

* E B구간의 세장비를 갖는 기둥 : 중간주 ($\lambda_1 \sim \lambda_2$구간)

항복과 좌굴의 조합에 의해 파괴 됨.

* 세장비 값이 E 점 (λ_2)이하 일 경우: 단주 (λ_2이하)

단순한 압축만에 의해 파괴 됨.

* 오일러식을 사용할 수 있는 최소한계의 세장비 (λ_2)?

$$\sigma_P > \sigma_{cr} = \frac{n\pi^2 E}{\left(\frac{\ell}{k}\right)^2} \text{ 에서 } \frac{\ell}{k} > \pi\sqrt{\frac{E}{\sigma_P}} \cdot \sqrt{n}$$

$$\pi\sqrt{\frac{E}{\sigma_P}} = \text{일정값}(m) \quad \therefore \frac{\ell}{k} > m > \sqrt{n}$$

이 식은 오일러식 적용 할수 있는 세장비(ℓ/k)의 범위를 표시하며 실험결과와 일치함.

예제

양단회전지지의 연갑제 장주에서 $n = 1$, $\sigma_P = 2000\,\text{kg/cm}^2$, $E = 2.1 \times 10^6\,\text{kg/cm}^2$ **라면 세장비** $(\frac{\ell}{k})$?

풀이 $\frac{\ell}{k} > \pi\sqrt{n}\sqrt{\frac{E}{\sigma_P}} = 3.14 \times \sqrt{1} \times \sqrt{\frac{2.1 \times 10^6}{2000}} = 102$

세장비값 102이상 일때만 오일러식을 사용하며 그 이하는 사용할 수 없다.

※ 각 재료에 대해 오일러식이 성립 될 수 있는 세장비(오일러의 정수)

재료	주철	연철	연강	경강	목재
E (kg/cm^2)	1×10^6	2×10^6	2.15×10^6	2.2×10^6	1×10^5
$\ell/k >$	70	115	102	95	80
안전율 S	8~10	5~6	5~6	5~6	10~12

9-3 골든-랭킨의 공식 (Gorden-rankin's formula)

짧은 기둥에 적용되는 실험식

하중P 에 의한 합성응력σ $\left\langle \begin{matrix} \text{압축응력}\sigma_c \\ \text{굽힘응력}\sigma_b \end{matrix} \right\rangle$의 조합이다.

$$\sigma = \sigma_c + \sigma_b = \frac{P}{A} + \frac{M}{Z} = \frac{P}{A} + \frac{P.\delta_y}{I} = \frac{P}{A} + \frac{P \cdot \delta_y}{Ak^2} = \frac{P}{A} + \left(1 + \frac{\delta_y}{k^2}\right) \quad \cdots ①$$

$\sigma_b = \dfrac{P.\delta_y}{I}$ 에서 $P = P_{cr} = \dfrac{n\pi^2 EI}{\ell^2}$ 이므로

$$\sigma_b = \frac{n\pi^2 EI\delta_y}{\ell^2 I} = \frac{n\pi^2 E\delta_y}{\ell^2}$$

$\therefore \delta_y = \dfrac{\sigma_b \ell^2}{n\pi^2 E}$ 이므로

$$\sigma = \frac{P}{A}\left(1 + \frac{\sigma_b . \ell^2}{n\pi^2 Ek^2}\right) = \frac{P}{A}\left[1 + \frac{\sigma_b}{\pi^2 E} \cdot \frac{1}{n}\left(\frac{\ell}{k}\right)^2\right]$$

여기서 $\dfrac{\sigma_b}{\pi^2 E} = aP = P_{cr}$ 로 놓으면

좌굴응력 $\sigma_{cr} = \dfrac{P_{cr}}{A} = \dfrac{\sigma}{1 + \dfrac{a}{n}\left(\dfrac{\ell}{k}\right)^2} \quad \cdots ②$

※ σ, a, $\dfrac{\ell}{k}$ 의 범위 ($n = 1$ 인 골든랭킨공식의 상수)

재료	σ (kg/cm^2)	a	$\frac{\ell}{k}$
주철	5,600	1/1600	< 80
연철	2,500	1/9000	< 110
연강	3,400	1/7500	< 90
경강	4,900	1/5000	< 95
목재	500	1/ 750	< 60

9-4 테드마이어의 공식 (Tetmajer formula)

양단회전기둥에서 오일러식, 골든랭킨식에 실험결과 맞지 않는 부분에 대한 실험식

$$\sigma_{\mathrm{cr}} = \frac{P_{cr}}{A} = \sigma_c\left[1 - a\left(\frac{\ell}{k}\right) + b\left(\frac{\ell}{k}\right)^2\right] \quad \cdots ①$$

σ_c, a, b는 실험 상수. 주철이외 재료는 직선 DB로 표시됨. (그림에서)

※ 테트마이어식의 상수 및 적용범위 (교재참고)